ポリマー系ナノコンポジットの技術と用途
Polymeric Nanocomposites

監修：岡本正巳

シーエムシー出版

刊行にあたって

　本書『ポリマー系ナノコンポジットの新技術と用途展開』はナノコンポジットの最新の情報をいち早く読者に伝えるために刊行されたものである。本書はこの分野における最新の状況を総括的に網羅していると思われるので，直接ナノコンポジット研究に携わっておられる方々のみならず，他分野の研究者，技術者，そしてこれからのポリマー系ナノコンポジット材料の研究・開発に関心を持っておられる方々にとっても必ず役立つものと信じている。

　しかし，ナノコンポジットは世界規模で急速な発展をしている最先端研究分野であるため情報を総括し，知識の構造化を進める間にも世の中は進歩しつづけ，流れに追いつけないのが現状である。事実本書のタイトルでもある『ポリマー系ナノコンポジット』に関する研究報告を1996年まで遡った過去8年間において検索してみると，驚くことに1800件近くもある。今や『ナノコンブーム』ともいえるほど，研究は活発化の一途をたどっている。

　数年後には本書の情報は新鮮さを失った魅力のない陳腐なものになっているかもしれないが，今見出されている普遍的な現象は今後の新技術開発には役立つ知見となるであろう。つまり新技術開発の裏には必ず理屈があり，それはサイエンスの力で論理的に説明ができるからである。

　序章「技術開発の現状と将来展望」で紹介したように，ナノコンポジット技術はマヤ時代（BC1550-AD900年）から存在していた。当時は新しい耐腐食技術のみに興味があり，インターカレーションなるサイエンスとは無縁の世界である。しかしマヤ人が優れた技術を生み出す機会に巡り会っていたとしたら，それは何であろうか。マヤ文明は高度な数学，天文学の知識を持っていたことがよく知られている。それはおそらく偶然というよりは知識の構造化ではないのかと推察する次第である。

　本書第1，2編ではそれぞれ「基礎技術：製法と特性」と「応用：製品と機能」をその専門の方々に解説して頂いた。そして本書の最後には読者のさらなる理解を深めるために，項目別論文リスト500件を付け加えた。第1，2編では若手の研究者，技術者からも執筆を得ることができたことは，この分野の今後の発展について期待するところ大である。ナノコンポジット研究・開発にかける「情熱」を持ち続けることが実用化へのキーワードである。

　最後に本書の刊行にあたり，国内外で活躍されておられるその分野での第一人者に執筆を御願いし，快くご執筆頂いたことに，編集者としてあらためて深く感謝いたします。また企画，出版に関しては㈱シーエムシー出版編集部の門脇孝子氏の熱意とご尽力に厚くお礼申し上げる。

2004年11月

岡本正巳

普及版の刊行にあたって

本書は2004年に『ポリマー系ナノコンポジットの新技術と用途展開』として刊行されました。普及版の刊行にあたり，内容は当時のままであり加筆・訂正などの手は加えておりませんので，ご了承ください。

2010年4月

シーエムシー出版　編集部

執筆者一覧（執筆順）

岡本　正巳	（現）豊田工業大学　大学院工学研究科　研究教授
Tie Lan	Nanocor Inc.　Technical Director
Ying Liang	Nanocor Inc.
野中　裕文	宇部興産㈱　ナイロン樹脂ビジネスユニット　ナイロンテクニカルグループ　主席部員
祢宜　行成	（現）ユニチカ㈱　樹脂事業本部　樹脂開発技術課
上田　一恵	（現）ユニチカ㈱　中央研究所　研究開発グループ　グループ長
丸尾　和生	三菱ガス化学㈱　平塚研究所　研究グループ　主任研究員
安彦　聡也	（現）出光興産㈱　知的財産部　戦略企画担当主部
中野　充	㈱豊田中央研究所　材料分野　有機材料研究室　推進責任者
岡本　和明	（現）名古屋市工業研究所　材料化学部　プラスチック材料研究室　研究員
宇山　浩	（現）大阪大学　大学院工学研究科　応用化学専攻　教授
Sang-Soo Lee	Polymer Hybrids Research Center Korea Institute of Science and Technology　Senior Researcher
Young Tae Ma	Department of Chemical Engineering Sokang University
Junkyung Kim	Polymer Hybrids Research Center Korea Institute of Science and Technology
弘中　克彦	帝人化成㈱　プラスチックステクニカルセンター　グループリーダー
原口　和敏	（現）㈶川村理化学研究所　所長
清水　博	（現）㈳産業技術総合研究所　ナノテクノロジー研究部門　ナノ構造制御マテリアルグループ長
李　勇進	（現）㈳産業技術総合研究所　ナノテクノロジー研究部門　研究員
長谷川　喜一	（現）（地独）大阪市立工業研究所　加工技術研究部　高性能樹脂研究室長　研究主幹
山田　英介	（現）愛知工業大学　工学部　応用化学科　応用化学専攻　教授
越智　光一	（現）関西大学　化学生命工学部　教授
大谷　朝男	群馬大学　大学院工学研究科　教授 （現）東京工業大学　イノベーション研究推進体　特任教授
池田　正紀	旭化成㈱　研究開発本部　チーフ・サイエンティスト
Bernhard Schartel	Federal Institute for Materials Research and Testing（BAM）
合田　秀樹	（現）荒川化学工業㈱　光電子材料事業部　研究開発部　HBGグループリーダー

執筆者の所属表記は，注記以外は2004年当時のものを使用しております。

目次

序章　技術開発の現状と将来展望　　岡本正巳

1　はじめに …………………………… 1
2　ナノコンポジットの種類とナノフィラー …………………………… 2
3　ポリマー・クレイナノコンポジットの歴史 ……………………… 5
4　ポリマー・クレイナノコンポジットにおけるナノ構造制御の新展開 …… 7
　4.1　層間挿入 ……………………… 9
　4.2　端面結合の制御 ……………… 12
　4.3　クレイ結晶層面を利用した高分子鎖の高次構造制御 ……………… 13
5　レオロジー・成形加工面からの新展開 ……………………………… 18
6　物理化学的性質の新展開 …………… 20
　6.1　分解性制御型ナノコンポジット … 20
　6.2　力学モデルおよびナノ構造のシミュレーション ……………………… 21
　6.3　ナノコンポジットのPVT測定 …… 24
7　将来展望と課題 …………………… 25

第1編　基礎技術編―製法と特性―

第1章　クレイ系ナノコンポジット

1　Nanoclays for plastic nanocomposites
　　　　　　　……Tie Lan, Ying Liang… 33
　1.1　Introduction ………………… 33
　1.2　Nanoclays …………………… 33
　1.3　Nano Effects ………………… 36
　1.4　Nanoclay Concentrates …… 39
　1.5　Summary …………………… 41
2　層間挿入法 ……………野中裕文 … 42
　2.1　はじめに ……………………… 42
　2.2　層間挿入法の分類 …………… 42
　2.3　適用例 ………………………… 44
　　2.3.1　ポリアミド系 ……………… 44
　　2.3.2　その他 …………………… 45
　2.4　最近の動向 …………………… 45
3　ポリアミド系ナノコンポジット
　　　　　　　祢宜行成，上田一恵 … 47
　3.1　はじめに ……………………… 47
　3.2　ポリアミド6/粘土鉱物ナノコンポジットの物性 …………………… 48
　　3.2.1　機械的物性 ……………… 48
　　3.2.2　バリア性 ………………… 50
　3.3　ポリアミド6/粘土鉱物ナノコンポ

ジットの応用 ………………… 51
　　3.3.1　成形加工性 ………………… 51
　　3.3.2　具体的用途 ………………… 51
　3.4　おわりに ………………………… 53
4　芳香族ポリアミド系ナノコンポジット
　　……………………丸尾和生… 54
　4.1　はじめに ………………………… 54
　4.2　Imperm^{R}の基本性質 ……………… 54
　4.3　Imperm^{R}のガスバリア性 ………… 56
　4.4　PET多層ボトルへの利用 ………… 57
　　4.4.1　多層ボトルの成形 …………… 57
　　4.4.2　Imperm^{R}103/PET多層ボトル
　　　　　の性質 ……………………… 57
　4.5　安全衛生性 ……………………… 59
　4.6　おわりに ………………………… 60
5　ポリオレフィン系ナノコンポジット
　　－研究開発の現状・動向と具体的な分
　　散技術－ ……………安彦聡也… 61
　5.1　はじめに ………………………… 61
　5.2　PP系ナノコンポジット …………… 62
　　5.2.1　研究開発概況 ………………… 62
　　5.2.2　重合法によるナノコンポジット
　　　　　………………………………… 63
　　5.2.3　溶融混練によるナノコンポジッ
　　　　　ト ……………………………… 64
　　5.2.4　ナノコンポジット構造の熱安定
　　　　　性 ……………………………… 68
　　5.2.5　TPO系ナノコンポジット …… 70
　5.3　ポリマークレイナノコンポジット製
　　　造における分散制御技術 ………… 71
　　5.3.1　粘土と有機化粘土 …………… 71

　　5.3.2　樹脂側の工夫 ………………… 73
　　5.3.3　混練技術の工夫 ……………… 74
　5.4　課題 ……………………………… 80
　5.5　おわりに ………………………… 81
6　生分解性ポリマー系ナノコンポジット
　　…………………………………… 82
　6.1　総論 ………………岡本正巳… 82
　　6.1.1　概要 …………………………… 82
　　6.1.2　将来展望 ……………………… 86
　6.2　ポリ乳酸ナノコンポジット
　　　………………………中野　充… 89
　　6.2.1　はじめに ……………………… 89
　　6.2.2　アルキルアンモニウム塩で修飾
　　　　　したクレイとのナノコンポジッ
　　　　　ト ……………………………… 90
　　6.2.3　水酸基を有するアンモニウム塩
　　　　　で修飾したクレイとのナノコン
　　　　　ポジット ……………………… 91
　　6.2.4　まとめと今後の展望 ………… 96
　6.3　ポリブチレンサクシネートナノコン
　　　ポジット ……………岡本和明… 98
　　6.3.1　はじめに ……………………… 98
　　6.3.2　PBS/クレイナノコンポジット
　　　　　の調製方法 …………………… 98
　　6.3.3　PBS/クレイナノコンポジット
　　　　　のモルフォロジ ……………… 98
　　6.3.4　PBS/クレイナノコンポジット
　　　　　の物性 ………………………… 101
　　6.3.5　生分解性 ……………………… 104
　　6.3.6　おわりに ……………………… 105
　6.4　大豆油由来ポリマーナノコンポジッ

ト ……………………宇山　浩… 107
　6.4.1　はじめに …………………… 107
　6.4.2　植物油脂−クレイナノコンポ
　　　　ジット ……………………… 108
　6.4.3　植物油脂−シリカナノコンポ
　　　　ジット ……………………… 113
　6.4.4　おわりに …………………… 120
7　Novel preparation of polyester nano-
　composites using cyclic oligomers
　………………………Sang-Soo Lee,
　Young Tae Ma, Junkyung Kim… 121
　7.1　Abstract ……………………… 121
　7.2　Introduction ………………… 121
　7.3　Experimental ………………… 124
　7.3.1　Materials ………………… 124
　7.3.2　Preparation of cyclic oligomers
　　　　……………………………… 125
　7.3.3　Preparation of nanocomposites
　　　　……………………………… 125
　7.3.4　Characterization ………… 126
　7.4　Results and Discussion ……… 127
　7.5　Conclusion …………………… 135
　7.6　Acknowledgement …………… 136
8　ポリカーボネートナノコンポジット
　………………………………弘中克彦… 139
　8.1　ポリカーボネートのナノコンポジッ
　　　ト化 …………………………… 139
　8.2　溶融混練法ポリカーボネート／クレ

　　　イナノコンポジット ………… 140
　8.2.1　クレイの有機化処理とポリカー
　　　　ボネートの分解 …………… 140
　8.2.2　層間挿入型ポリカーボネート／
　　　　クレイナノコンポジット … 145
　8.3　ポリカーボネート／クレイナノコン
　　　ポジットの用途展開 ………… 150
9　ナノコンポジットゲル ……原口和敏… 152
　9.1　はじめに ……………………… 152
　9.2　ナノコンポジットゲルの創出 …… 153
　9.3　NCゲルの合成と有機／無機ネット
　　　ワーク構造の形成 …………… 154
　9.4　NCゲルの力学物性と膨潤／収縮特
　　　性 ……………………………… 157
　9.4.1　力学物性 ………………… 157
　9.4.2　膨潤／収縮特性 ………… 159
　9.5　おわりに ……………………… 161
10　ポリマーブレンド系ナノコンポジット
　………………………清水　博，李　勇進… 163
　10.1　はじめに …………………… 163
　10.2　PPO／PA6ブレンド系ナノコンポ
　　　　ジットの調整 ……………… 164
　10.3　PPO分散相サイズの低減化 …… 164
　10.4　共連続構造の形成 ………… 165
　10.5　クレイの分散状態の解析 … 166
　10.6　モルフォロジーに及ぼすクレイの
　　　　効果 ………………………… 169
　10.7　おわりに …………………… 171

第2章 その他のナノコンポジット

1　熱硬化性樹脂系ナノコンポジット
　　　　　　　　　　長谷川喜一 172
　1.1　はじめに ……………………… 172
　1.2　ナノコンポジットの構造と製造方法
　　　　　　　　　　　　　　　……… 173
　1.3　フェノール樹脂系ナノコンポジット
　　　　　　　　　　　　　　　……… 173
　1.4　エポキシ樹脂系ナノコンポジット
　　　　　　　　　　　　　　　……… 176
　1.5　エポキシ系IPN ナノコンポジット
　　　　　　　　　　　　　　　……… 178
　1.6　ポリイミド系ナノコンポジット … 180
　1.7　おわりに …………………………… 180
2　エラストマー系ナノコンポジット
　　　　　　　　　　山田英介 … 184
　2.1　はじめに ……………………… 184
　2.2　in situ 重合法を用いたナノコンポ
　　　　ジット ………………………… 184
　2.3　ゾル-ゲル法を用いたナノコンポ
　　　　ジット ………………………… 184
　2.4　直接分散法を用いたナノコンポジッ
　　　　ト …………………………… 185
　2.5　層状化合物を用いたナノコンポジッ
　　　　ト（有機化クレー系ナノコンポジッ
　　　　ト）………………………………… 186
　　2.5.1　架橋エラストマー系ナノコンポ
　　　　　ジット ……………………… 186
　　2.5.2　熱可塑性エラストマー（TPE）

　　　　系ナノコンポジット …………… 189
3　エポキシ樹脂系ナノハイブリッド材料
　　　　　　　　　　越智光一 … 199
　3.1　はじめに ……………………… 199
　3.2　エポキシ樹脂系ナノハイブリッド体
　　　　の調製 ……………………… 200
　3.3　エポキシ樹脂系ナノハイブリッド体
　　　　の熱的・力学的性質 …………… 202
　　3.3.1　ゾル-ゲル法によるハイブリッ
　　　　　ド体の特性 ……………… 202
　　3.3.2　層状粘土鉱物へのインターカ
　　　　　レーションを利用したハイブ
　　　　　リッド材料の特性 ………… 207
　3.4　おわりに …………………………… 209
4　補強用ナノカーボン調製のためのポリ
　　マーブレンド技術………**大谷朝男** … 211
　4.1　はじめに ……………………… 211
　4.2　ポリマーブレンド法によるデザイニ
　　　　ングの考え方 ……………… 211
　4.3　カーボンナノファイバ ………… 212
　　4.3.1　非晶質カーボンナノファイバ … 212
　　4.3.2　高結晶性カーボンナノファイバ
　　　　　……………………………… 213
　4.4　カーボンナノチューブ ………… 215
　4.5　ポリマーブレンド法のメリットとデ
　　　　メリット …………………………… 220
　4.6　おわりに …………………………… 221

第2編 応用編－製品と機能

第1章 耐熱，長期耐久性ポリ乳酸ナノコンポジット　　上田一恵

1 はじめに …………………………… 225
2 PLAへの耐熱性の付与 …………… 226
3 PLAへの耐久性の付与 …………… 226
4 耐久グレードPLAの生分解性 …… 230
5 おわりに …………………………… 230

第2章 籠型シルセスキオキサン変性PPE　　池田正紀

1 はじめに …………………………… 232
2 籠型シルセスキオキサンの構造と期待特性 …………………………… 233
3 籠型シルセスキオキサンによるポリフェニレンエーテル（PPE）の改質 …………………………… 234
 3.1 背景 ……………………………… 234
 3.2 籠型シルセスキオキサンによるPPEの改質効果 …………………… 235
 3.3 難燃性の改善 ………………… 238
 3.4 溶融流動性の改善 …………… 239
4 おわりに …………………………… 240

第3章 Fire retardancy based on polymer layered silicate nanocomposites　　Bernhard Schartel

1 Introduction ……………………… 242
2 The influence of morphology …… 243
3 Fire retardancy mechanisms based on layered silicate …………… 245
 3.1 Inert filler and char formation …… 245
 3.2 Thermal stability ……………… 247
 3.3 Viscosity ……………………… 249
 3.4 Barrier formation …………… 250
4 Assessment of fire retardancy … 252
5 Future trends …………………… 254

第4章 コンポセラン　　合田秀樹

1 ゾル-ゲルハイブリッド …………… 258
2 分子ハイブリッドの分子設計 …… 259
3 融けないプラスチック～エポキシ樹脂系ハイブリッド ………………… 261
4 強靭な樹脂～フェノール樹脂系ハイブリッド ………………………… 262

5	柔らかいシリカハイブリッド〜ウレタン系ハイブリッド ……………… 263		イミド系ハイブリッド …………… 263
6	イミドに代わる安価エンブラ〜アミド	7	無電解めっき可能なイミド（イミド系ハイブリッド）………………… 265

付　録

論文リスト

Contents ……………………………… 269 ｜ List …………………………………… 273

序章　技術開発の現状と将来展望

岡本正巳[*]

1　はじめに

　ナノサイエンス・ナノテクノロジーの重要性がクローズアップされる中，とりわけポリマー系ナノコンポジットは世界規模で急速な発展をしている分野の一つである。今後も飛躍的な発展が期待される最先端研究分野（リサーチフロント）として認識されている[1]。

　過去3年間を振り返って見ても，（ポリマー）ナノコンポジットと題する国際会議が，欧米諸国において8回も開催されている（表1）。おそらくナノコンポジットのセッションを併設開催した国際会議も包括すればその数はさらに増えることが予測される。また最近出版された著書を見ると，L. A. Utracki 著『Clay-Containing Polymeric Nanocomposites』（Rapra Technology Ltd., London, 2004年9月），中條澄編集『ポリマー系ナノコンポジットの製品開発』（フロンティア出版：2004年8月），『Polymer Nanocomposites：Nanoparticles, Nanoclays and Nanotubes』（Business Communications Co., Inc.：2004年3月），中條澄著『ポリマー系ナノコンポジット』（工業調査会：2003年9月），M. Okamoto 著『Polymer/Layered Silicate Nanocomposites』（Rapra Technology Ltd., London, 2003年9月）等，国内外で多数発刊されている。更に研究報告・論文になると想像を絶する数がある。Rapra Technology 社のデータベースを活用して検索すると，

表1　Nanocomposite 国際会議

開催国	学会名	期間	論文数	主催	開催年
USA/SanFrancisco	Nanocomposites 2004	Sep. 1-3, 2004	31	Executive Conference Management	毎年
EU/Belgium	Nanocomposites 2004	Mar. 17-18, 2004	21	European Plastics News, Plastics & Rubber Weekly	毎年
CANADA/Quebec	Polymer Nanocomposites 2003	Oct. 6-8, 2003	51 ポスター 29	NRC-IMI, McGill University	隔年

---

[*]　Masami Okamoto　豊田工業大学　大学院工学研究科　講師

表2 過去8年間に発表された研究報告・論文

年	件 数
2004	354*
2003	304
2002	236
2001	320
2000	233
1999	145
1998	66
1997	36
1996	34

*2004年10月末までの検索結果

(1996年まで溯った)過去8年間において少なくとも1,800件近くの報告が見られた(表2)[2]。今やポリマー系ナノコンポジット研究はプラスチック工業界に大いなる革命をもたらしたナノテクノロジーであると断言できる。またその成果の一部は各国において工業化されるまでに至っている(表3)[3]。既に製品化されたもの,開発中のものについては本書第1,2編に紹介されている。

2 ナノコンポジットの種類とナノフィラー

ナノコンポジットとはナノサイズのフィラーがポリマーマトリックスに分散した系と定義できる。ナノフィラーの大きさはおよそ1nmから200nm程度が対象であるが,マトリックスに分散する構造を制御することにより1μmまでの大きさが範疇になる場合もある。

ナノフィラーには古典的な炭酸カルシウム[4],膨潤性グラファイト[5](図1),シリカ微粒子[6]から最新のカーボンナノチューブ[7],かご状構造のシリカナノ粒子(Polyhedral Oligomeric Silsesquioxane:POSS)[8],天然ナノファイバー(イモゴライト)[9](図2)(パリゴルスカイト),更には層状チタン酸[10](図3)等が挙げられるが,とりわけ鱗片状の層状ケイ酸塩(クレイ。正確にはシリケート)を対象にした研究が著しい発展を見せている[2,3,11]。いわゆるポリマー・クレイナノコンポジット(Polymer-Clay Nanocomposites:PCN)である。主な層状ケイ酸塩鉱物の分類を表4に示す。スメクタイトの層電荷は1/2単位胞あたり0.2-0.6の間にあり,モンモリロナイト(粒子径:100-200nm),サポナイト(粒子径:50-100nm)がその代表的なナノフィラーである。八面体結晶部分に負電荷が局在している場合が殆どであるが,サポナイト等四面体結晶

序章 技術開発の現状と将来展望

表3 TPOナノコンポジットの応用例[3]

HUMMER H2 SUT： Most Recent Nanocomposite Application	Nanocomposite TPOs Summary of tangible benefits
	Mass savings of 3 to 21% 　• Specific Gravity of 0.92 vs. 0.96-1.13 g/cm^3 　• Lighter weight reduces cost and requires less adhesive for attachment Improved Appearance 　• Improved Knit Line Appearance 　• Improved Colorability & Paintability 　• Sharper Feature Lines & Grain Patterns 　• Improved Scratch/Mar Performance Large Processing Window 　• Consistent Physical and Mechanical Properties 　• Elimination/Reduction of Tiger Striping Reduced Paint Delamination Retains Low Temperature Ductility Improved Recyclability Lower Flammability
Impala：2nd Nanocomposite Application	M-Van Step Assist: 1st Commercial Launch
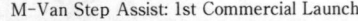 	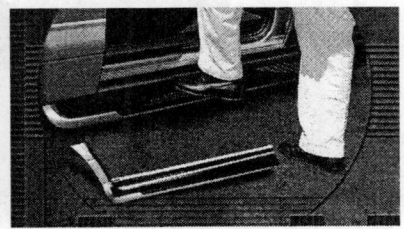

General Motors 社 M. Verbrugge 氏提供

に負電荷が発生しているものもある。図4には負イオン結晶構造部分を示してある。四面体結晶の酸素原子間隔ならびに八面体結晶端面のOH基はナノコンポジットを設計する上で大変重要な因子である。

Na型モンモリロナイトの組成は $Na_{2/3}(Al_{10/3}Mg_{2/3})Si_8O_{20}\cdot(OH)_4$ で化学式量は734で667meqのNaイオンが層間に存在しているので、理論陽イオン交換容量は91.5meq/100gとなる。完全に層剥離したと仮定して得られる表面積は800m^2/gなので、層1枚当たりに（有機）カチオンは7000個吸着している $(0.7Na^+/nm^2)^{2, 12)}$。よって有機処理後のインターカラント分子は7000本程度1層間（面積で100×100nm^{2}に対応）に（まるで歯ブラシの様に）存在していることに

3

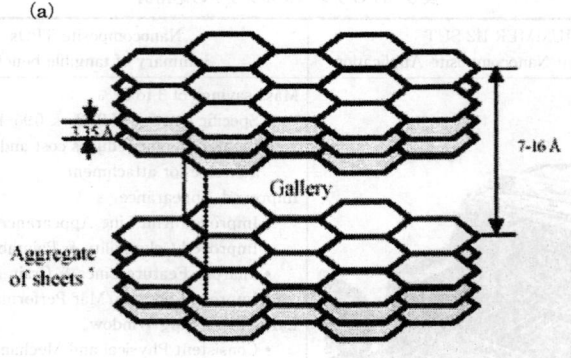

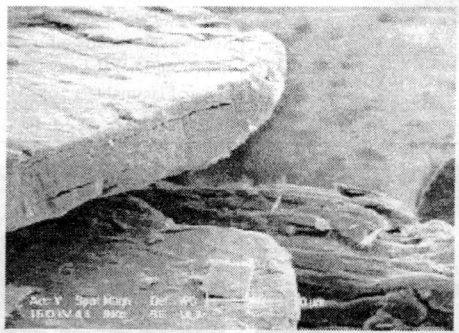

図1 膨潤性グラファイト[5]：(a)層状構造　(b)SEM像

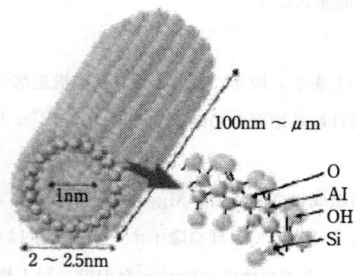

図2 イモゴライトの構造モデル[9]：理想化学組成は $SiO_2・Al_2O_3・2H_2O$，形態は繊維状で，外径は約2nm。$SiO_3(OH)$ 四面体と $AlO_3(OH)_3$ 八面体結晶の充填が不規則なために非晶質に近い。

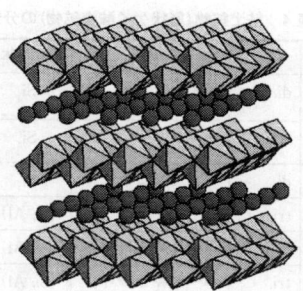

図3 層状チタン酸の構造モデル[10]：$H_{1.07}Ti_{1.73}O_{3.95}\cdot 0.5H_2O$ 結晶構造はレピドクロサイト型。層間イオンは H_3O^+，単位胞あたりの厚みは 0.38nm。

なる。更に端面の-OH基についても定量化されており，1端面当たり500-OH基/$100nm^2$（5SiOH/nm^2）と見積もられる。先の有機処理と併せて考えるとまるでタワシの様な構造を連想させる。

つまり，層面の毛（親油性）と端面の毛（親水性）が4：1のバランスで修飾されたナノフィラーがポリマー中に分散することになる。インターカラントの選択は極めて重要であり，端面結合は無視できないどころか重要な構造形成因子である（4-2参照）。

3　ポリマー・クレイナノコンポジットの歴史

PCNの研究の歴史について見ると，1987年に報告された豊田中研におけるナイロン6・クレイナノコンポジットの研究がまず挙げられる[13]。しかし，その基礎的な考え方は随分と昔に生まれている。ユニチカ㈱の研究者らによって天然モンモリロナイトの存在下，ナイロン6の *in situ* 重合の特許が1976年に公開された[14]。また，米国の研究者がベントナイトをポリオレフィンに分散させることを試みたのは1950年にまで遡る[15]。さらに，経験的な知識に関して遡れば，中南米のマヤ文明（BC1550-AD900年）にたどり着く。

クレイが本来もっている重要な性質の一つに，層間に有機化合物を挿入して担持できる機能（Intercalation）がある[16]。マヤ時代の壁画はインディゴ藍に天然クレイを混合して描かれていたことが最近になって明らかとなった（図5）[17, 18]。層間挿入された有機分子は極めて安定となり微生物による腐食から保護される。この処方により藍色の壁画は約4000年のときを越えて今日でも鮮やかに鑑賞できるのである。更に非晶質クレイに支持された酸化鉄ナノ粒子（Fe_2O_3：~4nm）が混在していることも分かっている。これが量子効果の発現とかかわって，表面プラズモン励起が誘発されることが期待できる。当然マヤブルーにも影響を及ぼすことになる。また針

表4 粘土鉱物（層状ケイ酸塩鉱物）の分類

型	群	亜群	種	四面体	八面体	層間
2:1 $Si_4O_{10}(OH)_2$	パイロフィライト タルク ($x\sim0$)	di.	パイロフィライト	Si_4	Al_2	—
		tri.	タルク	Si_4	Mg_3	—
	スメクタイト ($0.25<x<0.6$)	di.	モンモリロナイト	Si_4	$(Al, Mg)_2$	Na, Ca, H_2O
		tri.	サポナイト	$(Si, Al)_4$	Mg_3	Na, Ca, H_2O
	バーミキュライト ($0.25<x<0.9$)	di.	バーミキュライト	$(Si, Al)_4$	$(Al, Mg)_2$	K, Al, H_2O
		tri.	バーミキュライト	$(Si, Al)_4$	$(Mg, Al)_3$	K, Mg, H_2O
	雲母 ($x\sim1$)	di.	白雲母	$Si_3 \cdot Al$	Al_2	K
			パラゴナイト	$Si_3 \cdot Al$	Al_2	Na
	脆雲母 ($x\sim2$)	tri.	プロゴパイト	$Si_3 \cdot Al$	$(Mg, Fe^{2+})_3$	K
			黒雲母	$Si_3 \cdot Al$	$(Fe^{2+}, Mg)_3$	K
2:1:1 $Si_4O_{10}(OH)_8$	緑泥石 （xの変化が大きい）	di.	ドンバサイト	$(Si, Al)_4$	Al_2	$Al_2(OH)_6$
		di.-tri.	スドウ石	$(Si, Al)_4$	$(Al, Mg)_2$	$(Mg, Al)_3(OH)_6$
		tri.	クリノクロア	$(Si, Al)_4$	$(Mg, Al)_3$	$(Mg, Al)_3(OH)_6$
			シャモサイト	$(Si, Al)_4$	$(Fe, Al)_3$	$(Fe, Al)_3(OH)_6$
1:1 $Si_2O_5(OH)_4$	カオリン鉱物 蛇紋石 ($x\sim0$)	di.	カオリナイト	Si_2	Al_2	—
			ハロイサイト	Si_2	Al_2	H_2O
		tri.	クリソタイル	Si_2	Mg_3	
繊維状	セピオライト パリゴルスカイト ($x\sim0$)	tri.	セピオライト パリゴルスカイト	Si_{12} Si_8	Mg_8 Mg_8	$(OH_2)_4 \cdot H_2O$ $(OH_2)_4 \cdot H_2O$
非晶質〜低結晶質			イモゴライト	SiO_3OH	$Al(OH)_3$	
			アロフェン	$(1\sim2)SiO_2 \cdot (5\sim6)H_2O$		
			ヒシンゲライト	$SiO_2 - Fe_2O_3 - H_2O$		

x は層間電荷を示す。
di. は2八面体型，tri. は3八面体型を示す。

状のクレイ（表4：パリゴルスカイト）[19]も混在している。モンモリロナイトに支持された金属化合物の還元反応の研究は，今から30年前にPinnavaiaらによって盛んに行われていた経緯がある[20]。最近はPCNとこの還元反応を組合せて機能性発現を狙ったナノコンポジット研究が始っている[21]。いずれにせよ，マヤ人が当時このようなナノ構造材料設計を行ったとは奇跡的であると言える。

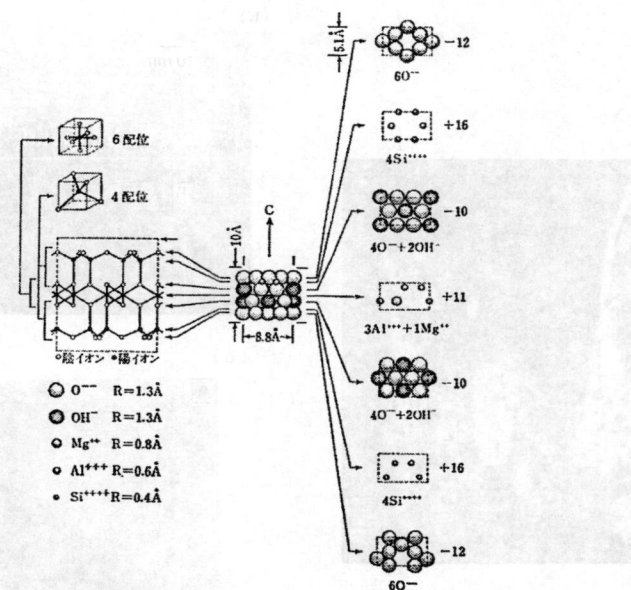

図4 モンモリロナイトの負イオン結晶構造:八面体結晶端面の OH 基は結合して Flocculation が起こる。これによるフィラーの異方性が増大して物性が大きく変化する[2]。

4 ポリマー・クレイナノコンポジットにおけるナノ構造制御の新展開

　ナイロン 6・クレイナノコンポジット (N6CN)[22]が世界で最初に工業化されて以来,完全剥離型と形容された N6CN の研究対象は,ナノスケール(板径 50-200nm の単位薄板層,厚さ 1-10nm)で分散したクレイによる,バルク物性における補強効果やガス透過性等が中心であった。つまり PCN の命名の由来は分散しているフィラーのサイズ (nm) であり,この後 10 年間に発表された 1,800 件にのぼる研究報告(論文)でもナノフィラー(クレイ)が本来もっている性質に注目した報告や解析はほとんど行われてこなかった[2,3]。

　PCN に発現する特異な物性は,そのナノフィラー(クレイ)が本来もっている性質に由来している。したがってナノコンポジットを理解するにはフィラーの性質を十分に理解することが何より重要となる。

　天然界に存在するクレイには幾つかの重要な性質がある。最近の研究から明らかになった事実[23~31]として,層間に高分子鎖を挿入して坦持できる機能 (Intercalation)[23~28],クレイ端面に

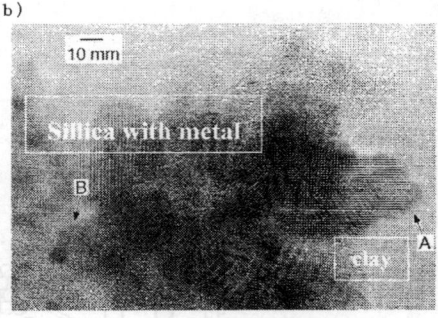
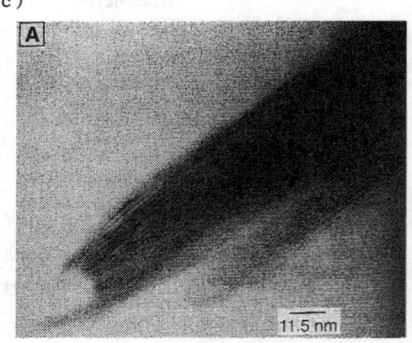

図5 (a)インディゴ藍と天然クレイ（モンモリロナイト）を混合して描かれたマヤの壁画：グアテマラの国鳥ケツアール（カザリキヌバネドリ）(b)壁画の中から現れたクレイ粒子と非晶質クレイに支持された酸化鉄（Ⅲ）粒子 (c)針状のクレイ：パリゴルスカイト (palygorskite：$Mg_5(Si, Al)_8O_{20}(OH)_2 \cdot 8H_2O$)[21] 格子間隔は 1.4nm。

おける結合（Flocculation）[25〜27] による異方性の増大，クレイの環境変化に伴う自己集合組織化 (Self-assembly organization)[12,29〜30]，そしてクレイ結晶層面での分子レベル相互作用 (Molecular control on the template)[31] が挙げられる。ナノコンポジットのレオロジーを理解するにも先ずこれらの知識が不可欠であることは言うまでもない。PCNにおけるナノ構造にもこれらの性質が反映されている。図6は構造のカテゴリーを大きく3つに分類したものを示している。

(a)はケイ酸塩層間にポリマー鎖が挿入された構造でX線回折においてピークの出現がしばしば起こり，ある種の結晶構造体を形成している（Ordered-Intercalation 型）。(b)では更にクレイ端面のOH基が端面・端面結合を形成してクレイの異方性を大きくし，結果として(a)より補強効率が向上する（Ordered-Flocculation 型）。そして(c)ではクレイがほぼ単層に剥離して分散する

序章 技術開発の現状と将来展望

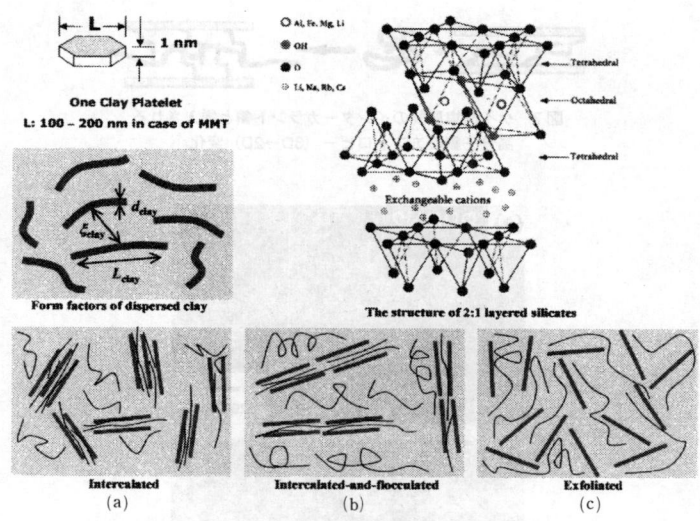

図6 ポリマー・クレイナノコンポジットにおけるナノ構造カテゴリー。
(a)Ordered-Intercalation 型, (b)Ordered-Flocculation 型,
(c)Exfoliation 型

もので, Exfoliation 型である (ただし単層剥離には限られた条件がある)[12]。いずれもクレイはナノスケールで均一に分散している。(a), (b)においてはその規則性が乱れた Disorder な構造も取ることが可能である。この場合, 力学的な補強効率は劣ることが分かっている[23, 24]。

4.1 層間挿入

最近の PCN 創成法の主流は押出機を用いた溶融混練りで, 比較的短時間でケイ酸塩層間に高分子鎖の挿入が完了される[2, 23, 26]。ケイ酸塩層間には予めマトリックス高分子と相溶性の良好な有機カチオンがイオン交換によって挿入されている。ポリプロピレン (PP)・クレイナノコンポジット (PPCN) は, 極性変性された PP 鎖が, octadecylammonium salt (ODA) によってイオン交換された天然モンモリロナイト (クレイ) の珪酸塩層間 ($\cong 2.31$nm) に挿入された構造をとっている。層間挿入の程度は溶融状態での熱処理温度と時間の関数で決定される。挿入後の面間隔 $d_{(001)}$ は ($\cong 2.8$-3.5nm) に拡大される。これはポリマーとクレイから構成されるある種の結晶構造体 (厚さ : d_{clay}) であり, 挿入されたポリプロピレン鎖においては絡み合いは存在せず, また自由体積や排除体積効果は3次元のランダム鎖とは全く異なった環境に置かれていると判断される[12]。層間挿入において高分子ランダム鎖のエントロピーは失われるが, インターカラント (有

9

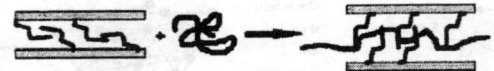

図7 ケイ酸塩層間のインターカラント鎖と挿入される
高分子鎖のエントロピー（3D→2D）変化。

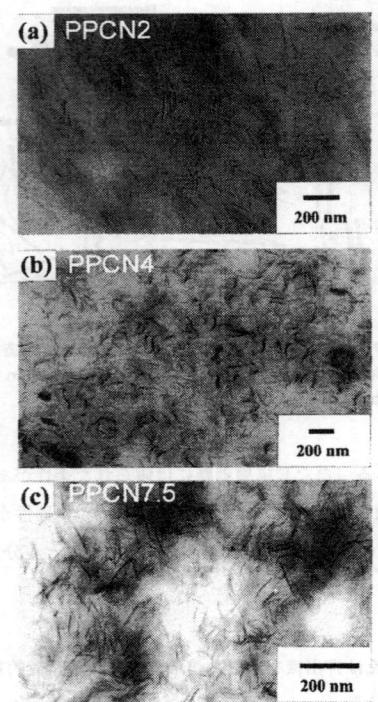

図8 溶融混練法にて得られたポリプロピレン・クレイナノコンポジットの透過電子顕微[23]鏡像
(a)クレイ量≅2wt%, (b)クレイ量≅4wt%, (c)クレイ量≅7.5wt%

機カチオン）鎖のそれが増大することで結果として補償されている（図7）。

この様な事情からポリマー鎖層間挿入型PPCNは完全剥離型のものよりも高い補強効率が得られる[23,24,26,27]。熱処理時間を変化させて層間挿入を更に進行させた場合，$d_{(001)}$が0.5nm拡大するだけで，剛性率は30％向上する[24,32]。更に，このクレイ結晶構造体は図8に見られる様に，ポリプロピレン連続相中に均一に分散しており，クレイ－クレイの間隔ξ_{clay}は50nmとなり1

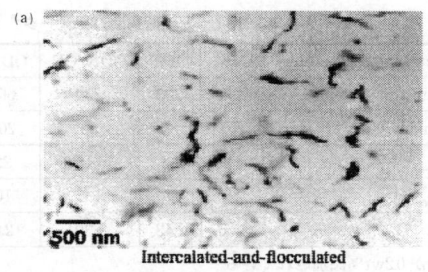

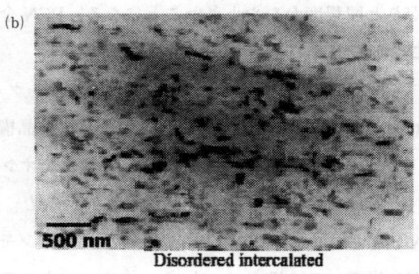

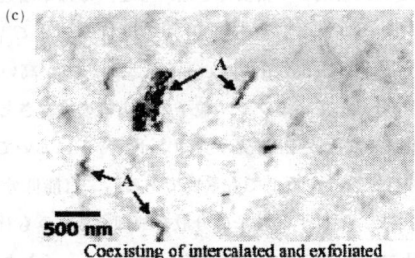

図9 溶融混練法にて得られたポリ乳酸・クレイナノコンポジットの透過電子顕微鏡像[28]
(a)ODA, (b)ODT, (c)ODA-OH：クレイ量≅3wt%

つのクレイ結晶構造体の長さ L_{clay} （≅160nm）よりも一桁小さい（PPCN4：クレイ量＝4wt%）。よって流動場でのクレイの回転運動は拘束されるとともに，並進運動が支配的に働くと考えられる。更に添加量が増えると（PPCN7.5：クレイ量＝7.5wt%）間隔 ξ_{clay} は30nmとなりこの距離

表5 PLA・クレイナノコンポジット階層構造パラメータ[26,28]

Characteristic Parameters	ODA	ODT	ODA-OH	ODA*
L_{clay} /nm	450	200	220	660
ξ_{clay} /nm	255	80	50	206
L_{clay} /d_{clay}	12	18	45-220	22
d_{clay}/$d_{(001)}$	13	4	1-2	10
(G'_{PLACN}/G'_{PLA})	1.65	1.43	1.30	2.0

*o-PCL が 0.2wt% 添加されている

は3次元ランダム鎖の広がりと同程度かやや小さいことになる。PCN全般に見られる特異なレオロジー特性の起源はここにあると言える。

図9には溶融混練法にて得られたポリ乳酸(PLA:Polylactide)・クレイナノコンポジット(PLACN, クレイ量≅3wt%)の電子顕微鏡像である。このクレイ結晶構造体は電子顕微鏡像に見られる様に、PLAマトリックスに均一に分散している。有機カチオンの種類によって分散状態が異なっている。いずれの場合もξ_{clay}はクレイ結晶構造体の長さL_{clay}よりも小さな値をもつ(表5)。octadecyltrimethylammonium salt (ODT) で修飾されたモンモリロナイトはODAの場合と比較してその分散が良好で、この場合d_{clay}と$d_{(001)}$の比、つまり積層しているケイ酸塩層は4枚程度にまで減少している。更に bis (2-hydroxyethly) methyl coco alkyl ammonium salt (ODA-OH) でイオン交換された合成フッ素雲母を用いると、ほぼ単層近くまで剥離して分散できる。しかし、補強効率(ナノコンポジットとPLAの剛性率の比G'_{PLACN}/G'_{PLA})はむしろODAを用いたナノコンポジット(Ordered-Flocculation型)の方が高い。補強効率はクレイの分散性だけでは議論できず、分散しているクレイ粒子の異方性の大きさと層間挿入の程度の違い($d_{(001)}$の大小)で大きく変化することがPLA系ナノコンポジットにおいても確認されている[26]。層間挿入の化学は機能性材料を設計する上でも重要である。二官能低分子化合物を使ってインターカレーションを安定化させ、更にナノ粒子の分散を制御する試みも行われている(図10)[33]。具体的には4-アミノ-1-ナフタレンスルホン酸が使われている。インターカラントの熱分解の問題は常に議論の的にされている。これを解決するため一手段としてポリカチオンの利用が最近の国際学会でのホットな話題の一つである(Nanocomposites 2004, Belgium/EU)[34,35]。

4.2 端面結合の制御

マトリックスポリマーにある種の極性基を少量導入することでクレイの分散構造を劇的に変化させることが見出されている[25,26]。クレイ端面の-OH基が端面・端面結合の原因であると考え

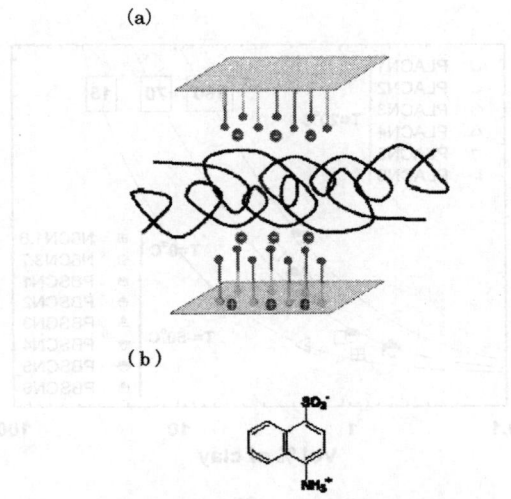

図10 (a)二官能低分子化合物を用いたナノシートへの層間挿入と反発
(b)一候補としての 4-アミノ-1-ナフタレンスルホン酸[33]

ると,水素結合を形成しやすい極性基の存在がクレイ粒子に大きな異方性をもたらす結果につながると解釈される。導入量が多いと bridge 効果が起こり,更に異方性は大きくなり,系を増粘させてゲル化へと導く性質がある。マトリックスポリマーと相溶する低分子極性化合物を用いても端面結合は形成される。PLACN の場合には両末端水酸基停止の低分子量ポリカプロラクトン(o-PCL)が検討されている[26]。o-PCL を 0.2wt％添加しただけで,クレイ結晶構造体の異方性($L_{\text{clay}}/d_{\text{clay}}$)は ODA の場合約 2 倍(12 → 22)に増加し,補強効率も 2 倍程度まで向上させることが可能となる(表5)。

ポリブチレンサクシネート(PBS)・クレイナノコンポジット(PBSCN)においても同様な Flocculation 効果が確認さてれている[27]。この場合高分子量 PBS を得るためのカップリング剤(イソシアナート化合物)が端面結合をより安定化させるために寄与している(図11)。端面結合が形成されると,剛性率は約 3.4 倍(PBSCN4)になる。

4.3 クレイ結晶層面を利用した高分子鎖の高次構造制御

N6CN の結晶系は γ 型の pseude-hexagonal(擬六方晶)であることが論文に報告されている[2, 11]。なぜ非対称なナイロン 6 鎖がより安定な逆平行鎖(α 型)でなくて γ 型で充填されるのか,最近になってこの疑問に対する明確な回答が提出された[31]。

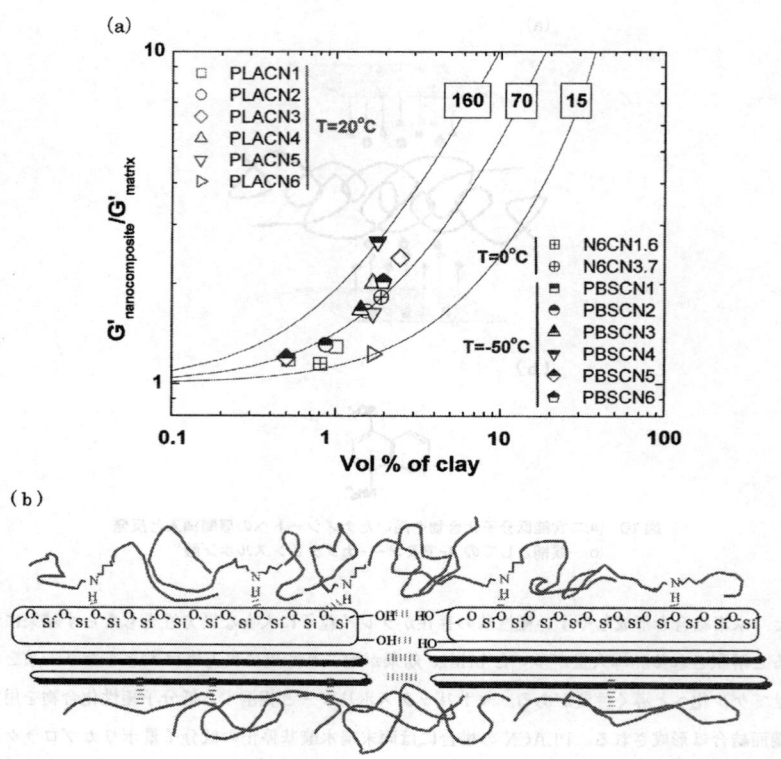

図11 (a)動的粘弾性から得られた剛性率とクレイ量との関係。数字は異方性の大きさを表わす係数
(b)ウレタン基による水素結合によって端面結合が安定化される[27]。

γ型結晶格子のナイロン鎖はケイ酸塩層と強い水素結合的相互作用（ナイロンのNHとケイ酸のSiO₄格子）の結果クレイ表層に対して一種の伸び切り鎖的に配向しており，分散しているケイ酸塩層を包み込むように厚さ10nm程度の結晶化した領域を形成している（図12(a), (c)）。結晶化はクレイの周辺のみで進行し，完了している。つまりすべてのクレイが結晶化時の核形成に関与していると考えられる（結晶核剤としては100%近い効果である）。クレイ層面での分子レベル相互作用（Molecular control on silicate template）が重要であり，とくにSiO₄四面体結晶格子のピッチとγ晶の水素結合サイトのピッチが合致している。よって全結晶化速度がナイロン6単体のそれよりも2桁大きい事情も理解できる。さらに結晶化温度を高くし融点近傍（210℃）まで近づけると，今度はクレイ面に対してepitaxial成長が起こり，結果として一種のshish-

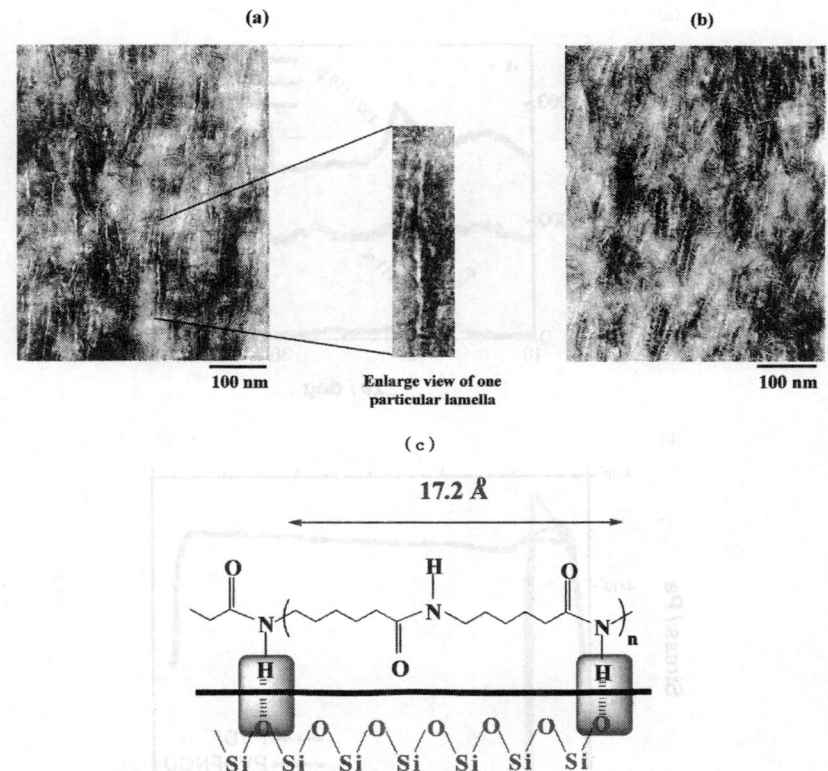

図12 結晶化したN6CN3.7の透過電子顕微鏡像(a)170℃, (b)210℃, (c)クレイ層面での分子レベル相互作用と結晶形態モデル[31]

kebab構造が作られる（図12(b)）（epitaxial成長なくして核剤とはならない）。α型（実測結晶弾性率＝168GPa）よりも延性なγ型結晶（実測結晶弾性率＝28GPa）からなるこの3次元構造はN6CNの耐衝撃性を向上させることにつながるものと考えられる[36]。さらにこのケイ酸塩層との相互作用はN6CNの高い熱変形温度（高荷重1.81MPaにて約150℃）を発現している。他のナイロンではこのような著しい向上は見られ難い。逆の発想からN6CNのα型結晶の割合を増やして材料の弾性率を最適値に設定する試みも見られる[37]。

ポリフッ化ビニリデン（PVDF）クレイナノコンポジットでも同様な現象が報告されてい

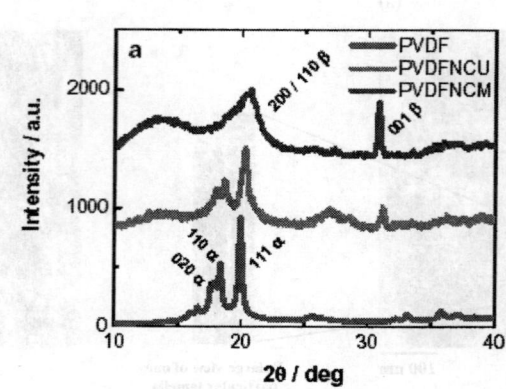

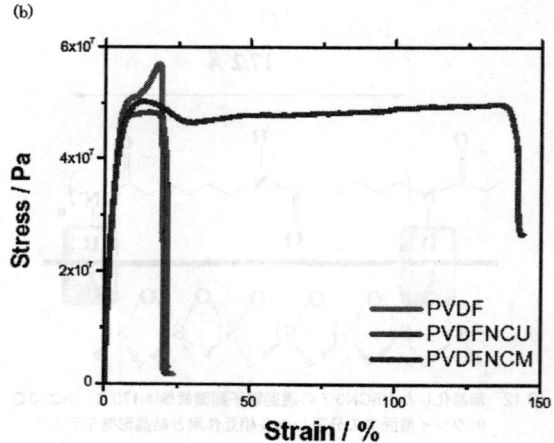

図13 (a)ポリフッ化ビニリデン・クレイナノコンポジットの結晶系(広角X線回折)(b)引張試験における応力-歪み曲線:PVDFNCM(ナノコンポジット),PVDFNCU(マイクロコンポジット)[38]

る[38]。N6CNと同様にPVDFの場合β晶が選択的に形成され,結果として延性な特性が付与されて引張破断伸びが著しく向上している(図13)。これらの結果は人体の骨が強靭である理由にどことなく類似している。骨は厚さ2-4nm,大きさ50-100nmからなる板上構造のヒドロキシアパタイト($Ca_5(PO_4)_3OH$)とコラーゲン3重螺旋(長さ約300nm)とのナノコンポジットであることはよく知られている(図14)[39]。この構造に応力を印加すると,ヒドロキシアパタイト間に橋架けされたマトリックスのコラーゲン分子が応力伝搬の役割を担い強靭性(弾性率:

序章　技術開発の現状と将来展望

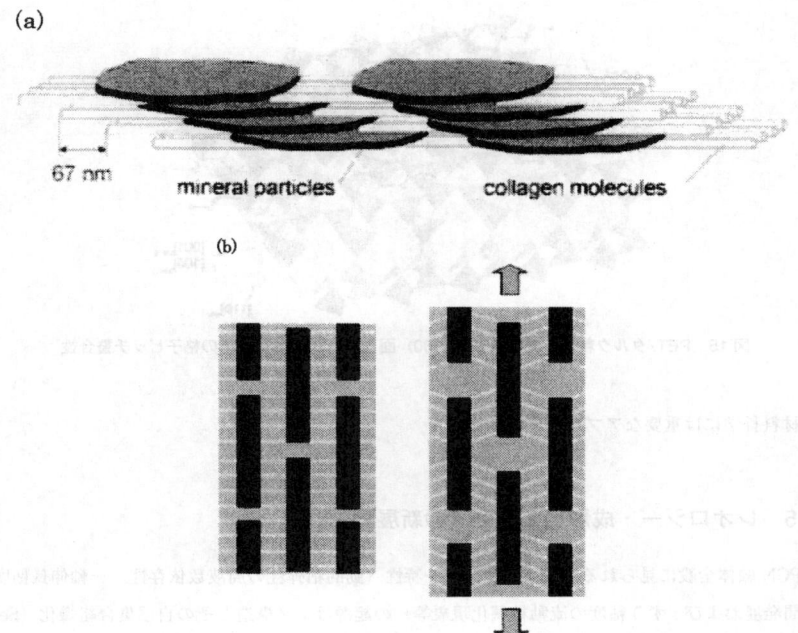

図14　ヒドロキシアパタイトとコラーゲン3重螺旋から構成された骨ナノコンポジット[39]：(a)積層構造モデル。長さ約300nmのコラーゲンは67nm間隔でずれてヒドロキシアパタイトに挟まれている。(b)応力を印加時の変形モデル。黒部分がヒドロキシアパタイト。白線は変形を受けたコラーゲン。コラーゲン分子はペプチド結合を介してヒドロキシアパタイト表面と強い相互作用をしていると考えられている。

20GPa，強度：200MPa）が発現される。先に述べたN6CNのshish-kebab構造に酷似している。
　一方，ポリエステル系・クレイナノコンポジットにおいてはN6CNに見られるようなケイ酸塩層との強固な相互作用は今のところ見出されていない。エステル結合とSiO_4格子との相性は必ずしも良くない様である。この事からポリエステル系ナノコンポジットの熱変形温度はN6CN系に見られる様な向上は期待できないと結論づけている[40]。ポリエステル（PET）が結晶化する際，タルク粒子との表面での格子ピッチ整合性が議論され始めた（図15）[41]。クレイ結晶層面を利用した高分子鎖の高次構造制御は今後発展する分野であろう。
　加藤らの取組はこれと全く逆の例であり，そこでは極性基をもった高分子鎖をtemplateにして$CaCO_3$の結晶系の制御を行っている[42]。彼らは自然界のバイオミネラリゼーションを手本にしている。自然界の仕組みからそのエッセンスを抽出して利用することはPCNのみならず次世

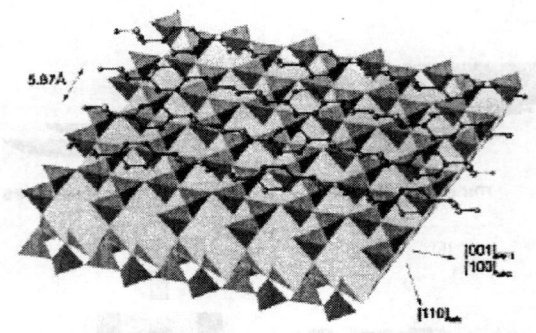

図15 PET/タルク粒子におけるPET(100)面とタルク(001)面での格子ピッチ整合性[41]

代材料科学には重要なアプローチである。

5 レオロジー・成形加工面からの新展開

PCN融体全般に見られる特異なレオロジー特性(動的粘弾性の周波数依存性,一軸伸長粘度－時間発展および,ずり粘度の流動粘稠化現象等)の起源はナノ構造とその自己集合組織化(Self-assembly organization)[12,29]のためである。Intercalation型PP・クレイナノコンポジット(PPCN)ではクレイはポリプロピレン連続相中に均一に分散しており,クレイ－クレイの間隔 ξ_{clay} は50nmとなり流動場でのクレイの回転運動は拘束される(図8)。ナイロン6・クレイナノコンポジット(N6CN3.7)(クレイ量=3.7wt%)[22,31]ではクレイ間隔 ξ_{clay} が20nmと接近している。このような場合,クレイには並進運動が支配的に働くと考えられる。非常に弱い流動場においてナノ分散しているクレイ粒子の自己集合組織化(一種の緩和過程)が起こることが知られている。PPCN融体における一軸伸長粘度が特に低歪み速度 $\dot{\varepsilon}_0(=0.001s^{-1})$ において激しく立ち上がり,伸長初期と後期の粘度の差は実に 10^3 倍にも及ぶ。

この原因は流動に対して垂直方向にクレイが配列し,層面の負電荷と層端面の正電荷的相互作用によってカードハウス構造を形成していることにある[30]。カードハウス構造の予測は1969年,Flegmannら[43]によるクレイの環境変化(pH)に伴う自己集合組織化が最初に報告された例である。彼らの研究では,酸性領域(pH=3-4)ではカードハウス構造の生成がより安定であると予測している。カードハウス構造の形成は自己集合組織化の典型例と考えられ,それは凝集剤の如く働いて,系をゲル化に導く性質がある[29]。この現象はいずれもかなり遅い変形速度で発現することが特徴である。カードハウス構造は力学的にも大変優れた構造体であることが分かってい

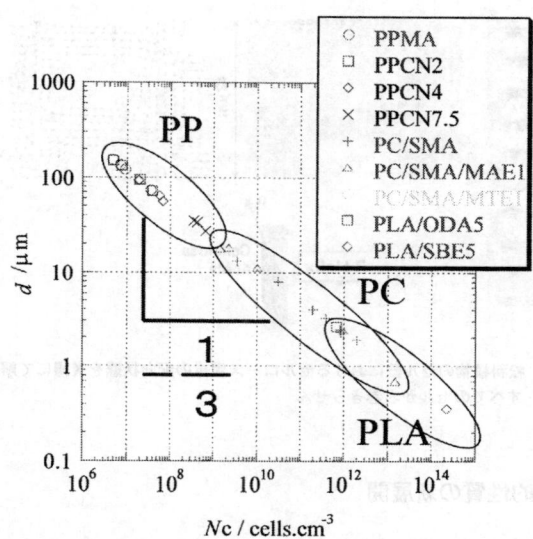

図16 様々なPCN発泡体におけるセル径dとセル数密度N_cとの関係：PLA系ナノコンポジットの場合はナノセルラー（d~360nm, N_c~10^{14}cm^{-3}）が創製可能である。

る[44]。PPCN4は発泡成形に代表される自由表面を伴う加工法でナノコンポジットの更なる補強効果が期待できる。PCNの成形加工にはレオロジー挙動を理解した上で、工程の最適化が如何に重要であるかを強調しておきたい。また特殊な装置を使うことなくカードハウス構造の設計が行えることが大切である。発泡条件の最適化等を行えば様々な物性と形態を有する新規ナノコンポジット発泡体を得ることができる。

発泡成形においてセルの合一が起こる成長過程を制御することで、マイクロセルラーからナノセルラーまで創製できることが最近明らかになっている（図16）[45, 46]。

また新規ナノコンポジット発泡体は軽量・高剛性以外にエネルギー吸収材料としての可能性も秘めている[47]。これは発泡体のセル壁でのカードハウス構造形成が大きく関っている。セル壁の理想的な姿は自然界に観られる松科植物のセル補強メカニズムが参考になる（図17）[48]。

カードハウス構造の形成と力学特性の関係が報告されて以来、ナノ分散しているクレイ粒子の流動場における自己集合組織化の研究が活発になっている[49~52]。

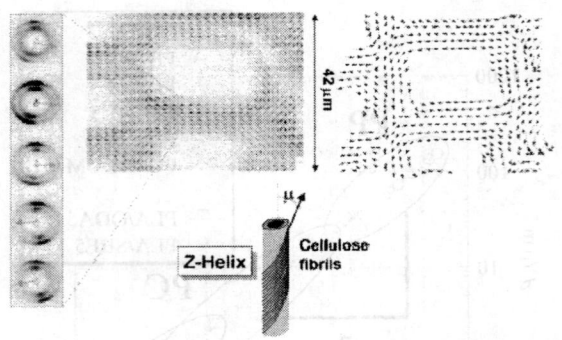

図17 松科植物のセル壁におけるセルロース繊維の配向状態をX線にて解析[48]：
すべてのセルが右巻きらせん

6 物理化学的性質の新展開

6.1 分解性制御型ナノコンポジット

　Intercalation, Confinement, Flocculation, Self-assembly organization はクレイを使ったナノオーダーの構造制御であり，Molecular control on the template においては分子レベルの制御となる。高性能化のみならず高機能化においてもこれらの特性を利用する試みがある。それは，ナノコンポジットと環境低負荷技術の融合領域として注目されている生分解性制御 PLACN である[53, 54]。環境低負荷型ポリマーの最重要課題は，持続的な高性能・高機能が同時制御され，それが付与されたポリマーの開発であり，しかも使用後はコンポスト中で速やかに分解されることが要求されている。これまでのPLAへの取り組み（共重合化による結晶化度の制御）とは全く異なっており，ナノ分散構造から由来する不均一な加水分解の促進とその制御をめざしている。2カ月間に渡ってコンポスト化試験（60℃）を行い，PLACN の生分解機構について検討している。PLA の生分解は，①分子量=1-2万程度までの加水分解，続いて②微生物による生分解，の2段階で進行するとされており，加水分解と生分解の双方を評価することが大切であると認識している。PLACN のコンポスト化試験中での重量平均分子量の経時変化は，PLA単体のそれと比べて大差なく，加水分解性はほぼ同程度であると考えられる。Disordered-Intercalation 型 PLACN（クレイ量≅3wt%）はPLAと比較して，クレイのナノ分散による試験片の断片化が特に顕著に進行し（図18），速やかに分解される。また，生分解速度の尺度となる発生 CO_2 ガス量では2倍速い分解速度が得られている。Flocculation に重要なクレイ端面の -OH 基，クレイ間隔 ξ_{clay}，クレイ層間への加水分解サイトの導入および PLACN 結晶構造への欠陥の導入等が生

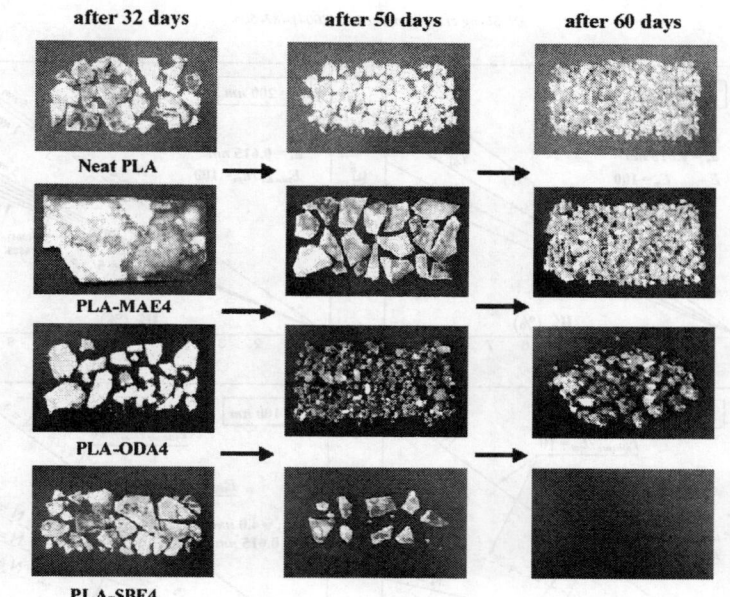

図18 コンポスト化試験から回収された各種試験片の経時変化（クレイ量≅3wt%，初期試料片：10×3×0.1cm³），MAE：従来のコンポジット，ODA：クレイ間隔ξ_{clay}を250nmに広げたOrdered-Flocculation型，SBE：ξ_{clay}を80nmとしたOrdered-Intercalation型[51]

分解速度制御の因子である。更に，光触媒機能を利用した太陽光による光分解性能が付与されたPLA・チタニアナノコンポジットの研究も行われている[55]。次世代材料科学の発展に不可欠な資源循環型・環境調和機能を上手く材料設計の段階から盛り込むことに成功している一例であると言える。

6.2 力学モデルおよびナノ構造のシミュレーション

4.1項で説明した層間挿入型ナノコンポジットの弾性率が最近有限要素法にて解析されている[56]。Intercalation型において層間の厚みが増加することで，弾性率の向上が図れることが示されている（図19）。しかし，Exfoliation型の方がより高い弾性率が発現することを指摘している。この場合の計算ではクレイの剛性率はマトリックスポリマーの100倍程度を仮定している。報告されている値は170GPa程度である[2]。最近国際会議でクレイの剛性率の絶対値が疑問視され始めている。2004年アメリカ（Nanocomposites 2004, San Francisco/USA）で，『単層に剥離した状態では剛性率は10GPa程度ではないか？』と疑問を投げ掛けた人物がいた。図8(a)(b)をよく

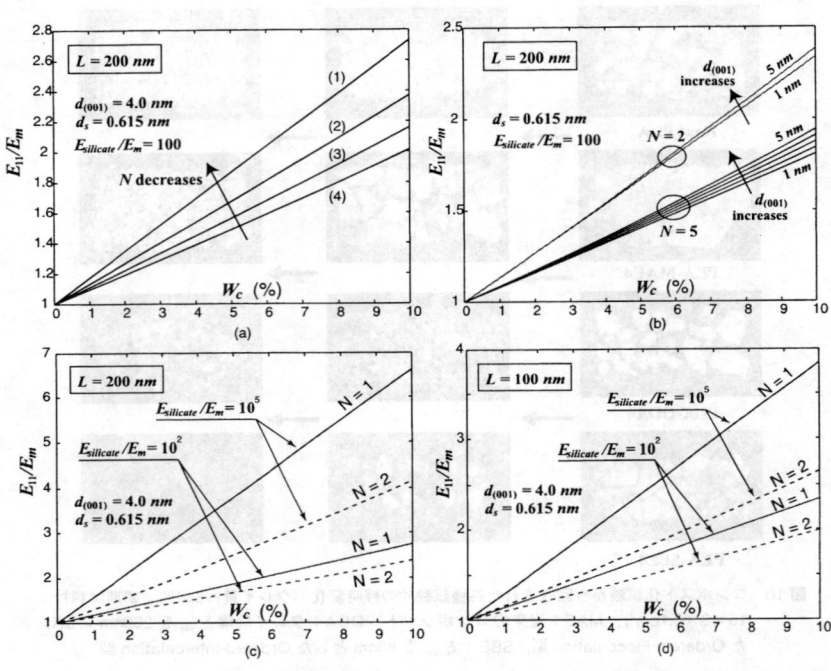

図19 様々な因子を考慮して計算されたナノコンポジットの弾性率[56]：(a)Exfoliation の効果(b)Intercalation 型ナノコンポジットにおける層間厚みの増加効果(c)弾性率比の依存性(d)異なるアスペクト比における弾性率比の依存性

見ると PP マトリックス中でクレイがフレキシブルに湾曲している様子が分かる。他にもクレイはソフトなナノフィラーであると指摘している研究者[57]がいることから，また単層スメクタイトを MD（Molecular dynamics）で変形させて解析している報告[58]も見られることから，慎重に議論すべき問題であると思われる。N6CN の場合は全く特殊な例であって，ケイ酸塩層との強固な相互作用がおこらない他のナノコンポジットの場合（PLA，PP，PC 等）は，材料の剛性を向上させるためには Intercalation 型，つまりある種の結晶構造体を形成している（Ordered-Intercalation 型）方が有利な構造なのかも知れない。

図6にて説明したナノ構造カテゴリーについて Ginzburg らはシミュレーションにて考察している（図20）[59~62]。等方相から始まり液晶相，スメクチック相，円柱状，カードハウス構造（ゲ

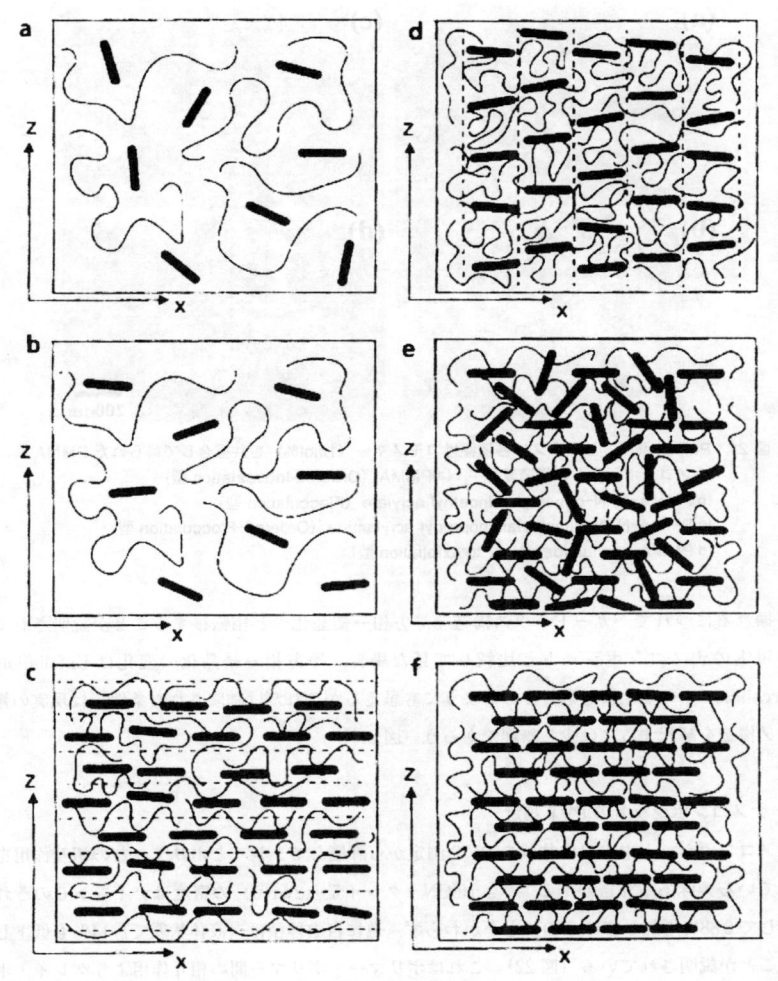

図20 ナノ構造カテゴリーの予測[59~62]：(a)等方相(b)液晶相(c)スメクチック相
(d)円柱状(e)カードハウス構造(f)結晶化

ル化），結晶相まで予測している。まるで液晶性高分子の相転移の様である。この計算ではマトリックスポリマーとインターカラントとの間での熱力学的相溶性（χパラメータ）を考慮しているが，端面結合の形成は無視されている。クレイ添加量が5vol％以下では，相溶から非相溶に

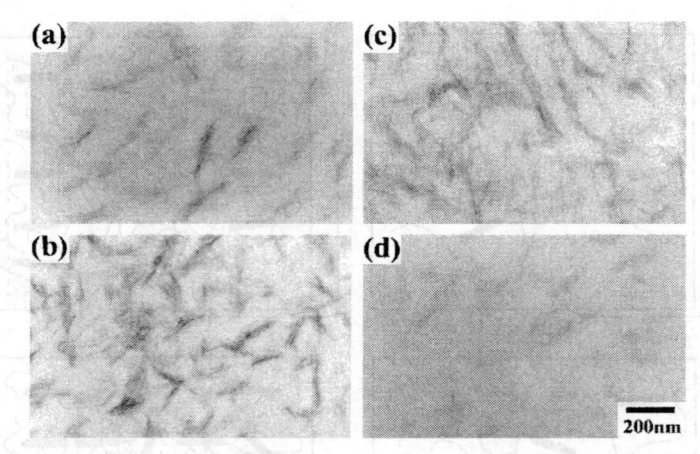

図21 PMMA系マトリックスに各種極性コモノマー（1mol%）を共重合して得られたPMMA系
ナノコンポジットの構造変化[63]：(a)PMMA（Ordered-Intercalation 型）
(b)PMMA-N, N-dimethylaminoethyl acrylate（Flocculation 型）
(c)PMMA-N, N-dimethylaminopropyl acrylamide（Ordered-Flocculation 型）
(d)PMMA-acrylamide（Near to exfoliation 型）

χ が振れるにつれて，カードハウス構造→等方相→結晶化へと相転移することが説明されている．現実のナノコンポジットと比較して見た場合，等方相→結晶化の変化は Exfoliation → Intercalation への変化に対応しているようにも思えるがこれだけ制限された条件では現実の複雑なナノ構造を解釈するには少し無理であろう（図21）[63]。

6.3 ナノコンポジットのPVT測定

ナノコンポジット中の自由体積を PVT 測定から評価してクレイとポリマーとの相互作用を考察している興味ある報告がある[64, 65]。N6CN（クレイ量＝2wt%）の密度はナイロン6のそれと比較して0.88%増加しているのにもかかわらず，逆に自由体積は（液体状態で）14%も低下していることが説明されている（図22）。これはポリマー・ポリマー間の相互作用よりクレイ・ポリマー間の相互作用が10倍強いことから説明されている。既に説明したようにクレイ・クレイ間隔はコイルサイズよりもやや狭い等，N6CN3.7のナノ構造は特異的である．ポリスチレン系ナノコンポジットについては自由体積の低下は5%程度起こっていると報告されている[65]。Utrackiらのこれら一連の研究は高く評価できる．最近陽電子消滅法にて自由体積を評価する試みが始まっている[66]。

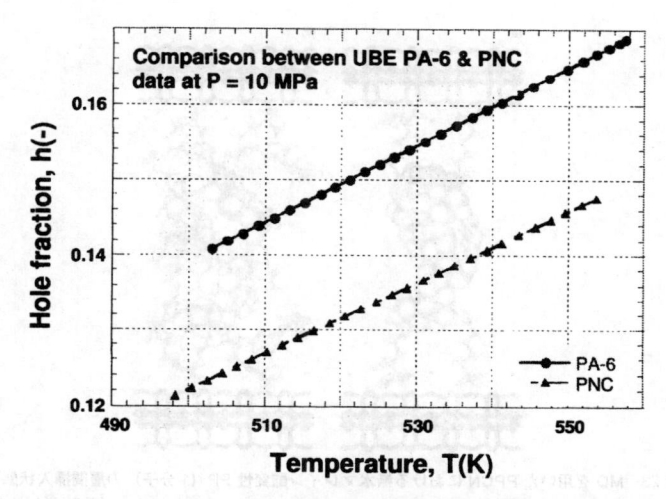

図22　N6CN（クレイ量＝2wt%）における自由体積の温度依存性[64]

7　将来展望と課題

　最新のナノ構造制御について解説してきた。ナノコンポジットに見られる複雑な現象の解明はこれからの研究成果に期待されるところが大きい。特にMDに代表される計算機シミュレーションはその一部分を担っている。シミュレーションなので，多くの仮定が伴った結果の産物ではあるが，複雑な物事を理解する手助けとなるばかりか，新しい発想をもたらすきっかけにも成りうる（図23）[67]。化学，化学工学（加工）のみならず物理を専門とする研究者にもこの分野に参画して戴き，研究をより発展させて行くことが肝要である。

　2004年9月からオーストリアにて『Austrian NANO Initiative』なる8つの国家プロジェクトが推進された。その中の1つに『Performance Optimization of Polymer Nanocomposites』がエントリーされている[69]。年間予算は約6億円（8年間）で10の大学・研究機関と20の企業からなる国際競争力を十分に備えたクラスターを形成している。このテーマの中に超臨界炭酸ガスを使ったナノコンポジットの発泡成形等も含まれている。近隣のEU諸国をも巻き込む計画もあるこの国家プロジェクトに，大きな期待が寄せられるとともに，ナノコンポジットの新たな局面が観られることを期待したい。Chemical Business NewsbaseやPlastic Newsなどによるナノコンポジットの世界市場は2009年で1,500ミリオンユーロ（約2,000億円：約50万トン/年）と予測された（図24）[70]。この市場予測には勢いが感じられて結構であるが，日本におけるナノコンポ

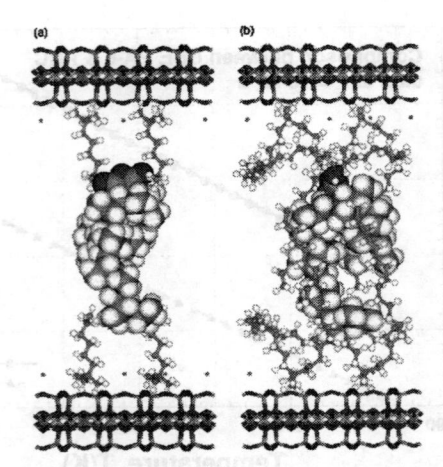

図23 MDを用いたPPCNにおける無水マレイン酸変性PP（1分子）の層間挿入状態[67]：(a)trimethylammonium cation(b)dimethylstearylammonium cation（それぞれ4分子）で修飾された場合の違い。インターカラント分子の体積が増加するとポリマーとクレイの相互作用が弱くなり，逆にインターカラントとポリマーとの相互作用が強くなる。このモデルからインターカラントの立体障害効果は殆どないことが理解できる[68]。

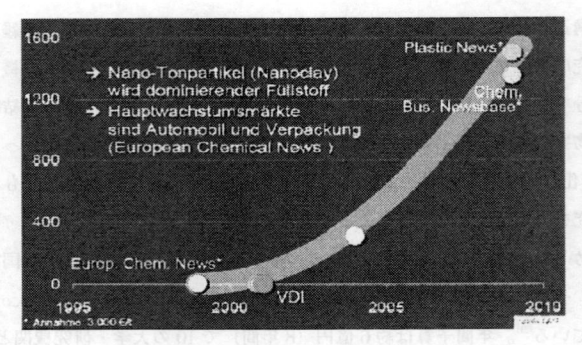

図24 ナノコンポジット世界市場予測[70]

ジット研究を国際的にアピールすることも大切である。

　過去3年間のナノコンポジット国際会議における日本人の発表が極めて少ないように感じられるのは筆者だけではないだろう。工業化には様々な困難が待ち受けており，これらを解決するための強い信念と技術開発が必要であることは言うまでもない。将来への課題の一つは『ナノコン

序章　技術開発の現状と将来展望

ポジット研究にかける情熱を絶やさないこと』ではないだろうか？　本書に執筆された研究機関から一日も早く世界をリードできる成果が発表されることを念願する次第である。

文　献

1) http://www.esi-topics.com/erf/index.html
2) M. Okamoto "Polymer/Layered Silicate Nanocomposites", Rapra Review Report No**163**, Rapra Technology Ltd., London, (2003).
3) L. A. Utracki "Clay-Containing Polymeric Nanocomposites", Rapra Technology Ltd., London, (2004).
4) M. Q. Zhang, M. Z. Rong, K. Friedrich, In : Handbook of Organic-Inorganic Hybrid Materials and Nanocomposites. Edited by H. S. Nalwa, American Science Publishers, California, (2003).
5) A. Celzard, E. McRae, J. F. Mareche, G. Furdin, M. Dufort, M. Deleuze, *J. Phys. Chem. Solids*, **57**, 715 (1996).
6) M. Z. Rong, M. Q. Zhang, Y. X. Zheng, H. M. Zeng, R. Walter, K. Friendrich, *Polymer*, **42**, 3301 (2001).
7) S. Subramoney, *Adv. Mater.*, **10**, 1157 (1998).
8) L. Zheng, R. J. Farris, E. B. Coughlin, *Macromolecules*, **34**, 8034 (2001).
9) K. Yamamoto, A. Takahara, *Polymer Preprints*, Japan, **51**, 2325 (2002). **53**, 928 (2004).
10) R. Hiroi, S. Sinha Ray, M Okamoto, T. Shiroi, *Macromal. Rapid. Commun.* **25**, 1359 (2004)
11) T. J. Pinniavaia, G. Beall editors, "Polymer Clay Nanocomposite", Wiley, New York, (2000).
12) M. Okamoto, H. Taguchi, H. Sato, T. Kotaka, H. Tatayama, *Langmuir* **16**, 4055 (2000).
13) Y. Fukushima, S. Inagaki, *J. Incl. Phen.*, **5**, 473 (1987).
14) Unitika Ltd., Japanese Kokai Patent Application No.109998 (1976).
15) National Lead Co., U. S. Patent No. 2531396 (1950), Union Oil Co., U. S. Patent No.3084117 (1963).
16) Van Olphen, H. An Introduction to Clay Colloid Chemistry, Wiley, New York (1977)
17) *National Geografic Sept.* **7**, 13 (2002).
18) M. Jose-Yacaman, L. Rendon, J. Arenas, M. C. S. Puche, *Science*, **273**, 223 (1996)
19) Earth-Attapulgite (Attagel 50) は Ehgelhard (USA) 社および林化成㈱ (大阪) にて製品化.
20) T. J. Pinnavaia, P. K. Welty, *J. Amer. Chem. Soc.*, **97**, 3819 (1975).
21) K. A. Carradoa, G. Sandi, R. Kizilel, S. Seifert, N. Castagnola, J. Mater. Chem., in press (2004)
22) A. Usuki, M. Kawasumi, Y. Kojima, A. Okada, T. Kurauchi, O. Kamigaito, *J. Mater. Res.*, **8**, 1174, (1993).

23) P. H. Nam, M. Okamoto, P. Maiti, T. Kotaka, N. Hasegawa, A. Usuki, *Polymer*, **42**, 9633 (2001).
24) P. Maiti, P. H. Nam, M. Okamoto, N. Hasegawa, A. Usuki, *Macromolecules*, **35**, 2042 (2002).
25) M. Okamoto, S. Morita, Y. H. Kim, T. Kotaka, H. Tateyama, *Polymer*, **42**, 1201 (2001).
26) S. S. Ray, P. Maiti, M. Okamoto, K. Yamada, K. Ueda, *Macromolecules*, **35**, 3104 (2002).
27) S. S. Ray, K. Okamoto, M. Okamoto, *Macromolecules*, **36**, 2355 (2003).
28) S. S. Ray, K. Yamada, M. Okamoto, Y. Fujimoto, A. Ogami, K. Ueda, *Polymer*, **44**, 6633 (2003).
29) M. Okamoto, H. Sato, H. Taguchi, T. Kotaka, *Nippon Rheology Gakkaishi*, **28**, 201 (2000).
30) M. Okamoto, P. H. Nam, P. Maiti, T. Kotaka, N. Hasegawa, A. Usuki, *Nanoletters*, **1**, 295 (2001).
31) P. Maiti, M. Okamoto, Macromole. *Mater. Eng.*, **288**, 440 (2003).
32) P. Maiti, P. H. Nam, M. Okamoto, N. Hasegawa, A. Usuki, *Polym. Eng. Sci.*, **42**, 1864 (2002).
33) C. H. A. Rentrop, L. F. Batenburg, R. van Dam, M. P. Hogerheide, H. A. Meinema, L. H. Gielgens, H. R. Fischer, *Mater. Res. Soc. Symp. Proc.* **628**, 1-6 (2000).
34) P. Y. Vuillaume, K. Glinel, A. M. Jonas, A. Laschewsky, *Chem. Mater.* **15**, 3625 (2003).
35) S. Su, D. D. Jiang, C. A. Wilkie, *Polymer Degradation and Stability*, **83**, 321 (2004), **83**, 333 (2004).
36) G. M. Kim, D. H. Lee, B. Hoffman, J. Kressler, G. Stoppelmann, *Polymer*, **42**, 1095 (2001).
37) 西村透 新タイプPA/クレーナノコンポシット『ポリマー系ナノコンポジットの製品開発』, フロンティア出版 (2004).
38) D. Shah, P. Maiti, E. Gunn, D. F. Schmid, D. D. Jiang, C. A. Batt, E. P. Giannelis, *Adv. Mater.*, **16**, 1173 (2004).
39) P. Fratzl, H. S. Gupta, E. P. Paschalis, P. Roschger, *J. Mater. Chem.*, **14**, 2115 (2004).
40) S. S. Ray, K. Yamada, M. Okamoto, K. Ueda, *Polymer*, **44**, 857 (2003.)
41) H. G. Haubruge, R. Daussin, A. M. Jonas, R. Legras, J. C. Wittmann, B. Lotz, *Macromolecules*, **36**, 4452 (2003).
42) N. Hosoda, T. Kato, *Chem. Mater.* **13**, 688 (2001).
43) A. W. Flegmann, J. W. Goodwin, R. H. Ottewill, *Proc. Brit. Ceram. Soc.*, **13**, 31 (1969).
44) S. S. Ray, K. Okamoto, K. Yamada, M. Okamoto, *Nanoletters*, **2**, 423 (2002).
45) M. Mitsunaga, Y. Ito, M. Okamoto, S. S. Ray, K. Hironaka, *Macromal. Mater. Eng.*, **288**, 543 (2003).
46) Y. Fujimoto, S. S. Ray, M. Okamoto, A. Ogami, K. Ueda, *Macromol. Rapid Commun.*, **24**, 457 (2003).
47) M. Okamoto, P. H. Nam, P. Maiti, T. Nakayama, M. Takada, M. Ohshima, N. Hasegawa, A. Usuki, H. Okamoto, *Nanoletters*, **1**, 503 (2001).
48) H. Lichtenegger, M. Muller, O. Paris, C. Riekel, P. Fratzl, *J. Appl. Cryst.*, **32**, 1127 (1999).
49) C. M. Koo, S. O. Kim, I. J. Chung, *Macromolecules*, **36**, 2748 (2003).
50) B. Yalcin, M. Cakmak, *Polymer*, **45**, 2691 (2004).
51) L. S. Loo, K. K. Gleason, *Polymer*, **45**, 5933 (2004).

52) J. H. Kim, C. M. Koo, Y. S. Choi, K. H. Wang, I. J. Chung, *Polymer*, **45**, 7719（2004）.
53) S. Sinha Ray, K. Okamoto, K. Yamada, M. Okamoto, *Nano Letts.*, **2**, 423（2002）.
54) S. Sinha Ray, K. Yamada, M. Okamoto, K. Ueda, *Macromol. Mater. Eng.*, **288**, 203（2003）.
55) R. Hiroi, S. S. Ray, M. Okamoto, T. Shiroi, *Macromol. Rapid Commun.*, **25**, 1359（2004）.
56) N. Sheng, M. C. Boyce, D. M. Parks, G. C. Rutledge, J. I. Abes, R. E. Cohen, *Polymer*, **45**, 478（2004）.
57) K. A. Carrado, in Handbook of Layered Materials, S. M. Auerbach, K. A. Carrado, P. K. Dutta, Eds.：Marcel-Dekker：NY,（2004）pp.1-38
58) H. Sato, A. Yamagishi, K. Kawamura, *J. Phys. Chem.*, **B105**, 7990（2001）.
59) V. V. Ginzburg, A. C. Balazs, *Macromolecules*, **32**, 5681（1999）
60) V. V. Ginzburg, C. Singh A. C. Balazs, *Macromolecules*, **33**, 1089（1999）
61) V. V. Ginzburg, A. C. Balazs, *Adv. Mater.*, **12**, 1805（2000）
62) V. V. Ginzburg, O. V. Gendelman, L. I. Manevitch, *Phys. Rev. Lett.*, **86**, 5073（2001）.
63) M. Okamoto, S. Morita, Y. H. Kim, T. Kotaka, H. Tateyama, *Polymer*, **42**, 1201（2001）.
64) R. Simha, L. A. Utraki, A. Garcia-Rejon, *Composite Interfaces*, **8**, 345（2001）.
65) S. Tanoue, L. A. Utracki, A. Garcia-Rejon, J. Tatibouet, K. C. Cole, M. R. Kamal, *Polym. Eng. Sci.*, **44**, 1046（2004）.
66) Y. Wang, Y. Wu, H. zhang, L. Zhang, B. Wang, Z. Wang, *Macromol. Rapid Commun.*, **25**,（2004）in press.
67) R. Totha, A. Coslanicha, M. Ferronea, M. Fermeglia, S. Pricl, S. Miertus, *E. Chiellini, Polymer* **45**, 8075（2004）.
68) T. D. Fornes, D. L. Hunter, D. R. Paul, *Macromolecules*, **37**, 1793（2004）.
69) www. bmvit. gv. at：The Austrian NANO Initiative is a multi-annual funding programme for Nanoscale Sciences and Nanotechnologies（NANO for short）in Austria. It coordinates NANO measures on the national and regional levels and is supported by several Ministries, Federal provinces and Funding institutions, under the overall control of the BMVIT Federal Ministry for Transport, Innovation and Technology. ある期間にわたって筆者はこの国家プロジェクトの審査をオーストリア政府から要請されている.
70) A. Ebenau, "Nanotechnologie in der Chemie-Experience meets Vision"：Mannheim, Oct. 28-29,（2002）.

第1編　基礎技術編
－製法と特性－

第1章　クレイ系ナノコンポジット

1 Nanoclays for plastic nanocomposites

Tie Lan[*1], Ying Liang[*2]

1.1 Introduction

Polymer nanocomposites have been reorganized as a revolution to the plastic industry. Montmorillonite clays have been selected as the premier material for polymer nanocomposite due to its abundant nature and versatile chemistry. The low addition level nanoclay into plastic enables the plastic to enhance mechanical, barrier and flame retardation. Nanoclay will also have the flexibility of incorporation into plastics, such as in situ polymerization and melt compounding. The rapid development of commercial use of nanocomposite requires nanoclay suppliers to deliver highly consistent, superior quality nanoclays. These requirements are far advanced than what the traditional bentonite industry can supply. Nanocor as the primary nanoclay supplier has developed technology and process to fulfill the requirement of plastics industries.

1.2 Nanoclays

Montmorillonite clay is the major component of bentonite. Bentonite has been mined, processed for many applications, including metal casting, specialty absorbents, rheology modifiers and household applications. Traditional bentonite refinement process uses gravity separation and water washing. Nanocor has developed a patented processing technology to extract montmorillonite clay from bentonite. Basic unit of montmorillonite clay is a 2-dimmension layered structure with a lateral dimension up to 500 nm and a thickness of 1 nm. These unit layers are bond by the interlayer hydrated cations, such as Ca^{2+} or Na^+. Typically, montmorillonite clays exit in agglomerate state with a typical particle size less that 20μ m.

[*1] Nanocor Inc. Technical Director
[*2] Nanocor Inc.

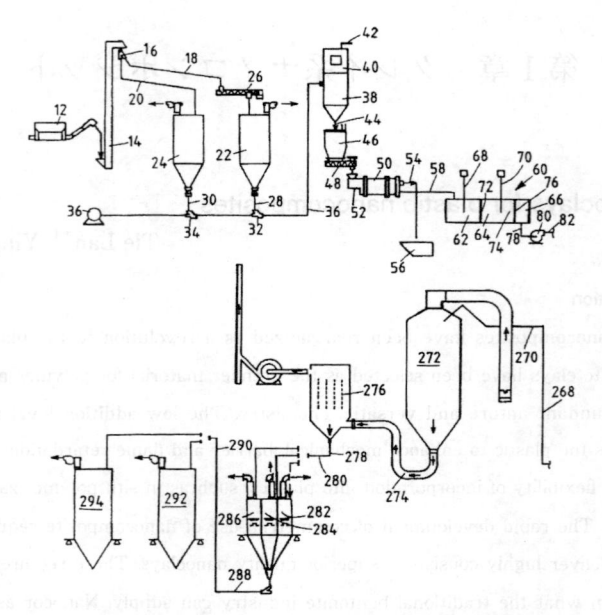

ポリマー系ナノコンポジットの新技術と用途展開

Fig. 1 Flow chart of Nanocor's patented nanoclay purification process.

The process is aiming to remove impurities includes the steps of separating the clay from rocks and other large non-clay impurities ; dispersing the clay and smaller impurities in water to provide a clay slurry ; passing the clay slurry through a series of hydrocyclones to remove the larger particles while retaining montmorillonite ; ion exchanging the clay to remove most of the interlayer multivalent (e. g., divalent and trivalent) cations in an ion exchange column, wherein the multivalent ions are replaced by monovalent cations, such as sodium, lithium and/ or hydrogen ; and then centrifuging the clay to remove a majority of the particles having a size in the range of about 20μ m. This process ensures the produced montmorillonite has excellent consistency and high quality. This process is illustrated in Figure 1.

The impurities in bentonite will harm the performance properties if they are not removed. Major impurities are quartz and other form of silica compounds. For instance, residual quartz in stretch-blowing application of nano-nylon MXD6 will create void around quartz particles (Figure 2). The void will reduce barrier properties of the package and surface appearance. Inorganic salts, such as sodium carbonate, sodium chloride will also hurt nanocomposite

第1章 クレイ系ナノコンポジット

Stretching

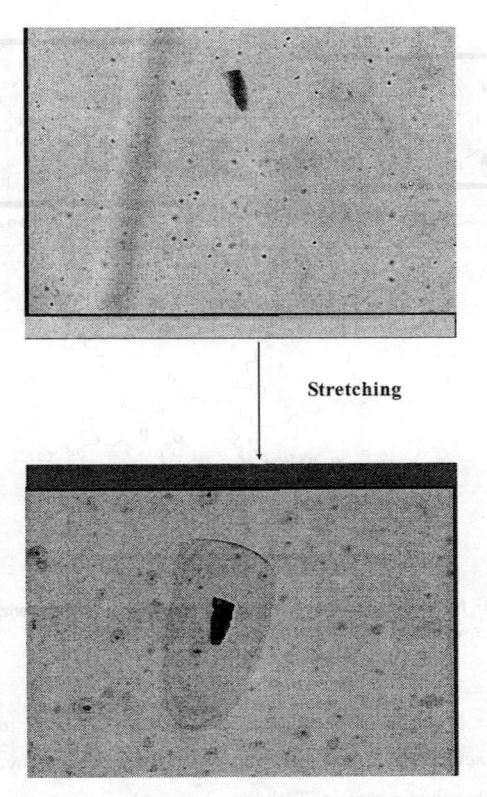

Fig.2 Void formation from stretching of nanocomposite nylon MXD6 film due to the presence of quartz particle

performance due to their corrosive characteristics after adsorption of water. The salts will reduce the long term stability of plastics articles required by common applications. Nanocor's novel bentonite clay purification is designed to minimize the level of all inorganic salts in the finished nanoclay products.

Barrier property improvement and reduced flammability are the two significant properties of polymer clay nanocomposites. Since barrier resins are commonly used in food packaging applications, proper FDA status is needed prior to such practice. Nanocor has been working along this direction to provide products meet strict regulatory requirements. One example is Nanomer[R] nanoclay I.24TL. I.24TL uses 12-Aminododecanoic acid (ADA) as surface modifier.

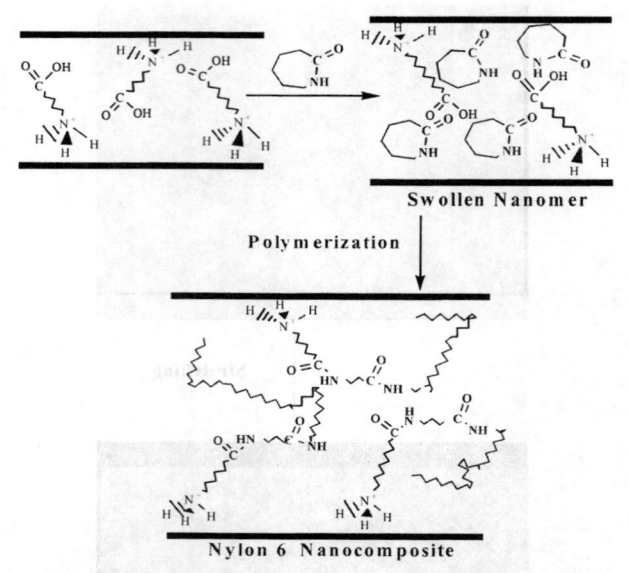

Fig.3 Nylon 6 Nanocomposite Formed through *in situ* Polymerization with ADA-MONT (Nanomer[R] I.24TL).

ADA can participate in the nylon 6 polymerization become a part of the polymer network (Figure 3). This reaction was called tethering effect, which forms covalent bond between surface modifier with polymer matrix. Tethering brings the surface treatment to be part of the nylon molecule itself, thus eliminates the possibility of ADA migration out of nylon 6. FDA has approved the use of in situ nylon 6 nanocomposites containing I.24TL for direct food contact applications. Nanocor also provides different grade products for other resin systems for various applications, which need different FDA regulatory status.

1.3 Nano Effects

Polymer-layered silicate nanocomposites are plastics containing low levels of dispersed platey minerals with at least one dimension in the nanometer range. The most common mineral is montmorillonite clay. Its aspect ratio exceeds 300, giving rise to enhanced barrier and mechanical properties. In general, every one weight-percent of these "nanoclays" creates a 10% property improvement. Their interaction with resin molecules alters the morphology

Table 1　Mechanical Properties of Nylon 6 Nanocomposites.

Nanoclay I.24TL (wt%)	Flexural Modulus (MPa)	Tensile Modulus (MPa)	HDT (°C)
0%	2836	2961	56
2% (% Improvement)	4326 (53%)	4403 (49%)	125 (123%)
4%	4578 (61%)	4897 (65%)	131 (134%)
6%	5388 (90%)	5875 (98%)	136 (143%)
8%	6127 (116%)	6370 (115%)	154 (175%)

and crystallinity of the matrix polymer, leading to improved processability in addition to the benefits to barrier, strength and stability.

A series of nylon 6 nanocomposites containing Nanomer[R] I.24TL was prepared via in situ polymerization. The dependence of mechanical and barrier properties on the loading level of nanoclay was evaluated for nanocomposites containing 2, 4, 6 and 8 wt% I.24TL. Mechanical properties are shown in Table 1. The high aspect ratio of montmorillonite and the interaction between polymer chains and dispersed silicate nanolayers creates a 110% increase in flexural and tensile moduli, and a 175% increase in heat distortion temperature under load (DTUL), at a loading level of 8 wt.% ADA-MONT. In addition, smooth, transparent films were successfully cast using standard techniques and equipment. These films were tested for gas permeation at 65% relative humidity. Oxygen transmission rates (OTR) improve as I.24TL addition levels increase. At 8 wt% addition level, OTR reduction is 80%. This makes nylon 6 nanocomposites particularly appropriate for packaging applications requiring improved barrier. Water Vapor Transmittance Rate (WVTR) of these nanocomposite samples were also reduced with addition of Nanomer I.24TL. The WVTR and OTR improvement vs Nanomer loading is illustrated in Figure 4.

We have previously reported the mechanical properties of homopolymer PP (HPP) and TPO nanocomposites using film grade Nanomers I.30P and I.31PS. These nanocomposites showed improved mechanical properties, thermal properties (HDT), and reduced coefficients of linear thermal expansion (CLTE). Recently Nanocor developed Nanomer I.44PA, a grade designed specifically for non-film applications. Tables 2 and 3 summarize the performance of

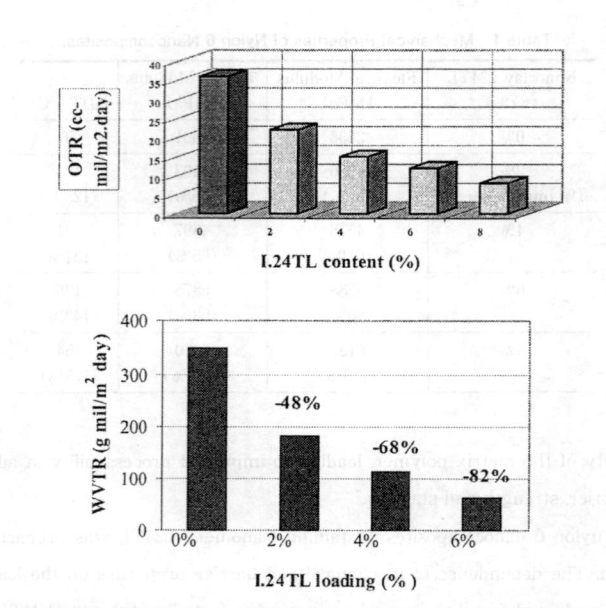

Fig.4 OTR and WVTR of Nylon 6 Nanocomposites from *In situ* Polymerization.

Table 2 Tensile Properties of PP Nanocomposites

Nanomer Grade	Loading Level (wt %)	Resin	Tensile Strength (MPa)	Improv.	Tensile Modulus (Mpa)	Improv.
Control	0	TPO	19.6	/	957	/
I.44PA	6.0	TPO	23.5	+20%	1458	+53%
Control	0	HPP	31.3	/	1388	/
I.44PA	6.0	HPP	35.5	+13%	2180	+57%

this new grade for HPP and TPO nanocomposites. A standard grade HPP with a melt flow of 4 g/10min and a standard grade TPO with a melt flow of 12 g/10min were used as representative matrix polymers. Grade I.44PA creates the "nano-effect" in both HPP and TPO as evidenced by improved mechanical properties and HDT.

第1章 クレイ系ナノコンポジット

Table 3　Flexural Properties of PP Nanocomposites

Nanomer Grade	Loading Level (wt %)	Resin	Flexural Modulus (MPa)	Improv.	HDT (°C)	Improv.
Control	0	TPO	811	/	72.8	/
I.44PA	6.0	TPO	1295	+60%	93.3	+28%
Control	0	HPP	1181	/	88.3	/
I.44PA	6.0	HPP	1777	+50%	109.1	+24%

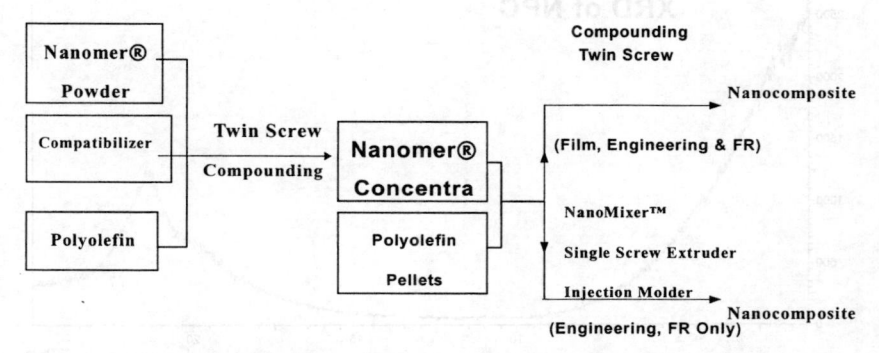

Fig.5　Nanocor's polyolefin-nanoclay concentrate processing scheme and applications.

1.4　Nanoclay Concentrates

Typical nanoclay products are supplied in a fine powder form. There are significant concerns on the handling of nanoclay from plastic industry. The low bulk density of the nanoclay will challenge the established raw material feeding system. Also, the entrapped air within the powder will create air bubbles in the finished nanocomposite. In addition, for resins having low polarity, it is difficult to disperse nanoclay uniformly from one-pass compounding process. Nanocor developed nanoclay concentrate for polyolefin and nylons. The polyolefin processing is based on the scheme in Figure 5. Various grades of nanoclay polyolefin concentrate are marketed and manufactured by PolyOne under the trade name Nanoblend by using Nanocor's nanoclay and concentrate technology. Nanoclay-polyolefin concentrate products are in pellet form with similar size of neat resins. This will allow easy blending with neat polyolefin resins. Nanoclay-polyolefin concentrate can be used in broad polyolefin

Fig.6 Film appearance of Nano-Polyamide-Concentrate (NPC) with thickness of 40μm.

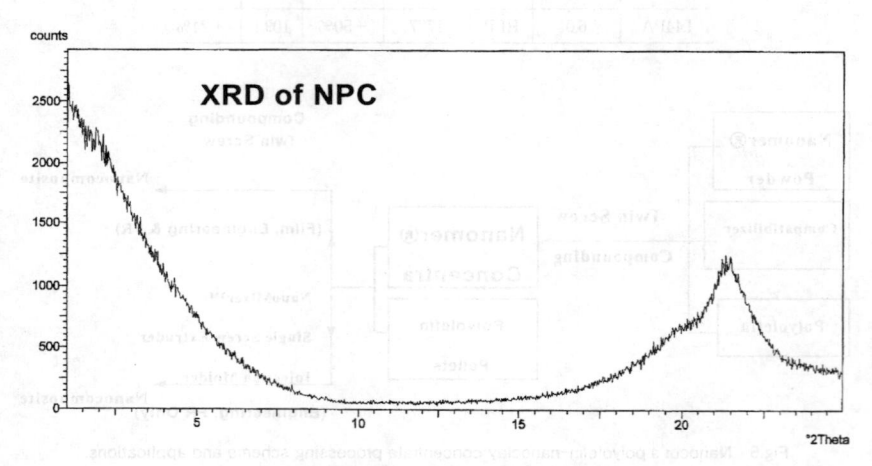

Fig.7 XRD of Nano-Polyamide-Concentrate (NPC).

formulations from engineering films to fire retardation compounds.

Nanocor also developed nano-polyamide-concentrate (NPC) based on nylon-6 nanocomposite technology. NPC products typically have nanoclay loading in the range of 15-25wt%. Since NPC is based on in situ polymerization of Nylon6, NPC compounds have excellent clarity (Fig.6). XRD result indicates the nanoclays are in exfoliation state since the original nanoclay layer stacking order peak disappear after the formation on NPC (Fig.7). Figure 6 shows the clarity of a pressed NPC film. NPC is also in pellet form. NPC can be incorporated into various polyamide resins, including PA66, amorphous/semi-crystalline aromatic nylons. Since the nanoclay is in exfoliated form in NPC, the nanoclay remains in exfoliated state after melt blending with other polyamides, such as PA66. This process prevents the nanoclay layer locking by strong diamine molecules which are the starting material of PA66. This process was called "anti-locking". We achieved significantly improved mechanical and barrier properties of various polyamides resins with the addition of NPC.

1.5 Summary

Nanocomposites made of polymer resin and nanoclays are emerging as commercial materials at a rapid speed. Efficient and high standard processes of nanoclays are needed to meet the demanding requirement of the plastic industries. Nanocor has developed products and technology to supply the plastic industry with safe and easy use products, such as nanoclay concentrate. Barrier improvement and flame retardation are the two major driving forces for nanocomposite commercialization.

References

1) Clarey ; M. ; *et al* ; U. S. Patnet 6,050,509 (2000).
2) Lan ; T. ; *et al* ; U. S. Patent 6,596,803.
3) Okada, A., *et al* ; U. S. Patent 4,739,007 (1988).
4) Kawasumi, M., *et al* ; . U. S. Patent 4,810,734 (1989).
5) Okada, A., *et al* ; U. S. Patent 4,894,411 (1990).
6) Qian ; G. ; Lan ; T. ; Fay ; A. M. ; Tomlin ; A. S. U. S. Patent 6,462,122 (2002).
7) Qian ; G. ; Cho ; J. W. ; Lan ; T. ; U. S. Patnet 6,632,868 (2003).

2 層間挿入法

野中裕文[*]

2.1 はじめに

層状化合物である粘土鉱物を構成する板状ユニットのシリケート層をポリマーマトリクス中に超微分散化させたものがポリマー系ナノコンポジットであり，その製法のうち最も一般的かつ重要な方法が層間挿入法である。

層状化合物を構成するシリケート層の層間には，イオン交換性を有するカチオンが存在する。これをポリマーマトリクスとある程度の親和性を有する特定の有機カチオン（有機化剤）でイオン交換をした後，モノマーあるいはポリマーと混合することでポリマー系ナノコンポジットを合成する方法を一般に層間挿入法という。

従来のドライコンパウンド法では，機械的に微分砕された無機フィラーがミクロンオーダーで分散されていることに対し，この方法を用いることで厚み1nm程度のシリケート層をポリマー中に均一分散させることができる。

こうしてナノコンポジット化されたポリマーマトリクスとシリケート層の間には，強い相互作用が働くと考えられ，従来の単純フィラー充填では見られなかったような特異な機能が発現する。

2.2 層間挿入法の分類

有機化剤で変性した層状化合物をポリマーマトリクス中に均一に分散させる方法としては，大きく①重合法と②混練法の2つに分けることができる。

① 重合法

重合法は，有機化処理をした層状化合物の層間へモノマーを挿入し，モノマーを層間で重合し，ナノコンポジットを得る方法である。

豊田中央研究所が世界ではじめて実用化レベルでの合成に成功したポリアミド6／モンモリロナイトからなるナノコンポジット（NCH：NYLON-CRAY-HYBRID）がその代表的例であり，そのNCHの合成概念図を図1に，それにより得られた，ポリアミド6マトリクス中でのモンモリロナイトの分散状態を写真1に示す。

写真中の黒く繊維状に見えるのがシリケート層の一枚であり，極めて微細な状態で分散していることがわかる。重合法では層状化合物の一枚一枚の層が完全に剥離し，均一に分散したナノコ

---

[*] Hirofumi Nonaka 宇部興産㈱ ナイロン樹脂ビジネスユニット ナイロンテクニカルグループ 主席部員

第1章 クレイ系ナノコンポジット

（イオン交換） （膨潤）

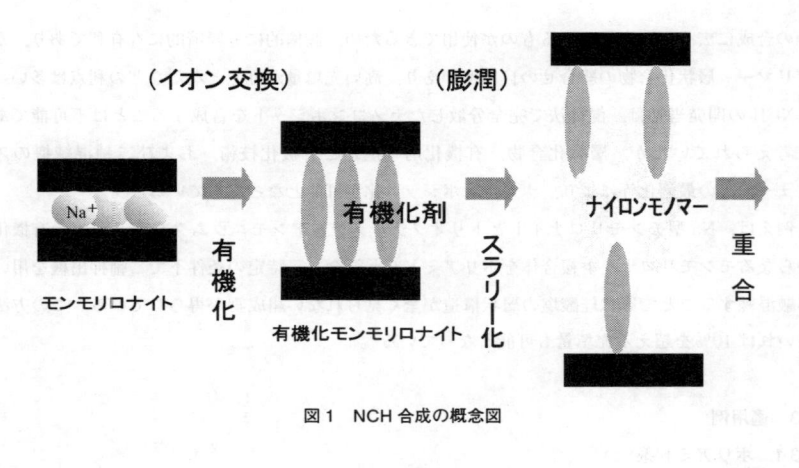

図1 NCH合成の概念図

100μm

写真1 ナイロン中のモンモリロナイト分散写真

ンポジットが得られやすい。

　反面，工業化においては重合設備という特殊な設備を持つ必要があり，生産性の観点から充填量が制限されることなどの問題点がある。

② 混練法

　混練法は，有機化処理をした層状化合物とポリマーとを二軸混練機を用いて同時に溶融混練することでナノコンポジットを合成する技術である。二軸混練機は一般にガラス繊維強化ポリマー

等の合成に広く用いられているものが使用できるため，設備的にも経済的にも有利であり，かつポリマー／層状化合物の組合せの自由度があり，高い充填量が可能となるなどの利点は多い。

NCHの開発当初は，混練法で完全分散したナノコンポジットを合成することは不可能であると考えられていたが，層状化合物，有機化剤の選定と有機化技術，および二軸混練機のスクリュー構成の最適化等により，ナノコンポジット化が可能となってきている。

例えば，Na型モンモリロナイトとトリオクチルメチルアンモニウムクロライド等の有機化剤からなるモンモリロナイト複合体をポリアミド6と混合し，特定の条件下で二軸押出機を用いて溶融混練することで層状珪酸塩の層状構造が全く見られない組成物が得られている。この方法を用いれば10%を超える充填量も可能となっている[1]。

2.3 適用例

2.3.1 ポリアミド系

混練法を含め，もっとも開発事例が多いのがポリアミドをポリマーマトリクスにするナノコンポジットである。豊田中央研究所が開発したポリアミド系ナノコンポジット NCHの重合法について解説する。

原料となる層状化合物としては，高い膨潤性を示すNa型モンモリロナイトが用いられる。

まず，アミノカルボン酸のアンモニウム塩とNa型モンモリロナイトの層間にあるNaイオンとをイオン交換させ，有機化モンモリロナイトとする。この有機化変性によってモンモリロナイトの層間は1ナノメートルが約1.7ナノメートルにまで拡がる。次に，有機化したモンモリロナイトに，ポリアミドの原料モノマーであるε-カプロラクタムを加えることでスラリー状にする。この操作により，モンモリロナイトはさらに膨潤し，層間は10ナノメートル以上に拡がる。そして，このスラリーを重合することで，ポリアミドマトリクス中にモンモリロナイトの基本単位である板状ユニットが完全に均一分散したナノコンポジットナイロン"NCH"が合成される。

この際使用される有機化剤はアミノデカン酸のアンモニウム塩が使用されるが，これは

① 片末端がシリケート層とイオン結合させるためにアンモニウム塩であること
② 他方の末端は，εカプロラクタムを開環重合させるためにカルボキシル基であること
③ εカプロラクタムがモンモリロナイトの層間へインターカレートするような適度な極性をもつこと

の要素を満足するものとして選定されている[2]。

モンモリロナイトのポリアミドマトリクス中での分散状態は前述した通り（写真1）であり，これにより得られたナノコンポジットは，表1に示すように充填量が少ない領域においても特異な性能を持っていることがわかる[3]。

44

第1章 クレイ系ナノコンポジット

表1 NCHの特性

Specimen	Montmorillonite (wt%)	Tensile Strength (MPa)	Tensile Modulus (GPa)	Charpy Impact Strength (KJ/m^2)
NCH-5	4.2	107	2.1	6.1
NCC-5	5	61	1.0	5.9
Nylon 6	0	69	1.1	6.2

2.3.2 その他

一般にポリマーマトリクスは極性が高いほど,ナノコンポジット化には有利といわれている。そのためポリオレフィン系でナノコンポジット化を行う場合には,極性基を導入する方法がとられている。

プレピレンに無水マレイン酸やヒドロキシル基で変性したマトリクスにオクタデシルアンモニウムイオンで有機化変性したモンモリロナイトを溶融混練することでナノコンポジットが合成でき,極性基の種類によらず極性基の濃度に依存することが見出されている[4]。

また同様の方法で,エチレンに無水マレイン酸をグラフトすることでオクタデシルアミン改質モンモリロナイトとのナノコンポジットの合成が行われている。ポリエチレン単独および単純複合化の場合に比べ,引張り降伏応力と引張り弾性率が高くなることも見出されている[5]。

2.4 最近の動向

重合法でのポリマー系ナノコンポジットの工業化にあたっては制約が多く,混練法でのナノコンポジットの研究が増えてきている。

Dennisらは,ナイロン6と有機化処理をした粘土鉱物を使用し,各種の混練条件のもと層間剥離の状態を確認した結果,中せん断のスクリューエレメント構成の異方向二軸混練機が,最も効果的に層間剥離を起こすとしている。せん断力に関しては,高せん断をかけた場合には分散が悪くなるという結果が得られており,さらに詳細な研究が必要であるとしている[6]。

水によって層状化合物のシリケート層が剥離する性質に着目し,水によってスラリー化した層状化合物を二軸混練機へ注入することで,ナノコンポジットを合成することも試みられている[7]。この方法は,従来のポリマー系ナノコンポジットの合成にあたり必須要件であったクレイの有機化処理という前処理工程を省略できる可能性を示唆するものであり,加水分解を起こさないようなポリマーに対しては経済的に有利な方法として着目できる技術といえる。

さらに,水スラリーでの注入の場合,スラリー粘土の上昇により充填量が制限されること等の弊害を解消するため,ポリプロピレンをマトリクスに,水とクレイを二軸混練機の別の位置から

45

供給する方法でナノコンポジットを合成する方法も提案されている[8]。

　工業化されている事例もあるが，有機化剤で処理した層状化合物を使用するとはいえ，混練法ではその層間剥離や分散状態が満足のいくものではないことが多い。

　一方で目的に応じた機能・特性が発現する限りにおいては，完全均一分散が必ずしも必要というわけではなく，また重合法の適用が不可能なポリマー系のナノコンポジット化の研究・開発の必要性や経済性の側面などから，今後，ナノコンポジット合成のための混練プロセスの研究がいっそう活発になるであろう。

　いずれにせよ，満足のいく機能をもつナノコンポジットを混練法で達成するためには，適切な層状化合物や有機化剤の選定と処理条件に加え高度な二軸混練技術とノウハウの構築が必要不可欠であると考えるべきである。

文　　献

1) 特開平 11-335554 等
2) 臼杵有光，ネットワークポリマー，**25**（1），44（2004）
3) OKADA *et al.*, ACS Symp Ser（Am Chem Soc）585, 55（1995）
4) Kato *et al.*, *J. Polym. Sci.*, **66**, 1781（1997）
5) Kato *et al.*, *Polym. Eng. Sci.*, **43**（6）1312（2003）
6) Dennis H r *et al.* ANNTEC　2000, 428
7) Hasegawa *et al.*, *polymer*, **44**, 2933（2003）
8) 加藤ら，高分子学会予稿集，**52**（10），2367（2003）

3 ポリアミド系ナノコンポジット

祢宜行成[*1]，上田一恵[*2]

3.1 はじめに

ポリアミドとは，カルボキシル基とアミノ基が反応して形成されるアミド結合で繰り返し単位が連結した高分子をさし，強度・耐摩耗性などの機械的特性をはじめ，耐熱性，耐薬品性などの化学的物性にも優れていることから，幅広い用途に使用されている．幅広く使用される理由としては，ポリアミドがアミド結合間の構造を種々変化させることで非常に幅広い特性を持つ多くの種類のポリアミドを形成できることが挙げられる．例えば，ε-カプロラクタムの開環重合で得られるポリアミド6は，物性的にバランスがよく，繊維・フィルム・成形品と幅広く用いられる．脂肪鎖が長くなると，ポリアミド12やポリアミド11のように柔軟性に富んだ樹脂となる．また，ジアミンとジカルボン酸から縮合で得られるポリアミドには耐熱性に優れたポリアミド6,6や強靭なポリアミド6,10のほか，芳香族構造を取り入れたMXDナイロン，ポリアミド6T，ポリアミド9Tなどがあり，それぞれにガスバリア性・耐熱性・溶媒溶解性などの特長があり，使い分けられている．このように，ポリアミドはその優れた物性と多様性の面から，汎用エンジニアリングプラスチックとしての地位を不動のものとしてきている．

ポリアミドの用途が広がるさらなるアイテムとして，ポリアミド/粘土鉱物で構成されるナノコンポジットを挙げることができる．ポリアミドにおいては，物性を向上させる複合化技術として，従来よりガラス繊維やタルクといった無機フィラーによる強化手段が知られており，ポリアミドの剛性・耐熱性・強度を飛躍的に向上させることが可能である．しかしながら，この手法において，無機フィラーの添加量は相対的に多く，樹脂の比重が大きくなって，質量が重くなるという欠点があった．これに対し，粘土鉱物をポリアミド中にナノメートルオーダーで分散させたポリアミドナノコンポジットでは，少量のフィラー添加で従来と同等の物性向上を実現できるため，より均一で性能上の欠点が少なく，比重も低い優れた樹脂を実現することができている[1~4]．

現在，ポリアミド/粘土鉱物ナノコンポジットとして実用化されている主なものはポリアミド6を用いたものである．その製造方法においては，粘土鉱物としてあらかじめ粘土鉱物の層間を広げる膨潤化処理をしたクレイを使用することが必要である．この膨潤化粘土鉱物を用い，主に2種類の方法で，ポリアミド/粘土鉱物ナノコンポジットが作製される．1つ目の手法は，膨潤化粘土鉱物をポリアミドのモノマー中に添加し，モノマーが重合していく過程で，粘土鉱物の層状構造がばらばらとなって，厚さ数nmの板状粘土鉱物をポリアミド中に均一に分散させる方法

[*1] Yukinari Negi　ユニチカ㈱　樹脂事業本部　樹脂開発技術課
[*2] Kazue Ueda　ユニチカ㈱　中央研究所　開発2グループ　グループ長

表1 ポリアミド6ナノコンポジットの物性

性質	試験条件	試験方法 ISO		ナノコンポジット M1030DH*		標準ポリアミド6 A1030BRL**	
				絶乾時	吸水時	絶乾時	吸水時
引張応力	降伏	527-1	MPa	95	63	78	38
	破壊	527-2					
引張弾性率		↑	MPa	4300	2600	2600	940
引張ひずみ	降伏	↑	%			5.0	24
	破壊			3.4	4.0	45	>200
曲げ強さ		178	MPa	155	66	99	34
曲げ弾性率		↑	MPa	4500	2500	2500	900
シャルピー衝撃強度	ノッチなし	179-1	kJ/m²	57	70	NB	NB
	ノッチ付き	179-2		4	7	4	41
線膨張係数		11359-2	10^{-5}/℃	5.3		9.6	
荷重たわみ温度	1.8MPa	75-1	℃	140		60	
	0.45MPa	75-2		186		151	
密度		1183	g/cm³	1.15		1.13	
吸水率	23℃ 水中	62	%	0.9		1.8	
	23℃、50%RH 平衡			2.8		2.8	
成形収縮率(3.2mmt)	流れ方向	ユニチカ法	%	0.8		1.0	
	垂直方向			1.0		1.3	
燃焼性	0.8mmt	UL-94				V-2	

*:ユニチカ㈱社製ポリアミド6ナノコンポジット **:ユニチカ㈱社製標準ポリアミド6

(重合法)である[5]。2つ目の手法は,粘土鉱物の膨潤化処理にあたって,より層間を押し広げる有機化合物などを用い,高分子化されたポリアミドと溶融混練にて混合し,混練時のせん断力を利用して粘土鉱物の層状構造をばらばらとする方法(コンパウンド法)である[6]。それぞれの手法に優れた面があり,現在,両者のポリアミド6ナノコンポジットが工業的に生産されている。

本稿では,紙面の都合上,前者の重合時にナノコンポジット構造を形成したポリアミド6ナノコンポジットについて詳しく述べる。

3.2 ポリアミド6/粘土鉱物ナノコンポジットの物性
3.2.1 機械的物性

表1に,重合法にて作製されたポリアミド6/粘土鉱物ナノコンポジットの物性を,強化していない通常のポリアミド6と比較して示す。本ナノコポジットは膨潤性層状珪酸塩(膨潤性の合成マイカ)を,ポリアミド6のモノマーであるε-カプロラクタム中に添加し,その後ポリアミドへ重合させていく過程において,層状珪酸塩が一枚一枚単位のシリケート層にまで劈開(剥離)し,ポリアミド中に均一に分散することで作製している。その層状珪酸塩の分散の様子は図1の

第1章　クレイ系ナノコンポジット

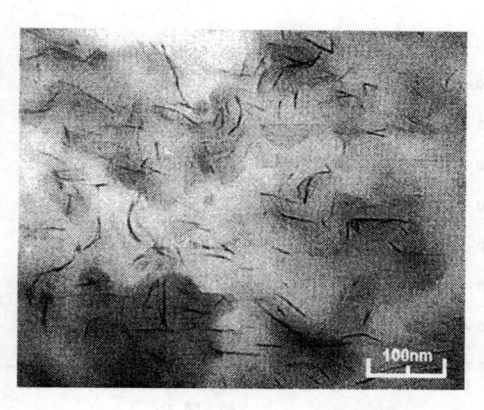

図1　ポリアミド6ナノコンポジットの電子顕微鏡写真

電子顕微鏡写真からも確認できる（写真中，黒い筋状に映っているものが層状珪酸塩である）。本ナノコンポジットはユニチカ㈱から上市されている。ナノコンポジット製造時に添加する合成マイカは，平均初期粒径が数μmであるが，重合後のナノコンポジット形成時には厚み約1nm，アスペクト比は30～50程度となっている。このようにわずか厚さ1nmにまでクレイが薄くなって分散する結果，非常に少ない量で，従来の無機フィラーと同等，もしくはそれ以上の物性を示すのである。

　表1からは，このナノコンポジットが，特に強度，弾性率，耐熱性において飛躍的に向上していることがわかる。密度の上昇はわずかであり，補強材がナノオーダーにまで分散する効果が如実に現れている。また，ナノコンポジットとなったことで，線膨張係数が低下し，吸水速度も低減する。これらは成形物の寸法安定性の向上をもたらすため，より精度の求められる用途へも展開が可能となる。

　ナノコンポジットとすることによる，物性の向上のうち，高荷重における荷重たわみ温度の向上は非常に顕著である。本ナノコンポジットの場合は60℃から140℃へと80℃も向上している。ただし，低荷重の場合は35℃の向上にとどまっている。これは，一般に荷重たわみ温度においては，高荷重の場合は，樹脂のガラス転移温度（すなわちアモルファス領域）に，低荷重の場合は樹脂の融点（すなわち結晶）に影響を受けると言われている点から，シリケート層とポリアミド6との水素結合を主とする相互作用が，アモルファス部分に大きく寄与した可能性が高いと考えられる。

　ちなみに，このポリアミド6ナノコンポジットと同等の性能を，従来の無機フィラー法で実現するには，15～20％のタルクやガラス繊維の添加が必要となり，比重・外観面でもナノコンポ

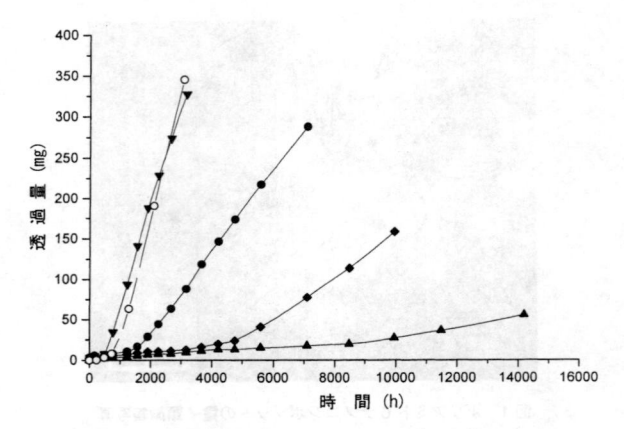

図2 ポリアミド6ナノコンポジットのガソリンバリア性
○：非強化ポリアミド6＋膨潤性層状珪酸塩（未劈開）
◆：ポリアミド6ナノコンポジット　シリケート層 1.7%
▲：ポリアミド6ナノコンポジット　シリケート層 5.3%
▼：非強化ポリアミド6
●：非強化ポリアミド66

ジットには及ばない。従来法はフィラーの分散レベルがマイクロメートルオーダーであるため，ナノコンポジットに比べて多量の添加量を必要とすると考えられる。

3.2.2　バリア性

図2には，重合法にて作製されたポリアミド6/粘土鉱物ナノコンポジットのガソリン透過量を，強化していない通常のポリアミド6と比較して示す。クレイ自身は一枚一枚に劈開しても結晶構造を形成しているため，樹脂中を溶解・拡散してきた各種物質（この場合はガソリン）を通過させず，回り道をさせる。この様子を図3に模式化して示した（回り道理論と呼ばれる）。したがって，粘土鉱物ナノコンポジットは複合化前に比べて，ガス透過性を抑制する，すなわちバリア性が向上する。クレイが一枚一枚に劈開している場合は，その数は膨大になるため，数％の粘土鉱物添加量でもかなりの効果が表れる。クレイが劈開していない場合に，非強化ポリアミド6と同等のガソリン透過性を示すのはこのためである。このバリア性の向上は，クレイの物理的効果によるものであるため，透過する物質が変わっても（例えば，水，酸素），同等の効果があるものと推察され，よりハイバリアを要求される用途への応用が広がると考えられる。

第1章 クレイ系ナノコンポジット

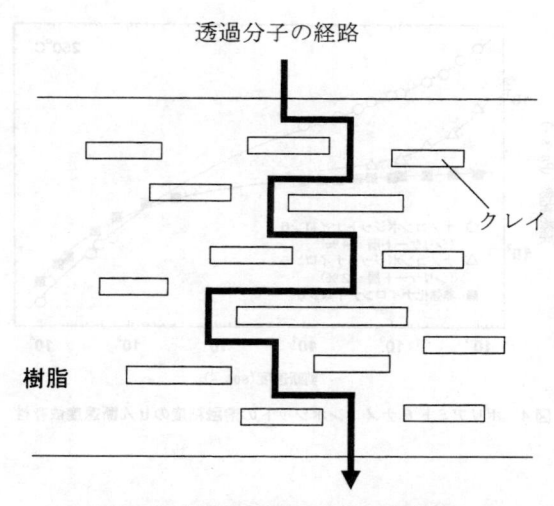

図3 ガス透過性に及ぼす回り道効果の模式図

3.3 ポリアミド6/粘土鉱物ナノコンポジットの応用
3.3.1 成形加工性

　ポリアミド6/粘土鉱物ナノコンポジットでは，剛直な無機化合物がナノオーダーで分散した結果，非常に興味深い溶融挙動を示す。図4には，重合法にて作製されたポリアミド6/粘土鉱物ナノコンポジットの250℃における溶融粘度のせん断速度依存性を，強化していない通常のポリアミド6と比較して示す。せん断速度が低い場合には溶融粘度が増大するが，せん断速度が大きくなると溶融粘度が低下し，樹脂流れが良くなることを示している。これは，せん断速度が大きくなると，樹脂の流れ方向に層状珪酸塩が配向して並ぶために流れがよくなるものと推察している。同じ現象は他の樹脂でも観察されており[7]，ナノコンポジットのひとつの大きな特長と考えられる。本性質により，射出成形時に，より小型の成形機での生産が可能となるなどのメリットが得られる。

3.3.2 具体的用途

　これまで述べてきたように，ポリアミド6/粘土鉱物ナノコンポジットは，強化していない通常のポリアミド6と比較して，ほぼ同等の比重で無機フィラー強化ポリアミドに匹敵する強度・剛性・耐熱性を有し，吸水速度・吸水時の寸法変化が小さいという特長を有する。さらに，顔料発色性や表面光沢性が良いため，成形品の外観に優れている。また，流動性が良いために，射出成形時にハイサイクル・低バリ性を示し，成形性に優れているといえる。これらの特長を生かし，

ポリマー系ナノコンポジットの新技術と用途展開

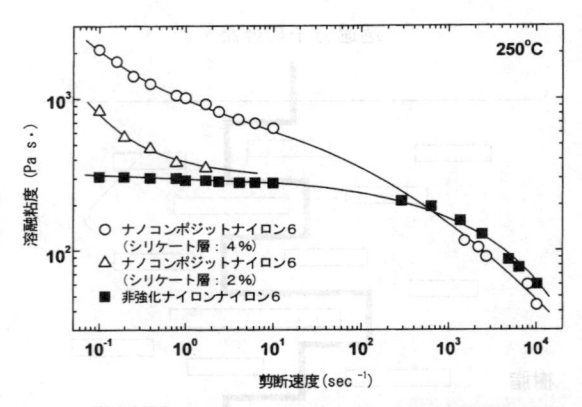

図4 ポリアミド6ナノコンポジットの溶融粘度のせん断速度依存性

タイミングベルトカバー

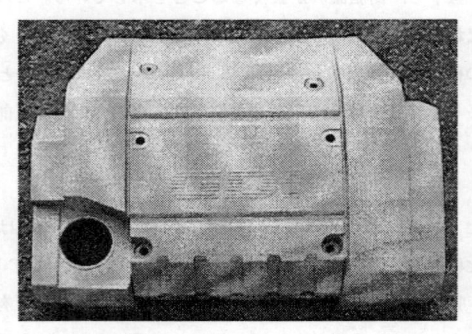

エンジンカバー

図5 ポリアミド6ナノコンポジットの使用例

第1章　クレイ系ナノコンポジット

材料物性のみならず意匠性が要求される用途にも採用が進んでいる。具体的には各種構造体の筐体，自動車用途ではエンジンカバーや各種内装部品などである。図5に実際にポリアミド6ナノコンポジットが採用された自動車部品の写真を示す。

3.4 おわりに

ポリアミドは，使い勝手の良い汎用エンジニアプラスチックである。物性的には，ポリアミドをはるかに凌駕するスーパーエンプラも多数存在するが，ポリアミドはコスト面のみならず，前述の使いよさ，物性のバランスの良さに加え，本稿で述べたナノコンポジット化など，応用技術の広がりも多岐にわたり，今後さらに多様化していくであろう市場ニーズに応えうる素材である。今後，さらなる改良を加え，金属代替など環境面にも配慮がなされた使用方法など，21世紀を担う材料となるべく，ポリアミドが進化していくことを期待している。

文　　献

1) 安江健治ら，プラスチックス，**47**, 6, 100（1996）
2) 藤本康治ら，科学と工業，**74**, 2, 86（2000）
3) 中條澄編「ポリマー系ナノコンポジットの製品開発」，フロンティア出版，p1, 39, 189（2004）
4) 祢宜行成，プラスチックエージ，**50**, 82（2004）
5) 特許　第2941159号（ユニチカ㈱）
6) 中條澄編「ポリマー系ナノコンポジットの製品開発」，フロンティア出版，p43, 133（2004）
7) S. S. Ray, M. Okamoto, *Prog. Polym. Sci.*, **28**, 1539（2003）

4 芳香族ポリアミド系ナノコンポジット

丸尾和生[*]

4.1 はじめに

　消費者の食品安全性への関心が高まる中，当社のナイロン MXD6，商品名「MX ナイロン」は，食品の鮮度維持に必要なガスバリア性に優れるという特徴を有することから，各種食品包装材料用途において需要を伸ばしている。特に PET ボトル分野では，ガスバリア性に加えて PET との成形加工性の相性の良さ，および熱安定性の良さから，欧米を中心に需要が急速に拡大している。

　この食品鮮度を保持する「ガスバリア技術」は，年々進歩してきているが，当社もさらなるガスバリア性向上のために，ナイロン MXD6 にナノコンポジット技術を取り入れた商品"Imperm[R]"を，クレイメーカーである米国ナノコア社と共同で開発した。ここでは PET 多層ボトル用に開発された Imperm[R] グレード 103 について紹介する。

4.2　Imperm[R] の基本性質

　ナイロン MXD6 は図 1 のごとく，メタキシリレンジアミン（MXDA）とアジピン酸とを重縮合することで得られるナイロン樹脂であり，MXDA 由来の芳香環を有することから，通常のナイロン 6 やナイロン 66 に比べて，

・ガスバリア性に優れる

・成形加工上，適度な結晶化速度を有する

・リサイクル性に優れる

等の特徴がある。Imperm[R] は，そのナイロン MXD6 をベースに，有機処理された層状ケイ酸塩（ナノクレイ）を，ナノオーダーまで剥離，分散させたナノコンポジット樹脂である。これまでナイロン 6 をベース樹脂とするナノコンポジット材料がいくつか商品化されてきたが[1])，それ以外のナイロン樹脂へのナノコンポジット材料の商品化はほとんど進んでいなかった。

　ナノコンポジット技術における最大の課題は，層状ケイ酸塩を単位厚み約 1 ナノメートルの一片ごとに剥離させ，マトリックス中にて分散させるところにあるが，MX ナイロン等，ラクタム類をモノマーとしない，ジアミン-ジカルボン酸を重縮合ナイロン樹脂へクレイをナノオーダーに分散させることは，技術的に困難であった。当社は米国ナノコア社と共同でナイロン MXD6 のナノコンポジット化技術を開発，写真 1（Imperm[R] を用いたフィルム中におけるクレイ分散状態）に示すごとく，クレイが元の層状構造に留まることなく，ナノメートルオーダーにてほぼ一

---

　*　Kazunobu Maruo　三菱ガス化学㈱　平塚研究所　研究グループ　主任研究員

第1章 クレイ系ナノコンポジット

ナイロン MXD6 H—[HNCH₂—⟨benzene⟩—CH₂NHC(=O)(CH₂)₄C(=O)]ₙ—OH

ナイロン 6 H—[HN(CH₂)₅C(=O)]ₙ—OH

ナイロン 66 H—[HN(CH₂)₆NHC(=O)(CH₂)₄C(=O)]ₙ—OH

図1 各種ナイロン樹脂の構造

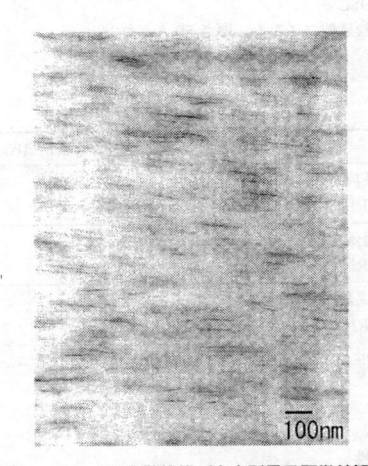

写真1 クレイの分散状態（走査型電子顕微鏡観察）

片ごとに剥離し樹脂内に分散させることに成功した。

表1に，Imperm® 103の基本的性質を示す。ナイロン6の場合，ナノコンポジット化により，特に弾性率，熱変形温度等の機械的性能，熱的性能が大きく変化することが知られている[2]が，ナイロン MXD6 がベース樹脂の場合，元来高弾性率，高耐熱性を有することから，ナノコンポジット化による性能変化は小さい。またフィルムの透明性はナノメートルレベルにてクレイを分散させていることから，無延伸フィルムでは無垢なナイロン MXD6 と同水準の透明性を保持している。

55

ポリマー系ナノコンポジットの新技術と用途展開

表1 Imperm®103 の基本的性質

項目		単位	Imperm®103	N-MXD6
比重	非晶		1.20	1.18
	結晶		1.22	1.21
ガラス転移温度[a]		℃	85	85
融点[a]		℃	237	237
半結晶化時間（160℃）		秒	50	100
HAZE[b]		%	1.5	1.4
引張強度		MPa	83	85
引張伸び		%	2.9	3.3
引張弾性率		GPa	3.5	3.1

a) DSC法
b) 無延伸フィルム, 厚さ50ミクロン

表2 Imperm®103 のガスバリア性[a]

項目	単位	Imperm®103	N-MXD6
酸素透過係数 (23℃, 60%RH)	cc・mm/m²・day・atm	0.02	0.08
炭酸ガス透過係数 (23℃, 60%RH)	cc・mm/m²・day・atm	0.10	0.20
水蒸気透過係数 (40℃, 60%RH)	g・mm/m²・day	0.28	0.62

a) 延伸フィルム, 厚み0.03 mm.

4.3 Imperm®のガスバリア性

クレイをナノメートルレベルで分散させることで，板状のガス不透過物が樹脂内に存在するため，全てのガスについてバリア性が向上することは良く知られている[3]。すでにハイガスバリア樹脂としてナイロンMXD6は，フィルム，PETボトル用途等，様々な包装材料に利用されているが，ナノコンポジット技術により，さらなるハイガスバリアを実現させた。表2に示すように，Imperm®103は無垢のナイロンMXD6に比べて3倍以上の酸素バリア性，2倍以上の炭酸ガス，水蒸気バリア性を有する。

また酸素バリア性についてImperm®103の湿度依存性は無垢のナイロンMXD6と同様な傾向を示し，実用的な相対湿度領域（表3）においては，代表的なガスバリア性樹脂であるEVOHよりも良好な酸素バリア性を発揮できる（図2）。PETボトルのような飲料容器では内容物が水を主成分としているため，バリア層は高湿度となることから，本用途では特に有利となる。

第1章 クレイ系ナノコンポジット

表3 PET/バリア/PET，3層ボトルバリア層での相対湿度（28g，500ccボトル）

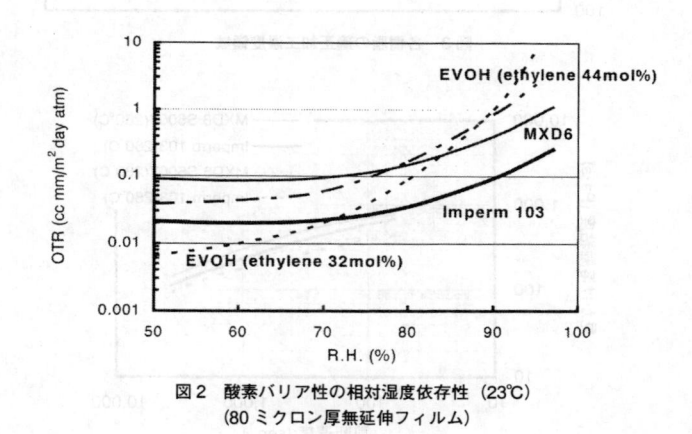

外側相対湿度 (%RH)	外側PET層 (μm)	バリア層 (μm)	内側PET層 (μm)	食品側相対湿度 (%RH)	バリア層での相対湿度 (%RH)
50	185	30	185	100	75
70	185	30	185	100	85
90	185	30	185	100	95

図2 酸素バリア性の相対湿度依存性（23℃）
(80ミクロン厚無延伸フィルム)

4.4 PET多層ボトルへの利用

4.4.1 多層ボトルの成形

図3にImperm®103の適正成形温度範囲を示したが，ベース樹脂であるナイロンMXD6と同じである。また，その流動性は，現在最も多くバリア材としてボトル用途で使用されているMXナイロンS6007とほぼ同じに設計されており（図4），現有の多層プリフォーム成形機にてMXナイロンS6007と同じ条件で射出成形できる（表4）。また，ブロー条件はPET単層やPET/ナイロンMXD6多層とほぼ同じである。

4.4.2 Imperm®103/PET多層ボトルの性質

Imperm®103をPET多層ボトルのバリア層に使用することで，PET単層ボトルや無垢のナイロンMXD6を用いた多層ボトルのガスバリア性を飛躍的に高めることができる。

飲料の中で，最も要求が厳しいビール用途では，保存期間中，ボトル内酸素濃度1ppm以下の低酸素状態が求められるが，28g，500ccボトルの場合，Imperm®103を5wt％使用するだけで通常のPET単層ボトルに比べて7倍以上，PET/ナイロンMXD6多層ボトルと比較しても約

ポリマー系ナノコンポジットの新技術と用途展開

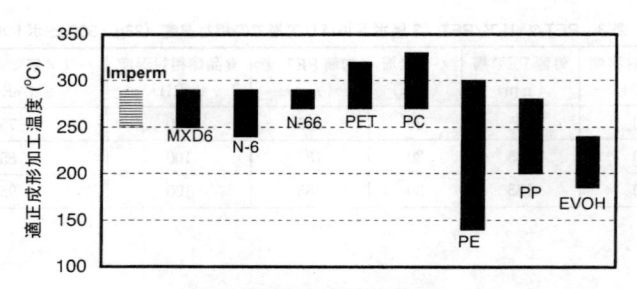

図3 各樹脂の適正加工温度領域

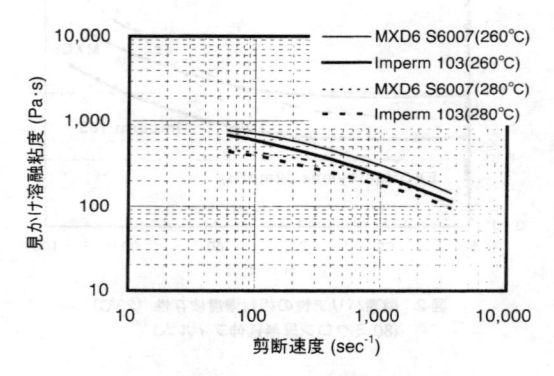

図4 Imperm の溶融粘度

表4 Imperm®103 を用いた多層プリフォームの共射出成形条件[a]

項目	単位	Imperm®103	PET ($IV=0.75$–0.85)
設定温度			
C1	℃	255–265	275–280
C2	℃	260–275	280–285
C3	℃	260–275	280–290
ノズル	℃	260–275	280–290
冷却時間	秒		6–12
冷却温度	℃		5–15

a) プリフォーム重量 24–37 g

3倍の保持期間延長を達成できる（図5）。

また，炭酸飲料用途では保存期間中の炭酸ガスロス率10％以下が求められるが，Imperm^{R}を5wt％用いることで，PET単層ボトルの3倍，PET/ナイロンMXD6多層ボトルに比べて1.5倍のシェルフライフ延長が可能となる（図6）。

4.5 安全衛生性

米国市場向けには，FDAに関して有力なKeller and Heckman法律事務所より，また欧州市場向けには，Fraunhofer Institutより，Imperm^{R}が液体に直接接触しないPET多層容器という条件で安全衛生性に問題なし，との意見書を取得済みである。

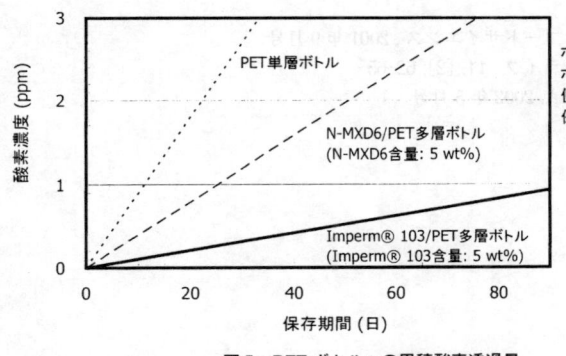

図5 PETボトルへの累積酸素透過量

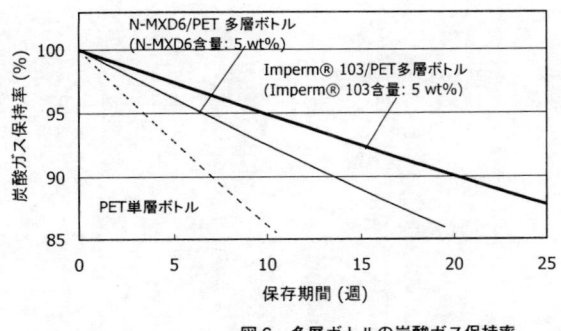

図6 多層ボトルの炭酸ガス保持率

4.6 おわりに

　世界中でガラスや缶の置き換えを目的として PET ボトルのハイバリア化が求められている。ここ数年でハイバリア PET ボトルは，中身が見える，デザインに自由度がある，軽量であるという特長を生かして需要を伸ばしているが，今後もさらなるガスバリア性向上が求められるのは必至であり，Imperm® がその解決策になりうるものと期待される。また PET ボトル以外のフィルム用途についても，Imperm® の開発にあたるなど，当社はナイロン MXD6 をベースにした次世代のバリア材開発に，今後も取り組んでいく。

文　　　献

1) 野中裕文, ジャパンフードサイエンス, 2001 年 9 月号
2) 加藤誠, マテリアルライフ, 11, [2], 62-65
3) 吉井詢二, PACKPIA, 2002 年 5 月号

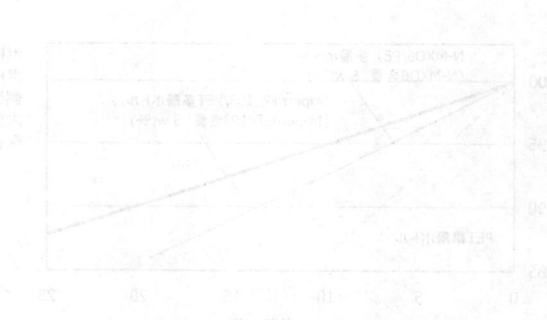

5 ポリオレフィン系ナノコンポジット −研究開発の現状・動向と具体的な分散技術−

安彦聡也[*]

5.1 はじめに

ナノテクノロジーと称して，昨今世間で注目を浴びている技術のひとつとして，ナノコンポジットがある。ナノメートル（10^{-9}m）レベルの粒子を利用した複合化技術のことである。特に，本稿ではナノフィラーとして粘土鉱物を用いたポリオレフィン系クレイナノコンポジットを主として取り扱う。

合成樹脂が自動車部品から日用品に至るまで幅広く利用されるようになったのは，各用途に適した種々の物が生産されるようになったこと以外に，ガラス・カーボン繊維に代表されるフィラーの複合化によって，強度・剛性・耐熱性が向上したことによる部分が大きいと解される。

しかし，これらのフィラーは，合成樹脂の一分子から見れば巨大で異質なものである。それが故に，合成樹脂とフィラーでの界面剥離などの問題等が生じ，これらを回避するために，繊維の表面処理，合成樹脂側の修飾，相溶化剤の使用が行われている。

そこで，コンパウンド技術においてはフィラーを極限まで超微細化して，"分子サイズのフィラー"として，これを複合化すれば界面の問題も少なくなり，剛性や耐熱性を極限まで向上させることができるのではないかと期待される。

一方，この種のコンポジットに多用される粘土鉱物であるモンモリロナイトの結晶構造は，シリカ四面体層／アルミナ八面体層／シリカ四面体層からなる基本単位層（以下，シリケート層と呼ぶ。図1）が積層してなる。このシリケート層は厚さが1nm，一辺の長さが100nmのシート状をしている。このシリケート層の大きさを，樹脂の補強材として用いられるガラス繊維一本と比較すると，厚さで10^4分の1，長さで約10^3分の1と非常に小さい。また見方を変えると，わずか約650個の炭化水素が結合したポリエチレンの長さは，シリケート層の一辺の長さと同じである。このポリエチレンは分子量が9,000程度であることを考慮すると，シリケート層がいかに微細なものであり，分子量が数万〜数十万に及ぶ高分子から見れば，ガラス繊維と比較して違和感のないサイズであるかが分る。このシリケート層を合成樹脂中にバラバラにして均一に分散させれば，まさに"準分子サイズのフィラー"としての効果が期待できる。また，ゾル・ゲル法により，反応を経由して系内にナノ粒子を生成させる方法によれば，さらにこのような期待は更に大きくなると考えられる。

仮にポリオレフィン，特にポリプロピレン（PP）をベースとする完全層剥離型ナノコンポジットが実現できれば，その推測される性能とコストから考えて非常に価値の高い材料となるであろ

---

[*] Toshiya Abiko 出光興産㈱ 知的財産室 技術戦略主幹スタッフ

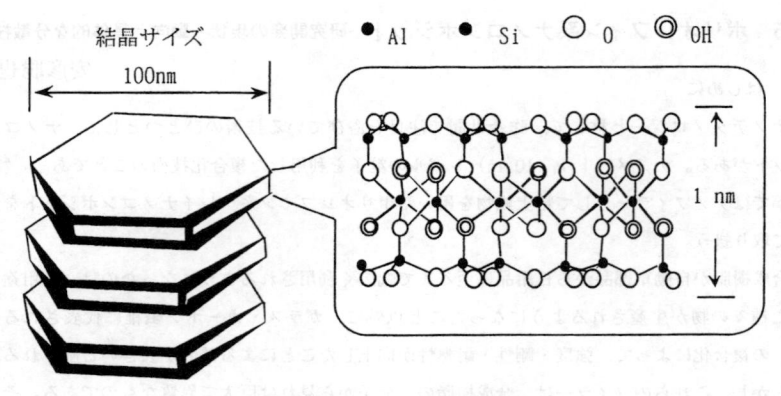

図1 モンモリロナイトの結晶構造

うという期待が持たれる。この系は，まだ本格的な工業化には至っていない現状であるが，技術革新には目覚しいものがあり，ここにまとめて紹介したい。また，分散制御はポリオレフィン系には特に重要な要素とも考えられるので，後半部にて混練・分散技術に関しても併せて述べることとする。

5.2 PP系ナノコンポジット
5.2.1 研究開発概況

PPは無極性であるため，極性の非常に高いクレイを分散させるのは困難を極める。また，種々の第四級アンモニウム塩で変性したクレイを用いても充分に層剥離を起こさせるのは容易なことではない。特に長鎖のアルキル基が導入された第四級塩が有効と言われてもいるが，決して満足できる結果は得られていないのが現状だろう。

周知のように，PPにはホモポリマー，ランダムコポリマー，ブロックコポリマー（高耐衝撃グレード），TPOなどの種類があるが，これらの種類とナノ分散性の容易性との関係には明確な傾向が認められていないようである。表1には市販各種のPPと有機変性クレイとの溶融混練法によるナノコンポジットの形成状況を示した。何れもナノコンポジット化によるクレイの底面間隔の増大は6～10Å程度であり，各々に大きなレベルの開きはなく，満足すべき層剥離は起きていないと判断される。また，これまでの達成された主なPP系層剥離型ナノコンポジットの形成法をまとめたのが表2である。重合法の開発はようやく緒についたところと判断されるが，溶融混練法については相溶化剤としての無水マレイン酸変性PP（以下，PPMAと略）の開発を端緒

第1章 クレイ系ナノコンポジット

表1 市販PP系ポリマーと有機変性クレイとのナノコンポジット形成状況

ポリマーの種類	MFR (g/10分)	面間隔 (Å) Nanomer[*]	面間隔 (Å) ナノコンポジット
ホモポリマー1	0.45	22	28
ホモポリマー2	4.0	22	32
ランダムコポリマー	2.0	22	29
TPO	12	22	32

[*] Nanocor社製の有機変性モンモリロナイト

表2 PP系ナノコンポジット合成法の現状

No.	方法の種類	方法 特徴	層間有機変性の有無	状況	文献
1	重合法	メタロセン触媒系使用。液相法。	有	層剥離不充分。E増大,大。	1)
2	溶融混練法				
2.1	相溶化剤使用	PPMAなどの極性物質添加	有	層剥離良好。物性向上不充分。	2)
2.2	クレイ端面の変性	シランカップリング剤使用	有	層剥離良好。ハイメルトテンション化可能。	4)
		フッ素化シラン使用	有	層剥離良好。物性向上大 (E, T_Dなど)。	3)
2.3	その他	電場印加	有	層剥離良好。E'増大,大。	5)
		超音波照射	有	層剥離,相当 物性向上不充分	

として種々の方法が開発されつつある。以下,順次説明したい。

5.2.2 重合法によるナノコンポジット[1]

メタロセン触媒を用いる重合と同時にナノコンポジット化を起こすことによりナノコンポジットを製造する方法が報告されているが,その製造の模式図を図2に示した。その詳細はなお不明であるが,クレイを有機変性してこれとメタロセン触媒をトルエン中でスラリーとして接触させ,これにプロピレンガスを常温で吹き込んで重合させることにより,アイソタクチックPPとクレイのナノコンポジットが得られるというものである。クレイの含量は5〜10%とされている。特に注目に値することは,変性クレイには,重合触媒(有機金属錯体)を活性化させるためのMAO(メチルアルミノキサン)等の助触媒(アクチベータ)を加える必要がない点である。し

```
クレイ → 有機変性クレイ ──────→ スリラー化
         (重合触媒を活性化できる)
                      (トルエン中)
              スカベンジャー                    ← プロピレンガス
                                                   (約25℃)
         アイソタクチックメタロセン触媒
                                  ↓
                          PP/クレイ系ナノコンポジット
                             (部分的に層剥離状態)
```

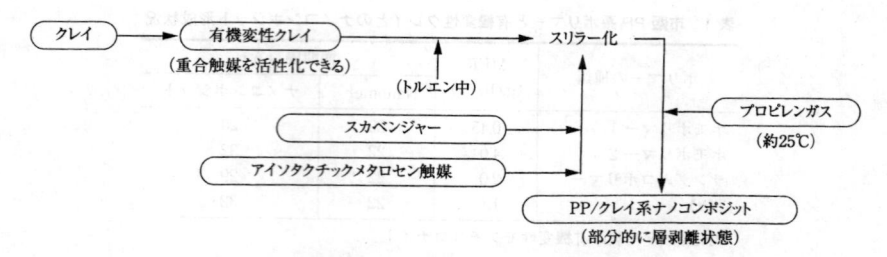

図 2　重合法による PP/クレイ系ナノコンポジットの製法

かし，重合活性は 25×10^6 g-PP/モル金属というハイレベルなものである。ただし，ナノコンポジット中クレイの層剥離の状態は充分でないが，重合後のサンプルのヤング率は約 600psi であるので，メタロセン単独で重合がなされ，クレイを含まないニートの PP と比較すると約 3 倍にも達していることになる。その他，熱膨張係数，溶融強度，荷重たわみ温度，ガスバリア性などの物性も改良されているという報告である。この方法が更に改良されて完全剥離型に近いナノコンポジットが得られれば，更にユニークな物性を持つ PP 系ナノコンポジットになるのではないだろうかといった強い期待感を覚える。

5.2.3 溶融混練によるナノコンポジット

(1) 相溶化剤を使用する方法

相溶化剤として最も代表的なものは PPMA（無水マレン酸グラフトポリプロピレン）である[2]。その製造方法の詳細についてはここでは省略させていただくが，この PPMA を使用する方法はこの分野で重要な意味を持つ。結論から述べれば，MAH（無水マレイン酸）の含率（グラフト率）は 2% 程度で，分子量が数万程度の PPMA を系に対して 20% 以上加えるのが最も効率的であるようである。

図 3 は PP 系ナノコンポジットの貯蔵弾性率の温度依存性を示したものである[2a, b]。ここでは，貯蔵弾性率を PP ニートの値を標準値として相対比で示してある。PPMA を用いると最良のデータは（PPCH-1/3，PPMA 量 21.6%），弾性率は元の PP の 1.5 倍にまで上昇している。なお，引張強さ（31.7MPa）およびガラス転移温度（13℃）は元の PP と同程度であった。

表 3 は，別の報告事例であり，やはり PPMA を使用した PP 系ナノコンポジットであるが，力学的特性の改良効果は充分でない[2c]。PPMA を相溶化剤として使用する方法は，クレイの剥離を大幅に促進する方法としては非常に有効な手段ではある。しかし，これまでのところ分子量が比較的低い PPMA を大量に使用する必要があるため，コンポジットの弾性率や特に衝撃強度に良くない影響を及ぼし，製品コンポジットのコスト高の要因ともなるので，何らかの改良を加

第1章 クレイ系ナノコンポジット

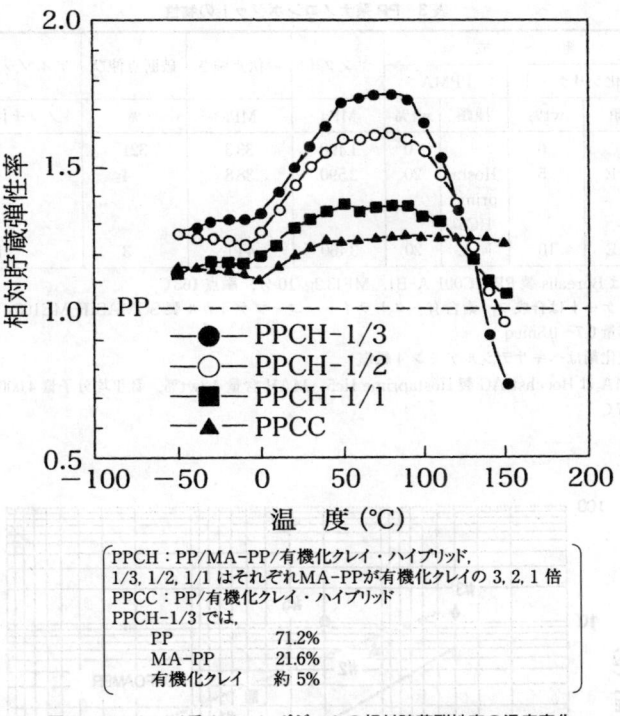

図3 PP/クレイ系ナノコンポジットの相対貯蔵弾性率の温度変化

PPCH：PP/MA-PP/有機化クレイ・ハイブリッド,
1/3, 1/2, 1/1 はそれぞれMA-PPが有機化クレイの 3, 2, 1 倍
PPCC：PP/有機化クレイ・ハイブリッド
PPCH-1/3 では,
　　PP　　　　　71.2%
　　MA-PP　　　21.6%
　　有機化クレイ　約 5%

えなくては工業的な適用が難しいと考えられる。なお, PPMA 以外にも分子の両末端塩素化ポリオレフィン（分子量 3,000 程度）や両末端水酸基変性のポリオレフィンも相溶化剤として有効であるとして報告がなされている[2a]。また, メチルスチレンを 1 モル％含む PP ランダムコポリマー, 水酸基を持ったスチレンを 0.5 モル％含む PP ランダムコポリマー, メタクリル酸メチルを 1.5 モル％含む PP ブロックコポリマー等も相溶化剤として有効であることが報告されている[3]。

(2) クレイ端面の変性

ナノコンポジット用として多用されるモンモリロナイトは, 層間にはないが層の端面に水酸基がある。これを利用してシランカップリング剤を用いて反応させ, 端面に修飾を加えることが可能である。

この代表としては, 出光興産㈱による方法を例示することができる。まず, 長鎖状のアルキル基を含む第四級アンモニウム塩で変性された有機クレイ（例：S-Ben NX/ホージュン株式会社

表3 PP系ナノコンポジットの物性

No.	組成				ヤング率	降伏点強さ	破断点伸び	アイゾッド衝撃強さ
	有機化シリケート		PPMA					
	種類	wt%	種類	wt%	MPa	MPa	%	ノッチ付き kJ/m^2
1	−	0	−	0	1,490	33.3	321	1.7
2	MAE	5	Hosta prime HC5	20	2,590	38.8	4	1.7
3	MAE	10	同上	20	3,460	44.1	3	1.4

注) 1) PP は Borealis 製 PP HC001 A-B1,MFI3.2g/10分,融点163℃
 2) シリケートは合成フッ素含有ヘクトライト。コープケミカル製 SOMASIF-ME100。カチオン交換容量 0.7〜0.8meq/g
 3) 有機化剤はヘキサデシルアミン4級塩
 4) PPMA は Hoechst AG 製 Hostaprime Hc5。MAH 含量 4.2wt%,数平均分子量 4,000,融点 151.7℃

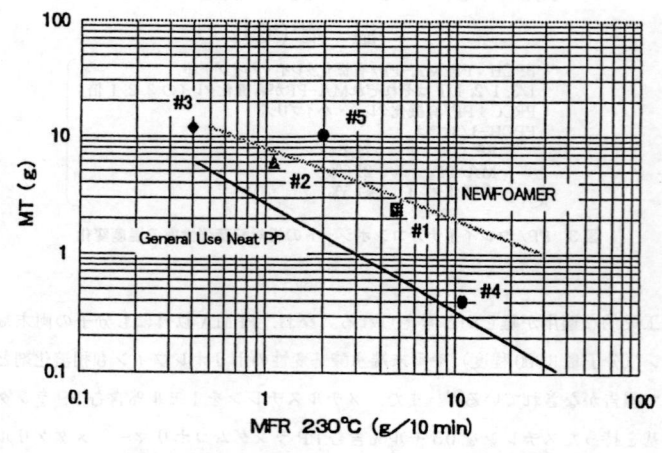

図4 PP ナノコンポジットの MFR と MT との関係

製造)の端面を,C=C二重結合を有する有機シラン化合物で処理して特殊変性有機モンモリロナイトを作成する。これを PP ホモポリマーと混練して二軸押出機により 230℃,140rpm で溶融混練して PP 系ナノコンポジットを作成する。この新しいタイプのナノコンポジットに関して,その溶融張力(MT)と MFR の関係を調べ,図4にその結果を示した。その結果によると,同一の MFR で比較すれば,本法によるナノコンポジットの MT は通常のホモ PP の MT 値に比べ

第1章 クレイ系ナノコンポジット

表4 PP系ナノコンポジットの物性

変性クレイの含量 (%)	相対弾性率		荷重たわみ温度	
	PP/f-mmt[*1]	PP/アルキル-mmt	PP/f-mmt[*1]	PP/アルキル-mmt
0	1.0	1.0	109	109
3	1.36		144	130[*2]
6	1.43	1.35[*1] (5%)	152	141[*3]
9	1.55	1.34[*2] (10%)	153	

注) *1) f-mmt：層間をオクタデシルアンモニウム4級塩で変性後，端面を $CF_3\text{-}(CF_2)_5\text{-}(CH_2)_2\text{-}SiCl_3$ で変性したモンモリロナイト
*2) C_{18}-mmt：オクタデシルアンモニウム4級塩で変性したモンモリロナイト
*3) $2C_{18}$-mmt：ジオクタデシルアンモニウム4級塩で変性したモンモリロナイト
*4) 溶融混練法により製造。PP/f-mmtは層剥離状態良好。PP/C_{18}-mmtおよび$2C_{18}$-mmtは層剥離状態不充分

てはるかに高く，市販されている発泡用グレードの代表格であるチッソ社の NEW FOAMER シリーズの MT 値に匹敵するレベルである[4]。なお，図中の #4 の点は PP とシラン未変性の有機クレイを混合して溶融混練押出したものであるが，MT は通常の PP の溶融挙動と大差ない。また #5 は，#2 の系に対して，溶融混練時にある種の酸性物質を極微量添加することにより，さらに高い MT 化が達成できた例である。これらの例で製造したナノコンポジットは特に発泡成形に適しているものと考えられ，既存のグレードと異なっている点は，通常のホモ PP を原料として溶融混練することによって特殊グレードが容易に製造できる点にある。ナノコンポジットの新たな特質を活かした例であり，注目される。

また別に，第四級アンモニウム塩で層間を変性したモンモリロナイトの端面にフッ素化シラン化合物を用いた変性を行った例がある[3]。変性剤であるフッ素化シランは $CF_3\text{-}(CF_2)_5\text{-}(CH_2)_2\text{-}Si\text{-}Cl_3$ という構造をもっている。表4にはこのフッ素化シランで変性した変性クレイを用い，溶融混練法によって製造した PP 系ナノコンポジットの各種物性を併せて示した。f-mmt を用いるとクレイの剥離状態は良好であり，弾性率の向上効果は不十分なものの，荷重たわみ温度の上昇は 40℃以上にも達しており，特徴的な効果が発現している。

以上の例に視られるように，端面に水酸基を持つクレイの場合には，層間変性と同時にする端面変性を利用することは，興味ある特性発現につながる可能性のあることが示唆されている。

(3) その他

PP と有機変性クレイを溶融混練した後に，電場を掛けることによりクレイの層剥離を促進させる方法が発表されている[5]。報告によれば，まず PP（MFR 5.9g/10分）と変性クレイ（例：

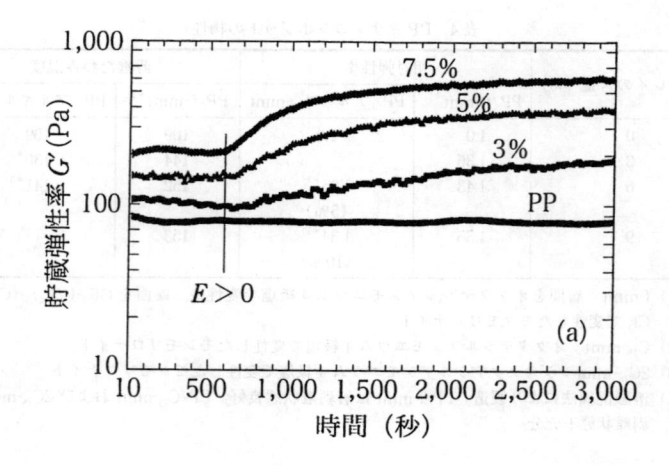

図5 電場印加時間と G' との関係

表5 3000秒後の貯蔵弾性率

クレイ量(%)	概略の貯蔵弾性率 (Pa)
0	80
3	200
5	400
7.5	600

Southern Clay Products 社製造の Cloisite 20A, 変性剤はジメチルジステアリルアンモニウムであり底面間隔は 2.61nm) とを 180℃で 10 分間, 50rpm で溶融混練する. その後, レオメーター中で交流電場 (1kV/mm, 60Hz) を加え, 系の貯蔵弾性率を追跡する. その結果は, 図5に示しているとおりであって, 明らかに電場印加後の貯蔵弾性率は急増し, 例として 3,000 秒後の貯蔵弾性率は表5に示すとおり大幅に増加している.

5.2.4 ナノコンポジット構造の熱安定性

実用時の成形および使用条件下でのナノ構造の安定性の重要さについては, 商品価値をも左右しかねない重大な問題である. PP 系でこの種の問題に関する検討が報告されているので紹介する. 図6は2種の PP 系ナノコンポジットの安定性と加熱時間との関係を示したものであるが, この場合, ナノ構造の安定性は XRD の変化により解析されている. ここでは, 前出したフッ素

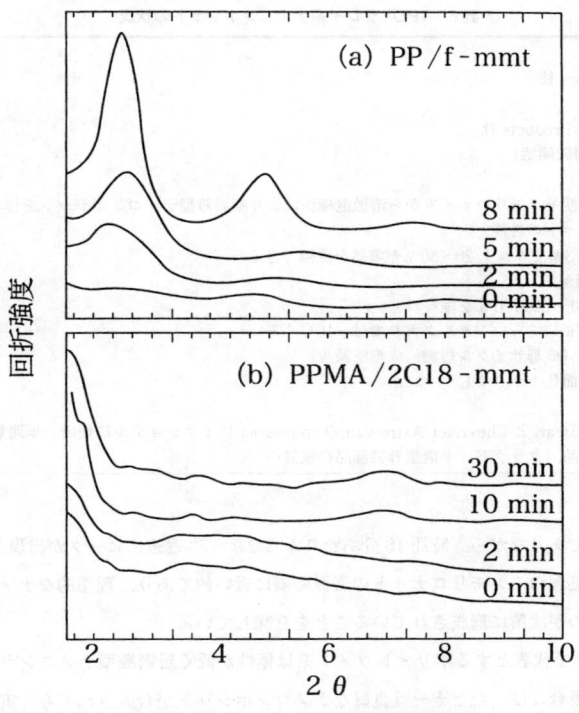

(a) PP/f-mmt

8 min
5 min
2 min
0 min

回折強度

(b) PPMA/2C18-mmt

30 min
10 min
2 min
0 min

2θ

$\begin{pmatrix} \text{(a) PP/f-mmt, 二軸押出機混練} \\ \text{(b) PPMA/2C18-mmt, 180℃圧縮成形} \end{pmatrix}$

図6 2種のPP系ナノコンポジットの安定性と加熱時間との関係（XRDによる追跡）

化シラン化合物によって修飾した有機モンモリロナイトを使った2種類のナノコンポジット（PP/f-mmt及びPPMA/2C$_{18}$-mmt）を用いている。f-mmtは第四級アンモニウム塩でモンモリロナイトを変性してから，さらに端面をフッ素化シラン化合物によって変性したものである。後者は通常のようにオクタデシル基を2つ含む第四級アンモニウム塩で変性されたモンモリロナイトが使用されている。図6(a)のPP/f-mmtでは二軸押出機で混練した後のXRD曲線の時間を追跡しており，混練時間が2, 5, 8分と経過するにつれて元のサンプルには見られなかったXRDのピークが出現し，しかもその強度が増大している。このことは経時的に層剥離構造が変質して多層構造のものが出現していることを意味している。また，図中(b)ではPPの代わりにPPMAを利用しているが，シートを180℃で圧縮成形した時のXRDの経時変化を追っている[3]。これでは(a)よ

表6 TPO/クレイ系ナノコンポジットの状況

---
1. 開発会社
 General Mortors社
 Basell社
 Southern Clay Products社
 (1997年6月開発開始)
2. 製造方法
 TPOと有機変性モンモリロナイトから溶融混練法により層剥離型ナノコンポジットを作る
3. ナノコンポジットの性能
 ナノクレイ2～3％でタルク20～30％充填品を置換できる。
 1) 重量20％軽減
 2) 剛性は1,000～1,200MPaを維持
 3) 脆化温度−30℃くらい（タルク入りでは−10℃くらい）
 4) 成形性よし（成形サイクル短縮，成形圧減少）
 5) 成型品の表面仕上がりよし
4. 用途
 1) 2002 GMC SafariとChevrolet Astro vanのstep-assistにオプショナルに使用。年間数千ユニット。
 2) 他に内装部品，クラッド，半構造外装部品に検討中

りも温和な条件でありながら，時間10分あたりから$2\theta=7°$近辺にピークが出現し始めている。このピークは未処理のモンモリロナイトの底面間隔に近い値であり，理想的なナノの分散構造が失われた形のものが次第に形成されていることを意味している。

このようにPPを代表とするポリオレフィン系は極性が低く層剥離型ナノコンポジットの形成が難しいものの場合には，たとえ一旦良好なナノコンポジットが合成されても，実際の成形や使用条件下での熱や剪断力によりナノ構造が変質する恐れがある。この点は後の物性変化に大きな影響を与える要因ともなるので，留意することが必要である。

5.2.5 TPO系ナノコンポジット

General Motors社がBasell社及びSouthern Clay Products社と共同で開発しているTPO/変性モンモリロナイト系ナノコンポジットが注目されている[6]。その状況を表6に示した。TPOというやはりこれも無極性のポリマーと変性モンモリロナイトとから，押出機による溶融混練法により一気に層剥離型ナノコンポジットを作るという画期的なものであるが，その製造方法の詳細は明かされていない。性質は表に示しているように，ナノクレイが僅かに2～3％の存在で従来のタルクコンパウンド（タルク含率20～30％）と同等の物性を発揮できるものと報告されている。これは自動車部材へのポリオレフィン系ナノコンポジットの最初の大型開発であり，現在は量産化の準備段階にあるとのことだが，その推移は特に注目すべきものと思われる。

第1章　クレイ系ナノコンポジット

5.3　ポリマークレイナノコンポジット製造における分散制御技術

　ここからは，実際の製造で多用されると思われる，分散制御技術や混練技術について著してみたい。5.2までにでも述べたように，このナノコンポジットは単に粘土と混練するという技術だけでは不十分であり，フィラーとして用いる粘土の種類や表面処理の素材や方法が，分散性に大きな影響を与え，ひいてはこれが物性にも大きく反映されることになるのである。一般的な話で恐縮だが，分散系は粒子と媒質から構成されている。媒質は，気体・液体・固体それぞれの場合がある。本稿で扱うナノコンポジットは固体～液体に属する。固体分散系は，調製時には液体分散系として作られた後，硬化させる場合が多い。ナノコンポジットを製造する場合の溶融混練はまさにこれに相当することになる。固化以前の分散や凝集が重要な視点になる。

　ナノコンポジットに層状珪酸塩が多用される理由としては，この技術の先駆的な発明がポリアミド（以下，ナイロン）系でこの層状珪酸塩との組み合わせでなされたことによると考えられるが，見方を変えれば通常ではミクロオーダーの粉体として存在する，いわゆる粘土鉱物が混練する過程でナノサイズのフィラーに"変身"することにもその理由があるのではないかと考えられる。ご経験があると思うが，粉砕によって粒子を微小化すると同一重量あたりの占有体積が極端に大きくなり，保管場所のみならず，計量などの取扱いに苦労されたことがあると思う。混練の過程でナノフィラーに変っていってくれるメリットは非常に大きい。従って，製造過程における粘土フィラーの剥離・分散性を高めることは，本技術の鍵ということができる。すなわちそこに，混練も含めた条件の最適化の重要性が現れることになる。剥離・分散が十分に進まなければ，ナノコンポジットのメリットが十分に出せないということになり，ミクロオーダーで十分に開発されているフィラー（例えば，タルク）や混練技術で事足りるという事態にもなりかねない。この点に関する煩悶は，本技術に携わる技術者諸兄の共通のものと考えられる。以下，ナノコンポジットの基礎に立ち返りながら分散や剥離を促進させる幾つかのポイントとなる事を記すこととする。

5.3.1　粘土と有機化粘土

　ポリマークレイナノコンポジットで多用されるフィラーは，層状珪酸塩の結晶表面を有機化したものである。天然に産出する層状珪酸塩（粘土鉱物）は，単層が負電荷を帯びており，この電荷を中和するためにナトリウム・カリウム・カルシウムなどの金属イオンを必ず随伴して存在する。このため，有機溶媒やオリゴマー，ポリマー中に親和させるには，天然産の金属イオンが存在した状態では界面が存在して，機械的強度などの点で問題が生じる。そのため，結晶表面のこのイオンをカチオン系界面活性剤でイオン交換し，親油化する必要がある。従来から多用されてきたフィラーであるタルクは，分類上同じ粘土の仲間に属するが，層電荷を持たないためにアルカリ金属などの水和イオンを随伴せず，結晶表面に親油性が発現する。

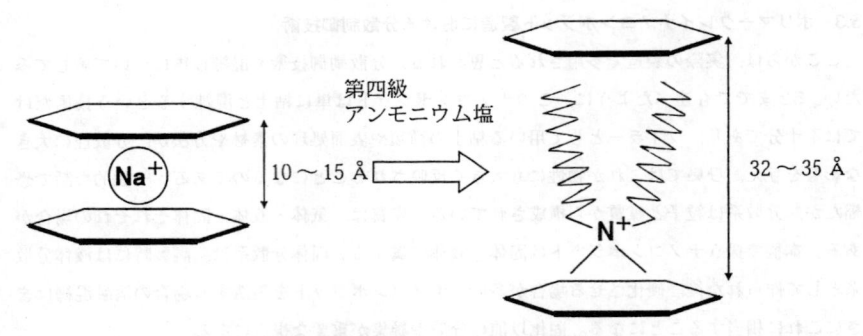

図7 第四級アンモニウム塩による層間拡張

　元来，この技術は塗料やグリスなどの分野でレオロジー制御剤としての利用が始まったことにその源流がある。一般的には，第四級アンモニウム塩化物を用いてイオン交換を行い，副生した塩化ナトリウムを水洗除去し，乾燥・粉砕することで有機化クレイを製造している。種々の検討結果，第四級アンモニウム塩としては，塩化ジメチルジステアリルアンモニウムを用いた有機化クレイが，ポリマークレイナノコンポジットには最適のようである。これは，層間拡張能力が大きいという性能面は勿論のこと，価格の面からも言えることで，牛脂を原料として作られる界面活性剤が他の界面活性剤より安価に入手できるため，コストが低く抑えられる。原料の層状珪酸塩は，ナトリウムイオンを表面に随伴している状態で10〜15 Åの層間距離がある。これを有機化すると，先の塩化ジメチルジステアリルアンモニウムで処理すると，32〜35 Å位に層間が大きく拡張される。親油化されたこと，及び層間が大きく拡張されたことで，剥離性の大きな向上に期待が持たれるようになってくる（図7）。最近，我々，出光興産の研究チームでは，更に分散に効果的に層間を拡張する手法についての新たな発明を完成させ，特許出願を行った。詳細な技術内容については，関連する今後の公開特許公報を参照していただきたい。

　さて，次のパラグラフに記述することと一部関係するのだが，剥離を促す工夫としては，樹脂と粘土の界面の密着性を高めて，混練時の剪断応力を利用しながら，促進する手法が開発されている。クレイのシリケート層を一枚一枚の紙に例えてみよう。これらがきちんと整頓された状態で重なりあっているのが，天然に存在する粘土の積層状態を意味することになる。紙一枚一枚の端に粘着性テープ（商標で言えば，セロテープ又はスコッチテープとでも表現すべきだろうか…）を貼り付け，外の樹脂と接着が可能なら，周りの樹脂に流動を与えれば，テープで結びつけられた紙は一枚づつ剥がれようと振舞うことが想定できるだろう。いわゆる"付けて剥がす"方法である。この技術は，出光興産や積水化学等によって提案されており，粘土表面と樹脂の間で明

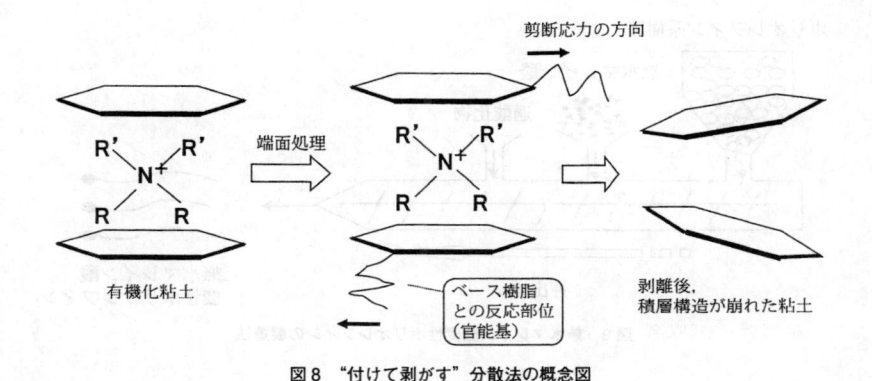

第1章 クレイ系ナノコンポジット

図8 "付けて剥がす"分散法の概念図

確な界面を生じてしまうケース，すなわち特にポリオレフィン系では有効な技術である．具体的には，有機処理された粘土の端面に，マトリクス樹脂と反応する部分（官能基）を設けておき，混練の際に化学的結合を作り出すものであり（図8），先にPP系の溶融張力が向上する技術で採りあげた手法でもある[4]。これにより，分散性は大きく向上する．一方，これまで永年に亘って検討されてきたナイロン系は，シリケート層とナイロン分子同士の密着性が非常に高いので，この様な工夫が特に必要なかったという訳なのである．

5.3.2 樹脂側の工夫

しかし，ナノコンポジットでは，これだけで十分ではない．積層しているシリケートの間にポリマー鎖を侵入させ，ここを如何に僻開させるかも大切なポイントとなる．5.3.1に記した有機化処理ではシリケート層全体とマトリクス樹脂をなじませる為のいわば環境づくりであるのに対し，後者は積極的に分子運動を起こさせて侵入させる訳であるから，層間に分け入るドライビングフォースが必要となってくる．この観点から言えば，樹脂自体に極性を持たない物質は，単独でナノコンポジットとすることは非常に難しいと言える．代表例はポリエチレンやポリプロピレンといったオレフィン系のポリマーであり，極性基付与などの変性処理を施すことが必須条件となってきている．ただし，極性基がある樹脂全てが，ポリマークレイナノコンポジットに適する物かどうかは別の話である．極性基を持つ樹脂の方が，極性基を持たない樹脂に比べてポリマークレイナノコンポジットには有利かもしれない，という位に認識しておいて欲しい．従ってここでは，分散の為の前提条件を述べているに過ぎないことに十分注意されたい．当然，樹脂の種類毎にそれなりのチューニングが必要となってくる．

次には，PP系を代表例としたポリオレフィン系樹脂のナノコンポジットの技術に関して具体

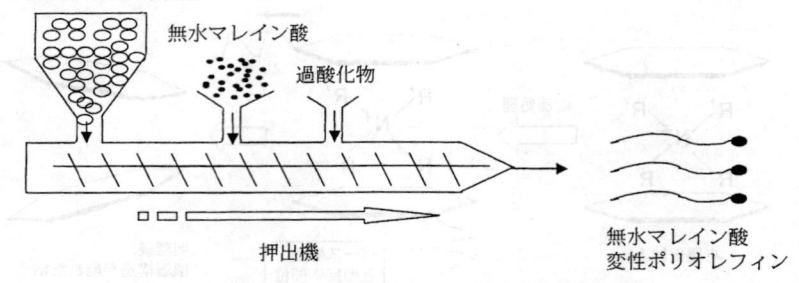

図9　無水マレイン酸変性ポリオレフィンの製造法

例を交えて説明する．最も代表的な変性方法としては，無水マレイン酸をグラフトで付加させる変性方法が挙げられ，多くは原料のPO樹脂と無水マレイン酸とを二軸混練機を用いた反応押出で製造している（図9）．変性率や分子量の影響に関しては，幾つかの報告がなされているが，総合すると，先にも述べたように概ね2%以上の無水マレイン酸が付加されていることが必要と思われる．グラフト化は通常，過酸化物をラジカル反応開始剤としてPP鎖を切断して，発生したラジカルを無水マレイン酸で捕捉することで実施している．付加率を上げようとすると自ずとPPの平均分子量が低下するが，分子量があまりに低下すると最終製品の基本的な物性を低下させることにもつながりかねないので注意が必要である．剥離の為にはポリマー鎖自体の侵入が必要と述べたが，過去の経験者の意見や研究会での報告例から推定するに，このグラフト率と分子量がキーポイントであると考えられる．

5.3.3　混練技術の工夫

詳細な混練技術に関しては，どのようなベースレジンを用いるのかによって変化してくると思われるので，幾つかの文献や特許情報に見られる工夫を紹介したい．

(1) 粘土スラリー注入法[7]

豊田中央研究所の研究グループは，ナイロンクレイナノコンポジットの作製方法として，クレイの存在下，ナイロンのモノマーである，ε-カプロラクタムを重合する方法に加えて，ナイロンポリマーと粘土の水分散液（スラリー）を溶融したナイロンに直接注入し混練する新たな方法を開発した．図10には作製方法の模式図を示す．従来の重合法，溶融混練法で作製したナノコンポジット同様に，この新手法で作製したナノコンポジットでもクレイは単層レベルで分散しており，同等の力学的特性の向上が見られていると報告している．粘土は，水中で層間に存在するアルカリ金属イオンが水和し（第一水和），その水和イオンが更に他の水分子を呼び込み（第二

第1章 クレイ系ナノコンポジット

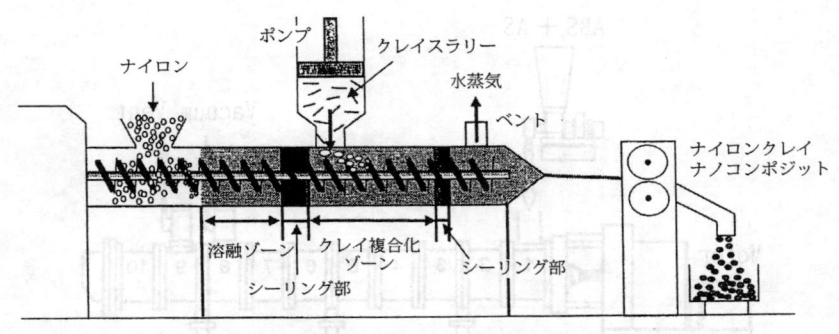

図10 クレイスラリーを用いたナイロンクレイナノコンポジット作製の模式図

水和）することにより，無限膨潤し，分散されたクレイもこのスラリー中では安定に存在する。水中に分散させたクレイを圧入するというのは，画期的な方法といえるのではないだろうか。ただし，懸念される点を強いて挙げるなら，完全に層が剥離してナノレベルで存在するには，スラリー濃度を5%以下程度に抑える必要があるため，添加したいクレイ量の19倍もの水を同時に加えなければならない点，そして他樹脂への展開が極めて難しい点にあると思われる。

(2) **特殊混練シリンダーを用いる方法**[8]

ナノ分散を促進させる為には，押出機の回転数を挙げることによって，大きな剪断力をクレイに与えることが重要である。ただし，剪断力をかけるあまり，溶融樹脂の発熱も大きくなるため，主に樹脂の高分子量領域が失われることが懸念される。この分子量域の成分はコンパウンドの成形加工性に影響を与える重要な役目をつかさどることが多いので，押出の最中の樹脂劣化は是非とも抑制したい事項の一つである。この目的を果すためには，押出機のスクリュー形状だけではなく，特殊なシリンダーを利用することも大切である。

ここに応用可能と思われるのは，最近 日本製鋼所が二軸押出機"TEX"の混練性能向上の為に開発した 特殊混練シリンダー・NIC である。従来，混練性能はスクリュー形状によるという一般的な考え方のもと，各種混練に適したスクリュエレメントが開発されているが，本技術ではシリンダー内面の形状にも着目されているのが，その大きな特徴である。シリンダー内面に特殊な溝を施したNICは，スクリュ形状のみでは得ることのできない優れた混練性能を有し，現在各種材料の混練においてその性能を発揮しているとのことである。

NIC技術の紹介例を紐解き，ナノコンポジットに対する期待効果という順に話を進めよう。

学会報告によれば，ABS（30%）とAS（70%）のポリマーアロイにおいて，ABSの分散性能及び消費動力の運転データに対するNICの影響を取上げている[3]。本系のように高い粘度をもつ

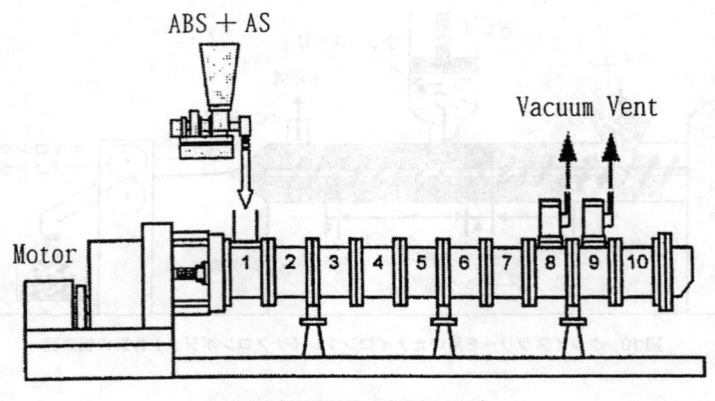

図11 実験装置／標準シリンダ

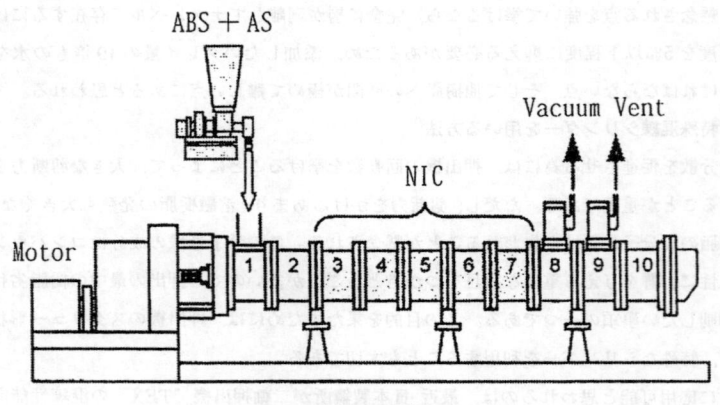

図12 実験装置構成／NIC

ABSを微細化するには，剪断応力の高い領域で混練ことが必要である。ASの粘性が低下してしまうとABSに剪断力がかからなくなるため，ASとABSの粘度差がつかない状態での混練を強いられることになる。しかし，NICを適用することで高粘度領域の混練が可能となってくるというものである。

実験には，噛み合い型同方向回転二軸押出機SUPERTEX65αIIを利用（実験構成図は図11，12のとおり）。シリンダー構成は標準シリンダーとC3～C7にNICを組み込んだ2ケース。原料

第1章 クレイ系ナノコンポジット

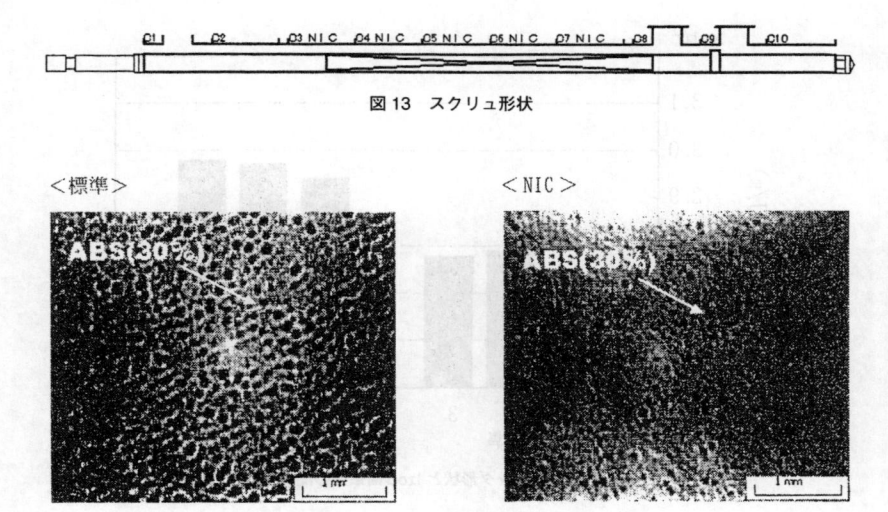

図13 スクリュ形状

＜標準＞　　　　　　　　　　　　　　＜NIC＞

図14 サンプル成型品／表面写真

供給は予備混合されたABS（粉末）とAS（粒子）を二軸重量式フィーダーでホッパー口へフィードする形式。この実験に用いられたスクリュ形状は，図13に示しているとおりであり，ここからも分るようにNICを組み込む位置はABSの粉砕，分散を行う可塑化混練部としている。内圧の高いニーディングディスクが配置されたC3〜C7にNICを組み込むことにより，樹脂の滞留を防ぐことが可能となるという原理である。

（運転データ）

混練部（C3〜7）のシリンダーを標準とNICのケースで，同運転条件での品質及び運転状況の比較を行っている。

（品質）

分散状態を把握するために，平板成形品の表面を20倍で顕微鏡観察している（図14）。NICと標準シリンダーを比較するとASマトリクス中のABSの粒子径，個数に顕著な差が見られている。NICを用いることにより，剪断速度の低下による樹脂温度の低下とチップクリアランス部への樹脂の積極的通過が可能となり，良好な分散が達成されているものと考察されている。

また，NICを用いることにより，機械的物性においても，標準シリンダーに対する優位性が現れている（図15，Izod衝撃強さ測定法：ASTM D256）。

図16に示すように，混練はスクリュー山頂（チップ）部とシリンダー内面とのクリアランス

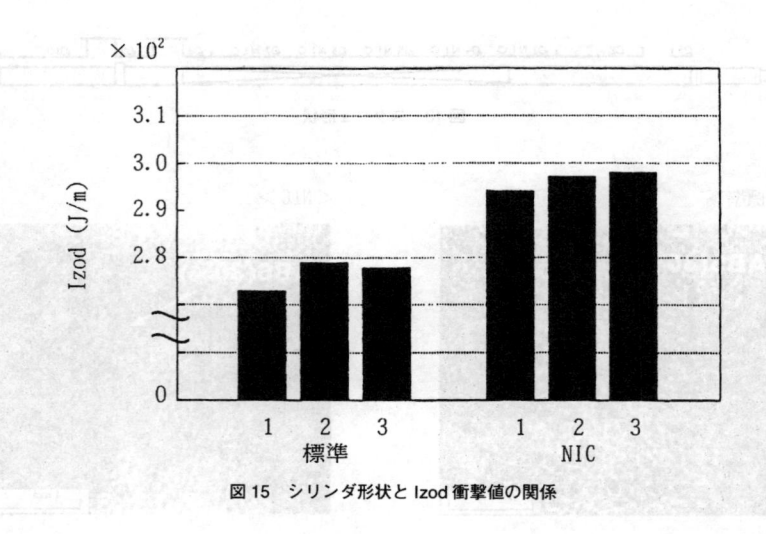

ポリマー系ナノコンポジットの新技術と用途展開

図15 シリンダ形状とIzod衝撃値の関係

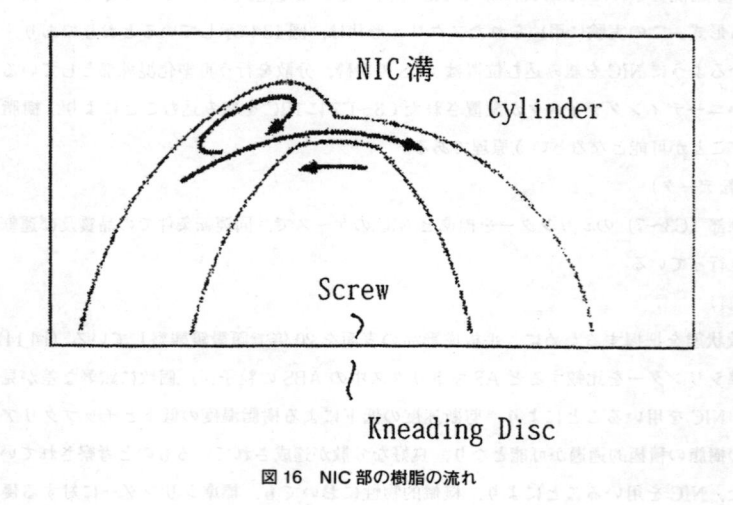

図16 NIC部の樹脂の流れ

図17 比エネルギーへの影響

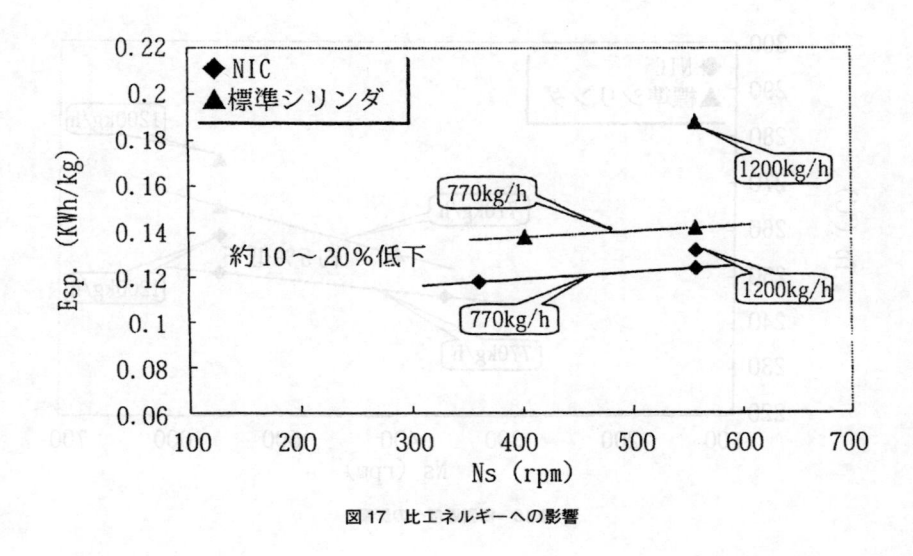

(チップクリアランス)で行われるが，このチップクリアランスを最適化することで混練性能は向上する。チップクリアランスを拡大することで，チップ部の剪断速度は低下し，局部的な発熱を抑えることができ，樹脂温度が低下する。従って，チップ部を通過する樹脂の粘性低下を防ぐことができ，結果的に樹脂に与えることができる剪断応力が増加することとなる。また，チップ部を通過する樹脂量が増加することにより，全体樹脂量に対する，応力を受ける樹脂量の割合が増加し，樹脂の破砕効果が増大することになる。

更に，特殊な溝加工により，チップ部とシリンダー内面の間の剪断応力場での材料の位置交換が積極的に行われ，均一な混練を行うことが可能となる。したがって，NICを使用すると今回の実験結果のように，粒子の微細化，良好な分散が実現可能となったと結論づけている。

図17, 18にNIC使用時と標準シリンダー使用時の比エネルギー，樹脂温度の比較を示す。これらのデータからNICを使用することにより，比エネルギーが約10〜20％及び樹脂温度が約5％低下し，省エネルギー化が可能となることが分る。

NICはシリンダー内側の溝効果により，標準シリンダーに比べて平均チップクリアランスが2.5倍増す。その結果，チップ部での剪断速度が低下し，局部発熱を抑えることが可能となり，Esp及びTpを抑えた混練の達成，溝加工による空間ボリュームの増加といった効果により処理能力の増加も期待できる。

以上の引用からも分るとおり，NICを搭載した二軸混練機を使用すると，剪断発熱を抑制す

図18 樹脂温度への影響

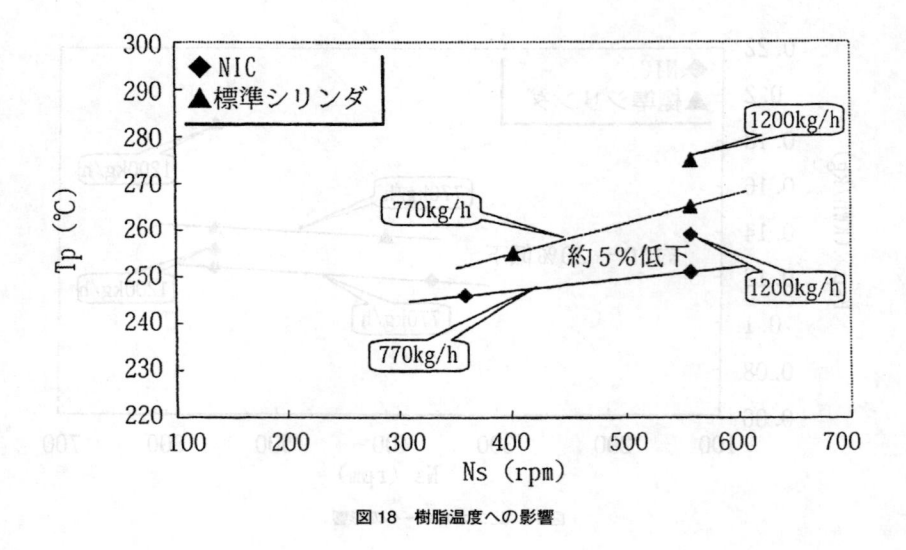

ることが可能になり，局所的な樹脂温度の低下がおこり粘性増加により剪断応力に曝される樹脂量が増えるのが有利な点であり，ナノコンポジットの製造に当って出くわす種々の問題に対して，多くの良い回答が期待できそうである。有機化クレイは高分散させて行くために層に対して平行な応力を掛けて，ズリを生じさせるようにして剥離を促す必要があるので，図16に示されたNIC溝は，これに対して好都合となる可能性が高い。

現在，日本製鋼所では，実例紹介にあるようなポリマーアロイ以外にも，各種のコンパウンドにおいての実績確認と適応可能性を探っているとのことであり，かかる興味深い新規技術の発展にナノコンポジットの発展を託したいところである。

5.4 課題

以上，PP系を中心とするポリオレフィン系ナノコンポジットについて，現在の研究開発状況やナノコンポジットに関する分散技術（クレイおよび有機化クレイ，樹脂側の工夫，混練技術の工夫）を概略的に述べてきた。しかし，中々理想的な分散構造に至っていないのも，現在のナノコンポジット技術の姿である。またナイロンの流れから完全剥離構造が好まれてこれを目指しての開発が進んできてはいるが，その他のナノコンポジットの分散形態ではどのような特性が出てくるのかについても完全に明らかになっているわけではない。ナノであるが故の分散の困難さ，加えて分散構造の安定化にもより一層の工夫が求められていると言えるだろう。

第1章 クレイ系ナノコンポジット

5.5 おわりに

現在,クレイナノコンポジットを包含するナノテクノロジーブームの最中である。それぞれ化学・樹脂メーカーが自社戦略に組み込み,水面下での開発競争は今後表面化し,激化してくることも予想される。ナノテクノロジーを万能視することはリスクが大きいが,リサイクルを続けても力学的特性の変化が少ないなど,環境問題ひとつを取ってみても,ナノコンポジットの利用性は大きい。説明でも述べたとおり,ナノコンポジットはこれまでのコンポジットとは全くことなり,界面の面積が恐ろしいほど大きい,従ってこれを十分に制御しこなすことが,ナノコンポジットの物性を大きく変えることになってくるに違いない。

紙面の関係で,関連技術の一部の紹介に留まったが,これを機会にナノにおける分散の重要性を考えていただくことになれば,喜びに堪えない。

文　献

1) T. Sun *et al., Adv. Mater.*, **14**, No.2, 128 (2002)
2) a) M. Kato *et al., J. Apply. Poly. Sci.*, **66**, 1781 (1997)
   b) N. Hasegawa *et al., ibid*, **67**, 87 (1998)
   c) P. Reichert *et al., Macromol. Meter. Eng.*, **27**, 8 (2000)
3) E. Manias *et al., Chem. Mater.*, **13**, 3516 (2001)
4) 安彦,中島,伊藤,金井,成形加工シンポジア '02 予稿集,A103, 15 (2002)
5) K. H. Ahn, *SPE ANTEC Tech. Papers*, 1457 (2002)
6) a) *Mod. Plas. Inter., Jan.* **35** (1999)
   b) *ibid, Oct.*, **45** (2001)
   c) *Plas. Eng.*, **55**, Feb., 46 (1999)
7) 長谷川,臼杵,"ポリマクレイナノコンポジットの開発",成形加工 01, 135, プラスチック成形加工学会 (2001)
8) 小田ら,"二軸押出機 TEX における特殊混練技術",第14回高分子加工技術討論会講演要旨集,P47, 日本レオロジー学会 (2002)

6 生分解性ポリマー系ナノコンポジット

6.1 総論
6.1.1 概要

岡本正巳[*]

生分解性ポリマーの理想像としては,バイオマスを原料として合成され(バイオポリマー),しかも使用後はコンポスト(堆肥)中で速やかに分解されるポリマーであろう。例えば,セルロース,スターチ,バクテリアや細菌類が生産する炭化水素系高分子[1],そして動物タンパク質系のウール,シルク,ゼラチン,コラーゲン等が挙げられる。一方,ポリビニルアルコール(PVA)やポリε-カプロラクトン(PCL),ポリブチレンサクシネート(PBS)等は化学合成された生分解性ポリマーとして分類されている。

トウモロコシ,小麦やイモ類の様な再生可能な糖質・植物資源から誘導されるバイオマス由来ポリマーとして化学合成ポリL乳酸(PLA)や微生物合成されるポリヒドロキシブチレート(PHB)に至ってはすでに工業化されており,前者はNatureworksの商品名でCargill-Dow社から,後者についてはBiopol(正確にはPHA:ポリヒドロキシアルカネート)(Metabolix社)とNodax(P&G社)が上市されている。

生分解性ポリマーの多くは脂肪族ポリエステルを基本骨格とするため,一般的に剛性や耐熱性が低く,この欠点を補う目的でナノコンポジットの研究は最近になって活発化している。

具体的にはPCL[2~6],PVA[7,8],PLA[9~19],PBS[20~22],PHB[23,24],その他の脂肪族ポリエステル[25~29],スターチ[30~32],その他のバイオマス[33~36]等の研究が報告されている。

これら殆どが2000年以降に発表された論文であり,2002~2003年が主流である。生分解性ポリマーナノコンポジットは最近になって発展している分野であり,母体であるポリマー系ナノコンポジット研究分野(リサーチフロント)から分離発生して新しいリサーチフロントを形成するかもしれない[37]。

このような背景のもと,2005年にはM. Okamoto著『Biodegradable Polymer/Layered Silicate Nanocomposites : A Review" in Handbook of Biodegradable Polymeric Materials and Their Applications, S. K. Mallapragada Eds.』(American Scientific Publishers, California 2005年)が発刊される。

本項ではPLA,PBS,バイオマス(大豆油)由来ポリマー系ナノコンポジットについて詳しく紹介されている。ここでは最近の進歩状況についてPHB,キトサン,スターチ等について少し解説を加えることとしたい。

---

[*] Masami Okamoto　豊田工業大学　大学院工学研究科　講師

第1章　クレイ系ナノコンポジット

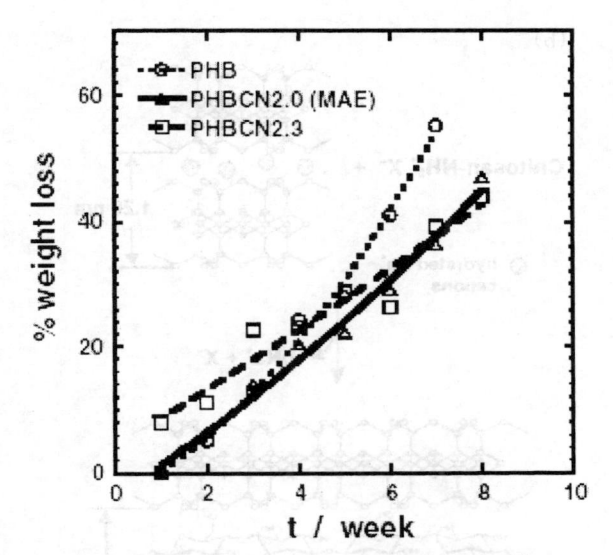

図1　PHB・クレイナノコンポジットのコンポスト化試験[24]：
各種インターカラントで修飾されたナノフィラーの効果

　PHBを使った研究はまだまだ予備的ではあるが，生分解性について評価されている（図1）[24]。水蒸気透過性の低下からコンポスト中（60℃）ではPHB単体と比較して分解速度が遅くなる傾向を報告している。同様な考え方は他の脂肪族ポリエステル[26]でも報告されている。コンポスト中での生分解の機構に影響する1つの因子としては水蒸気透過性は重要であるが，インターカラントで修飾されたナノフィラーには序章（6.1）で述べた様々な効果が考えられる。PHBはガラス転移温度が低い（-3℃）ために結晶化が室温でも逐次進行する。結晶化度や結晶構造の制御にナノフィラーが有効に働くことが先ず必要であり，分解性はその次の課題であるといえる。

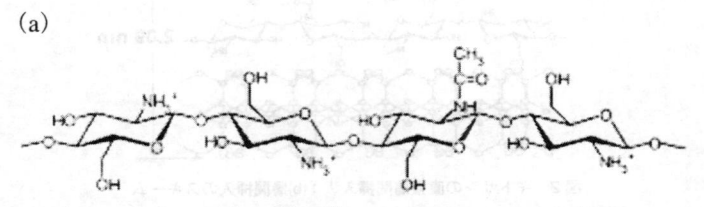

(a)

図2　キトサンの直接層間挿入[34]：(a)カチオン性キトサンの化学構造

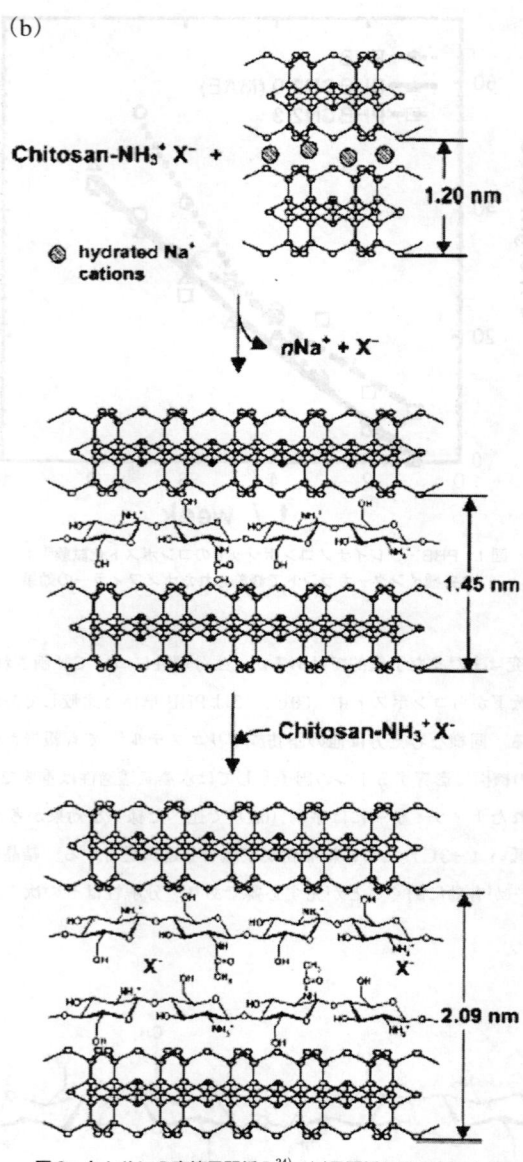

図2 キトサンの直接層間挿入[34]：(b)層間挿入のスキーム

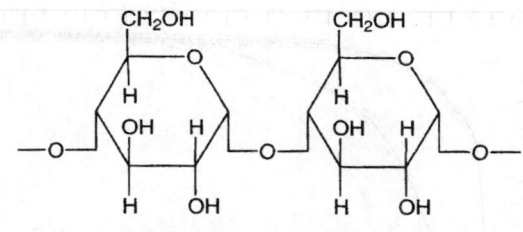

図3 スターチを構成するアミロース単位 (α-1, 4-glucan)

図4 スターチ・クレイナノコンポジットフィルムの耐水性[30]:3週間後も水もれが起こらない.

キトサンはカチオン性バイオポリマーである故,直接クレイ層間への Intercalation が研究されている(図2)[34]。更にアセチル残基の効果についても詳細に報告されている[38]。またこのキトサンナノコンポジットは電極としての応用展開が図られている。

スターチは無水グルコース単位をもつバイオポリマーで分子量の異なるアミロース($Mw=2×10^6$)とアミロペクチン($Mw=100-4×10^8$)からなる(図3)。そもそもスターチは水やグリセリンの様な高温度使用可能な可塑剤として認識されていた。ホモポリマーは水に溶解するのでグラフト重合や架橋により改質されているのが現状である[39]。更にナノクレイとの複合化により成形加工性,耐水性に優れたフィルムを作ることができる(図4)[30]。

PLA に関しては光触媒機能を利用した太陽光による光分解性能が付与された PLA ナノコンポジットの研究が始っている(図5)[40]。新奇な機能性が付与されたナノフィラーの研究も今後活発になるであろう。

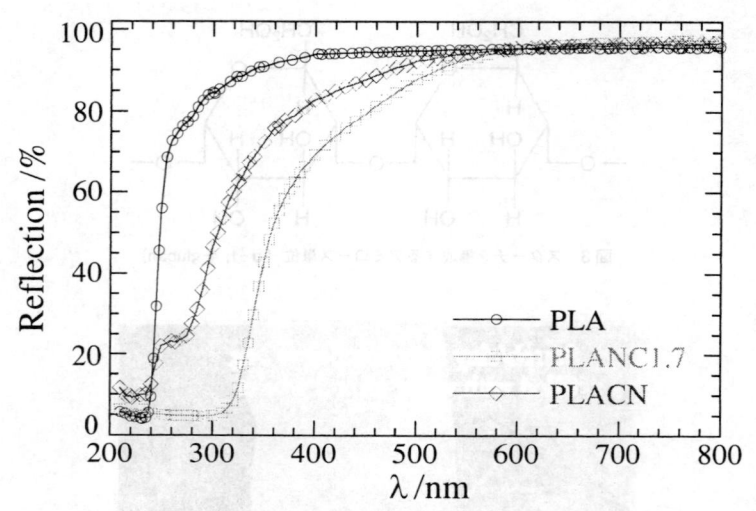

図5 ポリ乳酸・チタニアナノコンポジットにおける UV/vis スペクトル[40]：
PLANC（チタニア系）PLACN（天然クレイ系）

6.1.2 将来展望

2004年の国際会議（Nanocomposites 2004, Belgium/EU）[41]にて，U. S. Army Natick Soldier Center から PLA ナノコンポジット材料の用途展開について興味ある報告がなされている。アメリカ軍人の食料の包装には現在多層フィルム（ポリオレフィン/アルミ/ポリアミド/ポリエステル）が使われており，兵士一人が出すプラスチックゴミは 7lb/日である。年間では生分解しないゴミの量は3万トンにも膨れ上がる。この問題を解決するために PLA ナノコンポジットのガスバリアー性を生かした用途が考えられている。また P&G 社はパッケージングの一部に PLA ナノコンポジットおよびその発泡体を使うことを計画している。特に後者については使い捨ておむつやファーストフード用の使い捨て容器（コーヒーカップ，包装用）等をターゲットにしている。

次世代材料科学の発展に不可欠な環境低負荷型であるバイオポリマーの特性を生かした形で新しい材料開発が行われることが望ましい方向である。

第1章 クレイ系ナノコンポジット

文　献

1) R. Chandra and R. Rustgi, *Progress in Poly. Sci.*, **23**, 7, 1273 (1998)
2) P. B. Messersmith, and E. P. Giannelis, *Chem. Mater.*, **5**, 1064 (1993)
3) P. B. Messersmith, and E. P. Giannelis, *J. Polym. Sci., Polym. Chem.*, **33**, 1047 (1995)
4) N. Pantoustier, B. Lepoittevin, M. Alexandre, D. Kubies, C. Calberg, R. Jerome, and P. Dubois, *Poly. Eng. Sci.*, **42**, 1928 (2002)
5) B. Lepoittevin, N. Pantoustier, M. devalckenaere, M. Allexandre, D. Kubies, C. Calderg, R. Jerome, and P. Dubois, *Macromolecules*, **35**, 8385 (2002)
6) B. Lepoittevin, M. Devalckenaere, N. Pantoustier, M. Alexandre, D. Kubies, C. Calberg, R. Jerome, and P. Dubois, *Polymer*, **43**, 1111 (2002)
7) K. E. Strawhwcker and E. Manias, *Chem. Mater.*, **12**, 2943 (2000)
8) H. Matsuyama, J. F. Young, *Chem. Mater.*, **11**, 16 (1999)
9) S. S. Ray, P. Maiti, M. Okamoto, K. Yamada, and K. Ueda, *Macromolecules*, **35**, 3104 (2002)
10) N. Ogata, G. Jimenez, H. Kawai, and T. Ogihara, *J. Polym. Sci. Part B：Polym. Phys.*, **35**, 389 (1997)
11) S. S. Ray, K. Okamoto, K. Yamada, and M. Okamoto, *Nano. Lett.*, **2**, 423 (2002)
12) S. S. Ray, K. Yamda, A. Ogami, M. Okamoto, and K. Ueda, *Macromol. Rapid Commun.*, **23**, 943 (2002)
13) S. S. Ray, M. Okamoto, K. Yamada, and K. Ueda, *Nano. Lett.*, **2**, 1093 (2002)
14) P. Maiti, K. Yamada, M. Okamoto, K. Ueda, and K. Okamoto, *Chem. Mater.*, **14**, 4654 (2002)
15) M. Pluta, A. Caleski, M. Alexandre, M-A. Paul, and P. Dubois, *J. Appl. Polym. Sci.*, **52**, 1497 (2002)
16) S. S. Ray, K. Yamada, M. Okamoto, A. Ogami, and K. Ueda, *Chem. Mater.*, **15**, 1456, (2003)
17) M-A. Paul, M. Alexandre, P. Degee, C. Henrist, A. Rulmont, and P. Dubois, *Macromol. Rapid Commun.*, **24**, 561 (2003)
18) J-H. Chang, Y. Uk-An, and G. S. Sur, *J. Polym. Sci. Part B：Polym. Phys.*, **41**, 94 (2003)
19) S. S. Ray, K. Yamada, M. Okamoto, and K. Ueda, *Polymer*, **44**, 857 (2003)
20) S. S. Ray, K. Okamoto, M. Okamoto, and J. Nanosci, *Nanotech.*, **2**, 171 (2002)
21) S. S. Ray, K. Okamoto, M. Okamoto, *Macromolecules*, **36**, 2355 (2003)
22) K. Okamoto, S. S. Ray, and M. Okamoto, *J. Polym. Sci. Part B：Polym. Phys.*, **41**, 3160 (2003)
23) H. J. Choi, J. H. Kim, and J. Kim, *Macromol. Symp.*, **119**, 149 (1997)
24) P. Maiti, C. A. Batt, and E. P. Giannelis, *Polm. Mater. Sci. Eng.*, **88**, 58 (2003)
25) X. Kornmann, L. A. Berglund, J. Sterete, and E. P. Giannelis, *Polym. Eng. Sci.*, **38**, 1351 (1998)
26) S. R. Lee, H. M. Park, H. L. Lim, T. Kang, X. Li, W. J. Cho, and C. S. Ha, *Polymer*, **43**, 2495 (2002)
27) S. H. Park, H. J. Choi, S. T. Lim, T. K. Shin, and M. S. Jhon, *Polymer*, **42**, 5737 (2001)
28) R. K. Bharadwaj, A. R. Mehrabi, C. Hamilton, C. Trujillo, M. F. Murga, A. Chavira, and A. K.

Thompson, *Polymer*, **43**, 3699 (2002)
29) S. T. Lim, Y. H. Hyun, and H. J. Choi, *Chem. Mater.*, **14**, 1839 (2002)
30) S. Fischer, J. de Vlieger, T. Kock, L. Batenburg, H. Fisher, MRS Symposium Series, (2001) p.628
31) H. M. Park, X. Li, C. Z. Jin, C. Y. Park, W. J. Cho, and C. S. Ha, *Macromol. Mater. Eng.*, **287**, 8, 553 (2002)
32) H. M. Park, X. Li, C. Z. Jin, C. Y. Park, W. J. Cho, and C. S. Ha, *J. Mater. Sci.*, **38**, 909 (2003)
33) H. Uyama, M. Kuwabara, T. Tsujimoto, M. Nakono, A. Usuki, S. Kobayashi, *Chem. Mater.*, 15, 2492 (2003)
34) M. Darder, M. Colilla, and E. Ruiz-Hitzky, *Chem. Mater.*, **15**, 3774 (2003)
35) J. L. Chang, K. Hong, R. P. Wool, *J. Polym. Sci. Part B : Polym. Phys.*, **42**, 1441 (2004)
36) L. A. White, *J. Appl. Polym. Sci.*, **92**, 2125 (2004)
37) NISTEP Report No.82『急速に発展しつつある研究領域調査』(平成15-16年度科学技術振興調整費調査研究報告書)科学技術政策研究所(2003年6月)
38) S. F. Wang, L. Shen, Y. J. Tong, L. Chen, I. Y. Phang, P. Q. Lim, T. X. Liu, *Biomacromolecules*, **5** (2004) in press
39) C. Bastioli, "Starch Polymer Composites" in "Degradable Polymers", S. Gerald and D. Gilead Eds., Chapman and Hall, Cambridge, (1995)
40) R. Hiroi, S. S. Ray, M. Okamoto, T. Shiroi, *Macromol. Rapid Commun.*, **25**, 1359 (2004)
41) Nanocomposites 2004, "Revealing groundbreaking development in the application and commercialisation of nanoclay composites" March 17-18, Belgium/EU (2004)

6.2 ポリ乳酸ナノコンポジット

6.2.1 はじめに

中野 充[*]

1980年代後半から1990年代初頭にかけて，我々豊田中央研究所は，世界に先駆けて「ナイロンクレイハイブリッド（ナノコンポジット）」の開発に成功した[1]。以来，「クレイナノコンポジット」技術は，基礎科学から実用化まで大きな拡がりをみせ，ひとつの学術・技術分野にまで成長した。

一方ポリ乳酸[2]は，「生分解性高分子」の代表格として古くから知られている材料であるが，「植物（再生可能資源）由来材料」という観点から，近年再び注目を集めている（図1）。植物を原料とするポリ乳酸は，石油資源に依存せず，大気中の二酸化炭素を固定した低環境負荷型材料と考えることができる。但し今後，汎用から高性能材料へと広く普及するためには，種々の特性，例えば耐熱性，耐衝撃性，耐加水分解性などの向上が不可欠である。特に耐熱性の低さは，ポリ乳酸の極めて小さい結晶化速度に起因する。ポリ乳酸は結晶性高分子であるが，結晶化が非常に遅いため，通常の射出成形条件下では結晶状態で得ることが難しい。従ってガラス転移点（55-60℃）以上の温度領域においては，事実上使用不可能である。

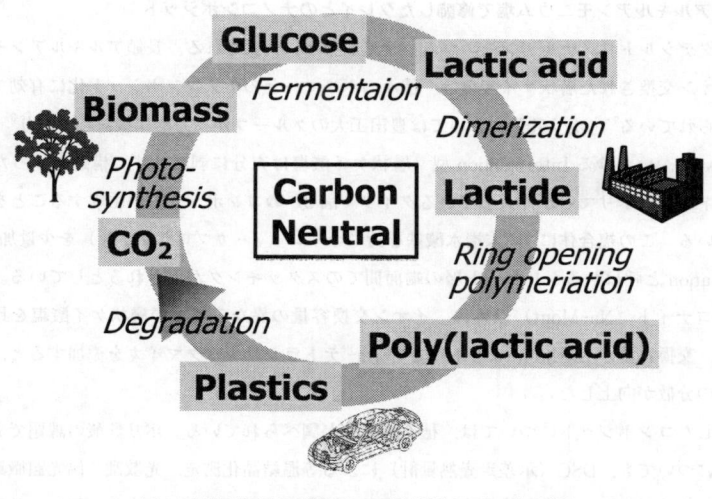

図1 植物（再生可能資源）由来材料としてのポリ乳酸

---

[*] Mitsuru Nakano ㈱豊田中央研究所 材料分野 有機材料研究室 推進責任者

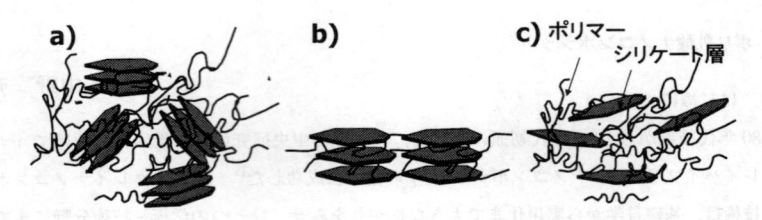

図2 ポリマー中のシリケート層分散状態；a) 通常のコンポジット，b) Intercalation（層間挿入）型ナノコンポジット，c) Exfoliation（層剥離）型ナノコンポジット

クレイとのナノコンポジット化は一般に，（高温）弾性率の向上，結晶化促進などの効果を示すことが知られているため，ポリ乳酸の耐熱性向上の一手段として期待が大きい。また，ナノコンポジットに用いられる層状ケイ酸塩の多くは「天然資源由来」の粘土鉱物であり，環境調和型ナノフィラーとして植物由来樹脂に適する素材と言えよう。

本項では，最近進歩の著しいポリ乳酸クレイナノコンポジットについて概説する。特に，層状ケイ酸塩を修飾する有機オニウム塩の種類で大別し，その結果得られるナノ複合材料の構造及び特性について，我々の研究グループの結果を中心に解説したい。

6.2.2 アルキルアンモニウム塩で修飾したクレイとのナノコンポジット

オクタデシルトリメチルアンモニウムハライドなどに代表される，長鎖アルキルアンモニウム塩でイオン交換された層状ケイ酸塩は，種々のポリマーとのナノコンポジット化に有効であることが知られている[1]。ポリ乳酸においては豊田工大のグループが精力的に検討しており[3~6]，混練法を用いて，いわゆる Intercalation 型（層状ケイ酸塩は充分に剥離せず，構造を保ったままシリケート層間にポリマーが挿入しているタイプ：図2）のコンポジットが生成することを明らかにしている。この複合体に，両末端水酸基を持つオリゴ（ε-カプロラクトン）を少量加えると，Flocculation と呼ばれるシリケート層の端面間でのスタッキングが促されるとしている。Na-モンモリロナイト（Na-Mont）以外に，イオン交換容量の異なる種々の層状ケイ酸塩を比較したところ，交換容量が Na-Mont よりも小さい Na-テトラシリシックマイカを添加すると，ポリ乳酸中での分散が向上した。

生成したコンポジットについては，種々の特性が調べられている。ポリ乳酸の課題である結晶化挙動についても，DSC（示差走査熱量計）による等温結晶化測定，光散乱，偏光顕微鏡等を用いて詳しく検討されており，複合化による結晶化速度向上が確認されている。但し，効果としては核密度の増加に留まり，ナイロンクレイナノコンポジットで確認された線成長速度の向上は認められなかった。ポリ乳酸クレイナノコンポジットの生分解性は，層状ケイ酸塩の種類，層間の

第1章 クレイ系ナノコンポジット

表1 種々の有機化クレイの膨潤挙動

	d(001), angstrom		
	without Lactide	with lactide	after polymn
Na-Mont	12.5	17.1	No Peaks
C12-Mont	17.6	26.7	28.8
C18-Mont	21.3	32.1	32.7
C14Bz-Mont	18.5	30.8	31.3
DSDM-Mont	36.6	38.0	38.5
12COOH-Mont	17.0	22.4	—

有機オニウム塩の種類に依存し,ポリ乳酸そのものの生分解性よりも高いとされるが,その機構は十分明らかになっていない。得られたポリ乳酸クレイナノコンポジットはまた,焼成することで多孔質材料になることも確かめられている。

6.2.3 水酸基を有するアンモニウム塩で修飾したクレイとのナノコンポジット

我々豊田中央研究所のグループでは,主として Exfoliation 型(層状ケイ酸塩が単層〜数層レベルで剥離し,ポリマーマトリックス中均一に分散するタイプ:図2)のポリ乳酸クレイナノコンポジットを目指し,重合法,混練法の双方から,詳しく検討した[7〜14]。

(1) 種々の有機化クレイ存在下でのラクチド開環重合(重合法による検討)

まず,ポリ乳酸のモノマーであるラクチドが,クレイにどの程度親和性があるか(シリケート層間に挿入するか)を調べた。クレイとしては Na-Mont を用い,種々の有機アンモニウム塩を用いて有機化処理を行った。代表的なクレイについて,X線回折(XRD)の結果を表1に示す。ここで C12-Mont は $CH_3(CH_2)_{11}NH_3^+$, C18-Mont は $CH_3(CH_2)_{17}NH_3^+$, C14Bz-Mont は $CH_3(CH_2)_{13}N^+(CH_3)_2(CH_2C_6H_5)$, DSDM-Mont は $(CH_3(CH_2)_{17})_2N^+(CH_3)_2$, 12COOH-Mont は $HOOC(CH_2)_{11}NH_3^+$ でそれぞれイオン交換された Na-Mont を表す。

Na-Mont そのものに対するラクチドの親和性は低く,層間距離はほとんど増加しなかったのに対し,有機化することにより,親和性は増大した。例えば C14Bz-Mont の場合,ラクチドの挿入により,12Å 以上層間距離が拡大した(表1;"without lactide" と "with lactide" の d(001) 値を比較)。

次に,種々の有機化クレイ存在下でラクチド開環重合を行った。重合は,クレイを含まない場合と同様速やかに進行し,収率90%以上でポリマーが得られた(重量平均分子量10万〜15万)。しかし,クレイのシリケート層はポリ乳酸マトリックス中ナノレベルで分散していないこ

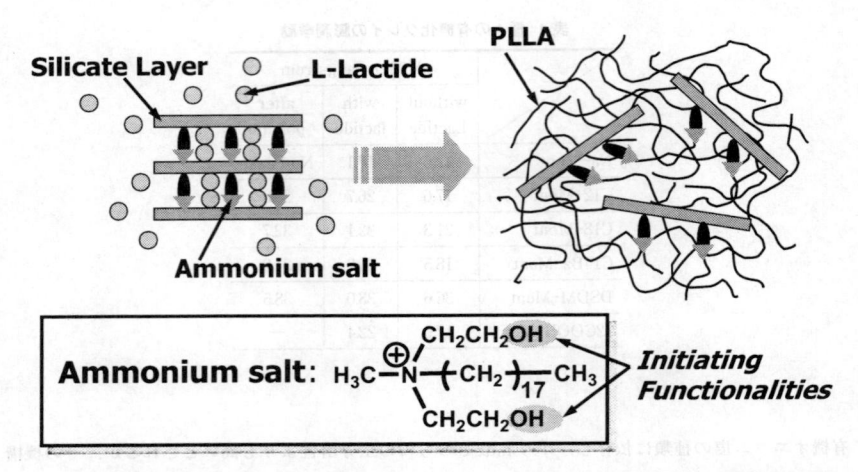

図3 水酸基を有するアンモニウム塩で修飾した層状ケイ酸塩存在下でのラクチド開環重合

とが、XRD（表1："with lactide"と"after polymn"の比較）及び透過型電子顕微鏡（TEM）により明らかとなった。

(2) 有機化クレイへの重合開始基導入

上記においてクレイが分散しなかったのは、重合がシリケート層間よりも主に層外で進行したためと、私たちは推定した。そこで、層間での重合を優先させるために、重合開始可能な水酸基を有するアンモニウム塩で有機化したクレイ[18(OH)2-Mont]を設計した（図3）。18(OH)2-Montについても、まずラクチドに対する膨潤挙動を調べた。その結果、層間距離は21.9Åから38.9Åまで増大し、これまで検討した他の有機化クレイより、更に層間にモノマーが挿入しやすいことが分かった。そこで続いて、18(OH)2-Mont存在下でラクチドの開環重合を行った。層外での重合を抑制するため、開始剤（ラウリルアルコール）は添加せずに重合を行った。その結果、ポリマーはほぼ定量的に得られ、生成したポリ乳酸のXRDスペクトルからは、クレイの凝集を示す回折ピークは認められなかった。更にTEM観察（図4）からも、ポリ乳酸マトリックス中、シリケート層がナノレベルで分散している（Exfoliation型である）ことが確認できた。

(3) 2種類のアンモニウム塩で有機化したクレイ層間での重合

18(OH)2-Montを用いたナノコンポジット化では、アンモニウム塩が重合の開始種となっているため、クレイの添加量を増やすと、[モノマー]/[開始種]のモル比が下がり、ポリ乳酸の重合度が低下する。このような分子量低下の問題を回避するために、私たちは、水酸基含有アンモニウム塩と、水酸基をもたないオクタデシルトリメチルアンモニウム塩の2種類を用いて、クレ

第1章 クレイ系ナノコンポジット

図4 ポリ乳酸クレイナノコンポジットの TEM 写真
[18(OH)2-Mont（2重量%）存在下で重合]

イの「共」有機化を試みた。調製した有機化クレイは，以下の理由から「共」有機化されていることが確認された。

① XRD から求めた有機化クレイの層間距離は，2種類のアンモニウム塩の仕込み比率に依存した。即ち，より立体障害の大きい水酸基含有アンモニウム塩の仕込み量が増加するに従い，層間距離が20.4Åから21.9Åに拡大した。

② 灼残法から求めた有機化クレイ中の無機含量は，Na-モンモリロナイトのイオン交換容量，2種類のアルキルアンモニウム塩の分子量，仕込み比から計算した理論量と良く一致した。

2種類のアンモニウム塩の仕込み比が異なる種々の有機化クレイ存在下，ラクチドを開環重合したところ，期待通り，水酸基含有アンモニウム塩の比率が低下するに従い，生成ポリ乳酸の分子量が向上した。但し，オクタデシルトリメチルアンモニウム塩の比率が増加するに連れ，クレイの分散が低下し，Exfoliation 型から Intercalation 型へ移行することが確認された。有機化クレイ中，水酸基含有アンモニウム塩がモル比としておよそ50%を越えると，良好な分散を示すことが XRD，TEM より明らかとなった。

(4) 混練法によるナノコンポジット化の検討

次に，18(OH)2-Mont が，混練法においてもポリ乳酸中良好に分散するかどうかを検討した。その結果，通常の2軸押出機を用いて溶融混練しても，（やや分散の程度は低下するものの）

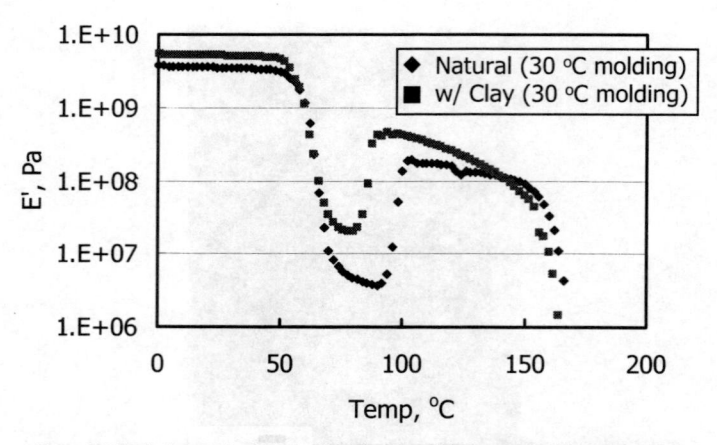

図5 ポリ乳酸（Natural）及びポリ乳酸ナノコンポジットの貯蔵弾性率温度依存性

Exfoliation型に近い複合化が達成されることが明らかとなった。18(OH)2-Montは，モノマーであるラクチドに対してだけでなく，ポリマーに対しても親和性が高く，その結果，（重合法，混練法を問わず）Exfoliation型複合体が生成したと考えられる。アンモニウム塩の分子構造としては，ふたつのヒドロキシエチル基だけでなくアルキル基の鎖長も重要で，炭素数が18から4に減少すると，クレイの分散性が大きく低下することが分かった。

(5) ポリ乳酸クレイナノコンポジット材料の特性

クレイのナノレベルでの分散が，重合法，混練法の双方で達成されたことから，得られたナノコンポジット材料を射出成形（金型温度40℃）し，粘弾性測定を行った（図5）。非晶状態のポリ乳酸は，ガラス転移温度の58℃付近で急激に貯蔵弾性率（E'）が低下するが，結晶化の進行と共に再びE'は増加する。18(OH)2-Montを用いて調製したクレイナノコンポジットは，クレイを含まない系に比べ，より低温側でE'が増加しており，クレイによる結晶化速度向上の効果が認められた。更に，クレイと有機系核剤（脂肪族アミド化合物）を併用することで，結晶化速度は一層向上することが分かった。

上記結果を受け，種々の条件（金型温度，冷却時間）で成形を行い，低荷重（0.45MPa）の熱変形温度（HDT）を評価した。通常ポリ乳酸は，100-110℃付近で結晶化速度が最大となるが，Naturalの場合，金型温度100℃で，冷却時間を例え分単位に設定しても，結晶化が充分進行せず全く成形できない。これに対し，クレイ／有機系核剤を添加した系では，金型100℃，冷却時間120秒の条件で成形でき，HDTは120℃以上に到達した。クレイによる複合化は，高温で弾

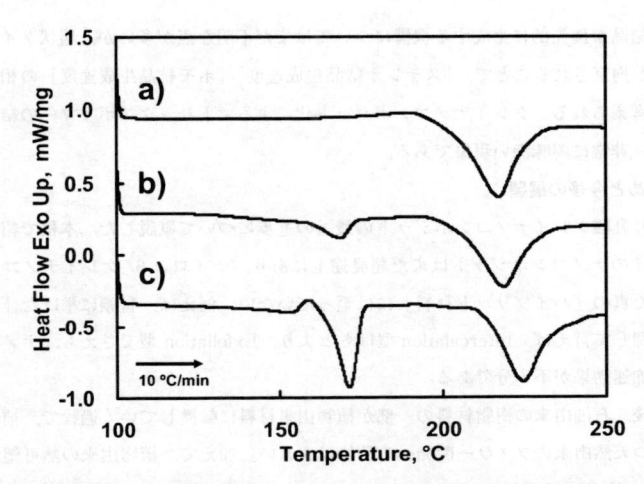

図6 DSC昇温過程での結晶融解挙動；a) 18(OH)2-Montと結合したポリL乳酸＋ポリD乳酸, b) ポリL乳酸＋ポリD乳酸, c) ポリL乳酸＋ポリD乳酸＋18(OH)2-Mont（クレイ－ポリマー間に結合なし）

性率が向上するため，成形時の離型性という点でも優れていることが分かった．

(6) ポリ乳酸クレイナノコンポジットによる選択的ステレオ結晶生成

ここまで議論してきたポリ乳酸は，L体のラクチドが重合したポリL乳酸についてであった．ポリL乳酸は，D体のラクチドが重合したポリD乳酸とステレオコンプレックスを形成し，融点が220-230℃に到達することはよく知られた事実である．しかし，ポリL乳酸／ポリD乳酸ブレンド体を溶融状態から結晶化させても，ホモ結晶が少なからず生成するため，ステレオ結晶体のみを得ることは困難である．そこで私たちは，層状ケイ酸塩に拘束されたポリ乳酸が，ステレオコンプレックス形成にどの様な影響を及ぼすかを調べた．

前述の18(OH)2-Mont存在下で合成したポリL乳酸と，ポリD乳酸を1:1で混合し，溶融後100℃で等温結晶化させた（DSC法による）．その後再度昇温し，結晶の融解ピークから，ステレオ結晶の比率を求めた（図6, a)）．図6には，比較として，b) 通常のポリL乳酸／ポリD乳酸混合物，並びにc) ポリL乳酸／ポリD乳酸/18(OH)2-Mont混合物（有機化クレイ－ポリ乳酸間に結合なし）の結果も併せて示した．図から分かる通り，b)，c) の場合には170℃付近にホモ結晶の溶融ピークが観測されるのに対し，a) の場合は，220℃付近にステレオ結晶由来と思われる融解ピークのみが観測される．170℃付近，220℃付近それぞれのピークの融解エンタルピーを基に算出したステレオ結晶比率は，順にa) 100％，b) 81.5％，c) 63.0％であった．

ステレオ結晶が優先的に生成する機構についてはまだ不明な点が多いが,層状ケイ酸塩にポリL乳酸のみが拘束されることで,[ステレオ結晶生成速度]/[ホモ結晶生成速度]の相対比が変化していると考えられる。クレイナノコンポジット化によるマトリックスポリマーの結晶制御という観点から,非常に興味深い現象である。

6.2.4 まとめと今後の展望

以上,ポリ乳酸クレイナノコンポジットの最近の進歩について概説した。本稿で紹介したポリ乳酸とクレイのナノコンポジットは未だ発展途上にあり,ナイロン6/クレイナノコンポジットで実現された真の「ハイブリッド材料」には至っていない。例えば,冒頭に挙げた「結晶化速度の向上」に関して言えば,Intercalation型はもとより,Exfoliation型でさえも,ナノコンポジット化による加速効果が不十分である。

しかし今後,石油由来の樹脂材料の一部が植物由来材料に転換していく過程で,補強効果や核剤効果を持つ天然由来のフィラー開発への期待は大きい。加えて,植物由来の熱可塑性樹脂であるポリ乳酸,ポリヒドロキシアルカノエート(PHA)類,ポリブチレンサクシネート(PBS)などは,いずれも脂肪族ポリエステル類であり,比重が比較的大きい樹脂の部類に含まれる。「軽量」という高分子材料の特長を生かすためにも,少量添加で大きな補強効果が期待できるナノレベルでの複合化は,更に重要になっていくであろう。

ポリ乳酸クレイナノコンポジットは多くの課題を残すが,様々な可能性を秘めた技術であり,今後の一層の発展が期待される。

謝辞 本稿をまとめるにあたり,㈱豊田中央研究所 有機材料研究室 臼杵有光,岡本浩孝,大内誠(現京都大学大学院工学研究科高分子化学専攻)の多大な協力を得た。ここに厚く感謝の意を表します。

文　　献

1) 総説として例えば,M. Kato, A. Usuki, Chapter 5 "Polymer-Clay Nanocomposites" in T. J. Pinnavaia, G. W. Beal Ed. "Polymer-Clay Nanocomposites". John Wiley & Sons (2001)
2) 成書として例えば,辻秀人,筏義人,「ポリ乳酸」,高分子刊行会 (1997)
3) S. S. Ray, P. Maiti, M. Okamoto, K. Yamada, K. Ueda, *Macromolecules*, **35**, 3104 (2002)
4) P. Maiti, K. Yamada, M. Okamoto, K. Ueda, K. Okamoto, *Chem. Mater.*, **14**, 4654 (2002)
5) S. S. Ray, K. Yamada, M. Okamoto, A. Ogami, K. Ueda, *Chem. Mater.*, **15**, 1456 (2003)
6) J. Y. Nam, S. S. Ray, M. Okamoto, *Macromolecules*, **36**, 7126 (2002)
7) 大内誠,岡本浩孝,中野充,臼杵有光,影山裕史,高分子学会予稿集,**51**, 2295 (2002)
8) 中野充,第33回中部関係学協会支部連合秋季大会講演予稿集,79 (2002)

9) 大内誠, 岡本浩孝, 中野充, 臼杵有光, 影山裕史, 第11回ポリマー材料フォーラム講演要旨集, 211 (2002)
10) Y. Isobe, T. Ino, Y. Kageyama, M. Nakano, and A. Usuki, SAE 2003 World Congr. Tec., Pap. Ser. 2003-01-1124 (2003)
11) 岡本浩孝, 中野充, 大内誠, 臼杵有光, 影山裕史, 高分子学会予稿集, **52**, 4206 (2003)
12) 岡本浩孝, 大内誠, 中野充, 臼杵有光, 影山裕史, 高分子学会予稿集, **52**, 4204 (2003)
13) 大内誠, 岡本浩孝, 中野充, 臼杵有光, 松田雅敏, 高分子学会予稿集, **53**, 2292 (2004)
14) H. Okamoto, M. Nakano, M. Ouchi, A. Usuki, Y. Kageyama, *Mat. Res. Soc. Symp. Proc.*, **791**, 399 (2004)

6.3 ポリブチレンサクシネートナノコンポジット

岡本和明[*]

6.3.1 はじめに

ポリブチレンサクシネート（Poly(Butylene Succinate)：PBS 図1）は，コハク酸と 1,4 ブタンジオールからなる脂肪族ポリエステルである。生分解性ポリエステルの中では比較的高い融点（114℃）をもち，ガラス転移温度が－32℃，熱変形温度は97℃と常温付近の幅広い温度域で安定した物性を示す。PEとPPと同程度の機械物性を持ち，生分解性プラスチックとしては加工性，耐熱・耐薬品性にも優れている。不透明の軟質プラスチックで，透明・硬質のポリ乳酸とは相補的な存在と考えられる[1, 2]。

PBSは現在，石油から生産されているが，原料のコハク酸に植物資源由来のものを使用する計画が進行中であり，再生可能資源としての発展が今後期待される[3, 4]。

ポリマー・クレイナノコンポジットはフィラーの添加量が少なく，フィラーの粘土鉱物自身の環境負荷が小さいため，脂肪族ポリエステルの低剛性や低ガスバリア性，成形性の悪さといった欠点を生分解性を損なうことなく補うのに適していると考えられる。

6.3.2 PBS/クレイナノコンポジットの調製方法

PBS/クレイナノコンポジットはアルキルカチオンで有機化処理したクレイとPBSとの溶融混練により調製される。混練温度は150℃程度でもクレイ層間への分子鎖の挿入は数分で十分進行するが，温度が高いほど短時間の混練でも良好な分散が得られる。190℃でもPBSの分子量低下はほとんど起こらない。

6.3.3 PBS/クレイナノコンポジットのモルフォロジ

各種有機化クレイ（表1）のナノコンポジットのTEM写真を写真1に示す。ODA-MMT(a)及びHDTB-SAP(b)のナノコンポジットでは，一部のクレイは完全剥離しているものの，全体としてクレイの層状構造が維持され，層間挿入型（intercalated）の構造をしている。

X線回折におけるクレイの001面の回折ピーク位置のシフトから，ODA-MMT系では層間距離が約0.5-0.9nm 広がっていることが確認され，分子鎖の挿入を裏付けている。クレイの添加量

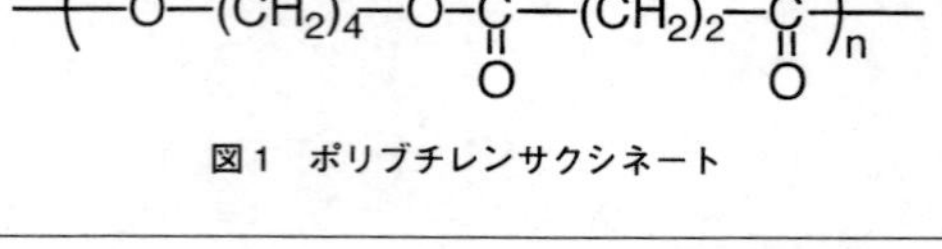

$$\left(O-(CH_2)_4-O-\underset{\underset{O}{\|}}{C}-(CH_2)_2-\underset{\underset{O}{\|}}{C} \right)_n$$

図1　ポリブチレンサクシネート

---

[*]　Kazuaki Okamoto　名古屋市工業研究所　材料技術部　有機材料研究室　研究員

第1章 クレイ系ナノコンポジット

表1 有機化クレイ

略称	クレイ	クレイサイズ	有機化処理剤
ODA-MMT	モンモリロナイト	150-200nm	C_{18}-N^+
HDTB-SAP	サポナイト	50-60nm	$C_{16}(C_4)_3P^+$
CoHE-Mica	合成マイカ	200-300nm	$Coco(COH)_2N^+$

$CH_3(CH_2)_{17}$-NH_3^+　　$CH_3(CH_2)_{15}$-$\overset{tC_4H_{17}}{\underset{tC_4C_{17}}{P^+}}$-$tC_4H_{17}$　　$CH_3(CH_2)_n$-$\overset{CH_2CH_2OH}{\underset{CH_2CH_2OH}{N^+}}$-$CH_3$

C_{18}-N^+　　　　　　$C_{16}(C_4)_3P^+$　　　　　　n~13　principally n=11

　　　　　　　　　　　　　　　　　　　　　　　$Coco(COH)_2N^+$

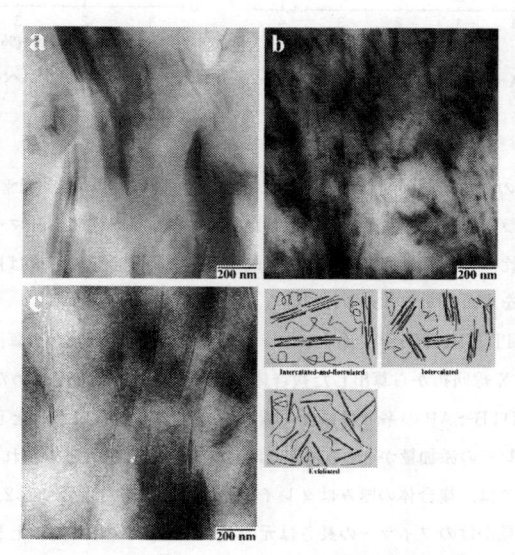

写真1 PBS/クレイナノコンポジットの TEM 写真
(a) C18-MMT (3.6%) (b) HDTB-SAP (3.9%) (c) CoHE-Mica (4.9%)
( ) 内は燃焼法により求めたクレイの含有率

が少なくなると層距離がわずかに広がるがピークは明確であり強固な層状構造を保持していると考えられる。HDTB-SAP を用いた系では X 線回折のピークはブロードで強度も弱い，またクレイの添加量を1%程度まで少なくするとピーク位置が大きく低角側にシフトするとともにほぼ消失する．クレイの層状構造は維持されているものの ODA-MMT 系に比べ，より層間剥離型 (exfoliated) に近い構造であると考えられる．

また，両者共に TEM 写真において，クレイの端面 - 端面の結合 (flocculation) が確認される．

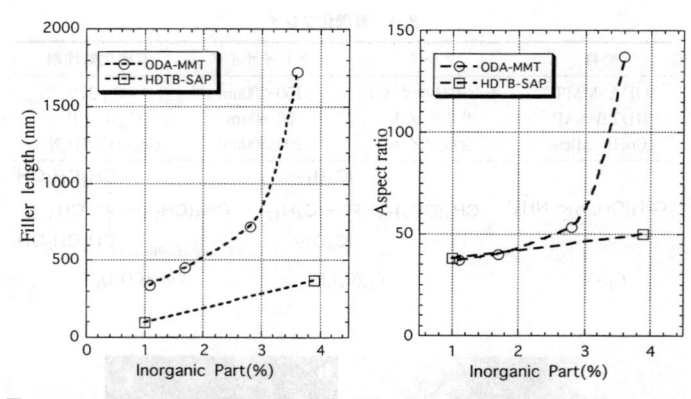

図2 ODA-MMT, HDTB系ナノコンポジットのフィラー長（左）とアスペクト比（右）

　これはクレイ端面のOH基間の結合により生じると考えられるもので，通常の凝集とは異なり，塊状ではなくフィラーの長軸方向に凝集が進むためコンポジット内でポリマー／クレイ複合体からなるアスペクト比の大きな板状フィラーを形成する。この複合体の形成は補強効果やガスバリア性に大きな寄与をもたらすと考えられている。

　図2にODA-MMTとHDTB-SAP系ナノコンポジットのTEM観察から算出した見かけのフィラー長と，それにX線回折から算出した複合体の厚さを組み合わせて求めたフィラーのアスペクト比を示す。HDTB-SAPの系では端面-端面結合による効果はさほど現れないが，ODA-MMTの系ではクレイの添加量が3%を越えた時点でその効果が著しく現れる。ODA-MMT系ナノコンポジットでは，複合体の厚みはクレイの添加量が増えた場合でも2,3倍程度しか増加しないのに対し，見かけのフィラーの長さは元のクレイの長さの10倍以上となり，複合体のアスペクト比は100以上とクレイが単層にまで完全剥離した場合にほぼ匹敵する値となる。

　端面-端面結合の進行にはクレイ同士，有機化クレイ・ポリマー間の相互作用のバランスが関係していると考えられ，クレイ，有機化処理，マトリックス樹脂の種類およびクレイの添加量によりクレイの集合状態は大きく異なる。また，端面-端面結合はマトリックス中の極性基の存在により促進されることが知られており[5] PBS系ナノコンポジットではPLA系に比べ端面-端面結合がより進むが，その原因としてPBSの合成時に鎖長延長剤として用いられるジイソシアネートに由来するウレタン結合の極性が考えられている[6,7]。

　CoHE-Mica系ナノコンポジット(c)の場合，X線回折では層間挿入型のピークを示すが，TEM写真ではほぼ単層にまで剥離したクレイの中に一部の塊状のクレイが観察される。X線回折で見

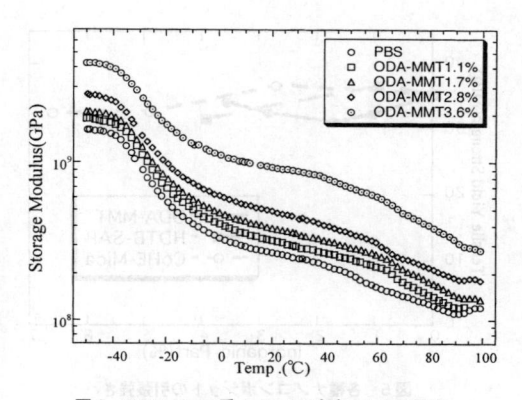

図3 ODA-MMT系ナノコンポジットの剛性率

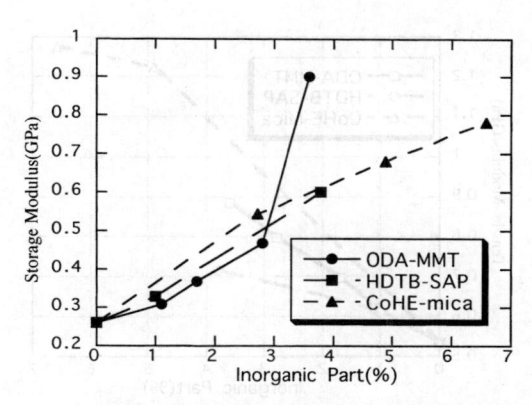

図4 各種ナノコンポジットの室温（25℃）での剛性率

られたピークは，僅かに残った塊状のクレイによるものと考えられ，全体の構造としては層間剥離型ナノコンポジットに近い。端面－端面結合が観察されないのは合成マイカの端面に OH 基が存在しないためと考えられる。

6.3.4 PBS/クレイナノコンポジットの物性

(1) 固体の機械物性

ODA-MMT系ナノコンポジットの剛性率を図3に示す。ナノコンポジット化により，ガラス転移点（−32℃）以下から融点近くまでの幅広い温度範囲で補強効果が現れている。25℃での剛性率はクレイの添加量が3.6%で約3.5倍にまで向上する。各種ナノコンポジットの室温（25℃）

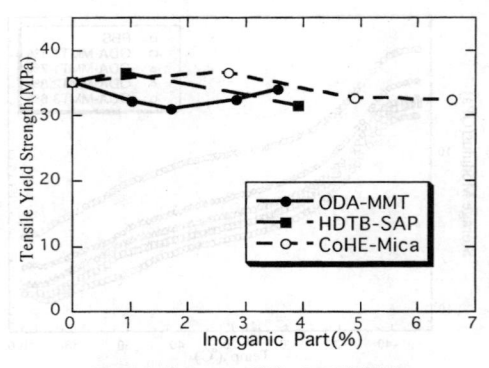

図5　各種ナノコンポジットの引張強さ

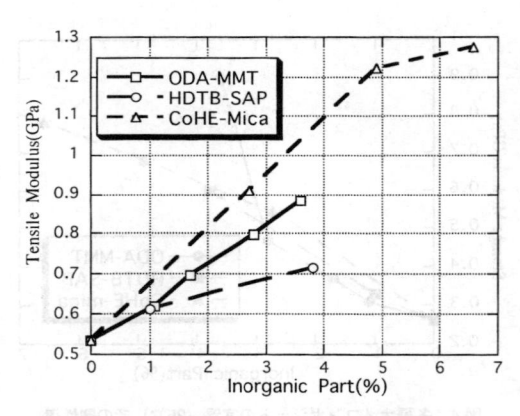

図6　各種ナノコンポジットの引張弾性率

での剛性率の比較(図4)から。クレイの添加量が低い場合(<3%)では,アスペクト比が大きいものほど(マイカ>モンモリロナイト>サポナイト)補強効果は高くなり,HDTB-SAP系ナノコンポジットではクレイの分散が良好であるにもかかわらず補強効果はそれほど上がらない。一方,ODA-MMT系ナノコンポジットではクレイの含有量が3%をこえたところで補強効果が急激に上昇し,CoHE-Mica系を上回る。これは前述の端面-端面結合によるフィラーのアスペクト比の増加により,フィラーの運動が大きく妨げられるようになったためと考えられる。

また,ナノコンポジットの引張り強度を図5に,引張り弾性率を図6に示す。ナノコンポジッ

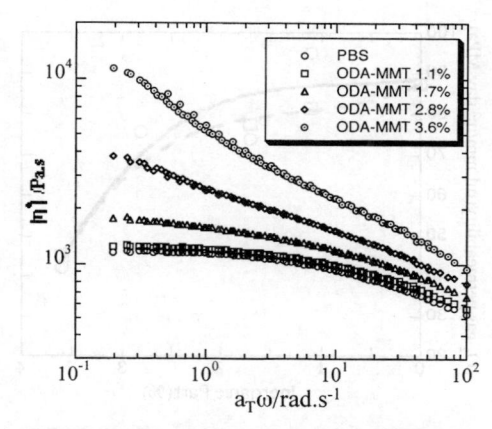

図7 ODA-MMT系ナノコンポジットの溶融粘度

ト化による引張り強度の変化はほとんどみられないのは，ポリエステルにはナイロンのアミド結合のような強い極性基が存在せず，樹脂とクレイとの間の相互作用が弱いためと考えられる。降伏伸びはクレイ添加量4%で約15%，6.5%でも10%以上で，ある程度大きな変形にも耐えうる。弾性率については，樹脂の添加量と共にほぼ直線的に増え約2.5倍まで向上する。

(2) **溶融物性**

ODA-MMT系ナノコンポジットの動的粘度を図7に示す。高剪断速度下ではクレイが流れ方向に配向するため，PBSとナノコンポジットは同程度の粘度を示し，低剪断速度域ではクレイによりポリマー鎖の運動が阻害されるために変形速度が遅くなるにつれてPBSよりもはるかに高い粘度を示すようになる。射出成形において，樹脂の流動時は低い粘度で射出を妨げず，流動停止時には粘度が上がりバリの発生を防ぐため成形性は向上する。

(3) **ガスバリア性**

PBS/ODA-MMT系ナノコンポジットの酸素ガス透過率を図8に示す。ナノコンポジット化によりガス透過率は1/2以下にまで減少する。また，Nielsenの理論式[8]

$$Pc/Po = 1/\{1 + (L/2D)\phi\}$$

[Pc，Po，ナノコンポジット，マトリックス樹脂の透過係数，L：板状フィラーの長さ，Dフィラーの厚さ，ϕ：フィラーの体積分率]

に対し，L/Dとして6.3.2で述べた集合体のアスペクト比を適用すると良く一致することから端面-端面結合より生じたクレイの集合体は1つの大きなフィラーとして機能していると考えられ

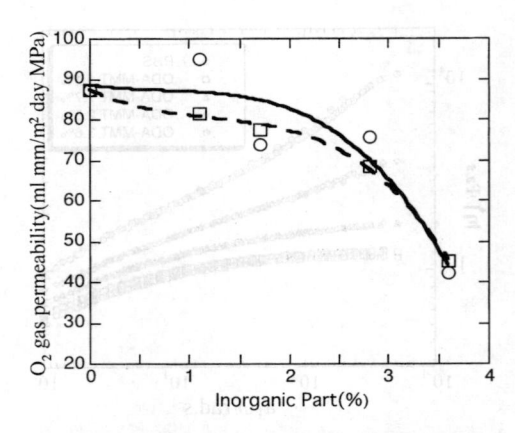

図8 ODA-MMT系ナノコンポジットの酸素ガス透過率
○：実測値，□：アスペクト比からの計算値

表2 PBSおよび各種ナノコンポジットのコンポスト中における分子量変化

サンプル	クレイ添加量（％）	試験前分子量 Mw^o（$\times 10^3$）	試験後分子量 Mw^d（$\times 10^3$）	減少比率 Mw^d/Mw^o
PBS	0	100	16	0.16
ODA-MMT	3.6	100	17	0.17
HDTB-SAP	3.9	90	8.7	0.096
CoHE-Mica	4.9	120	10	0.083

6.3.5 生分解性

厚さ0.3mmのフィルム状サンプルをコンポスト中（おから/EMぼかし：60℃）に45日間埋設したときの分子量変化では，ナノコンポジット化による生分解性への影響はみられなかった（表2）。厚さ1mmのシート状サンプルを土中に2年間埋設した場合（写真2）では，サンプルがもろくなると同時にサンプル表面にカビ様のものが付着した。付着物のある部分のサンプル表面には明らかな浸食がみられ，PBSとそのナノコンポジットはコンポストだけでなくポリ乳酸ではほとんど分解が進まないような通常の土中でも生分解が進行することが確認された。このことは農業・林業資材など回収ルートに乗せにくい製品への利用に適している。また，土中ではフィラーの種類によって表面へのカビの付着の時期やサンプルの脆化の程度が異なることから，ナノコンポジット化により製品の生分解速度を調節できる可能性がある。

第1章　クレイ系ナノコンポジット

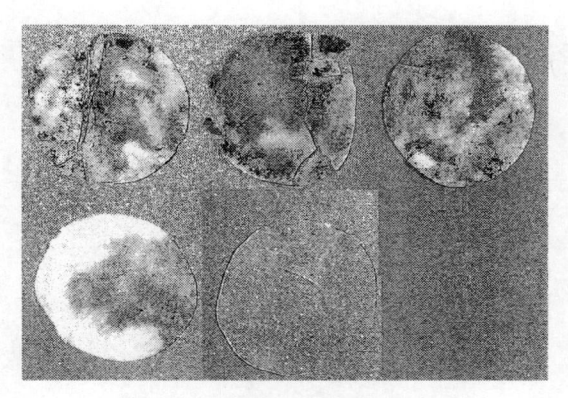

写真2　土中埋設サンプル（埋設2年後）
上段左から順に PBS, ODA-MMT（2.8%），ODA-MMT（3.6%）
下段左から HDTB-SAP（3.9%），ポリ乳酸

6.3.6　おわりに

　PBSクレイナノコンポジットは，PBSの生分解性を損なうことなくその剛性，ガスバリア性，成型性を向上する手段として有効である。有機化クレイの違いにより，さまざまなモルフォロジをもつナノコンポジットが得られる。ナノコンポジットの物性はフィラーの分散の程度だけでなく，フィラーが形成する二次構造による影響も大きいことがわかっている。

　今後，クレイの端面-端面結合等により形成されるナノ構造の制御，クレイと樹脂との相互作用による樹脂の結晶構造やサイズの制御などができるようになれば，その性能をさらに向上させることができると考えられる。また，クレイの有機化処理に用いるアルキルカチオンについても生分解性の高いものを用いることで，生分解性樹脂としての価値がより高くなると考えられる。

文　　献

1) 土肥義治ほか，生分解性プラスチックハンドブック，エヌ・ティー・エス，p582（1995）
2) 白石信夫ほか，実用化進む生分解性プラスチック，工業調査会，p223（2000）
3) 柔軟な生分解性プラスチック，日本経済新聞朝刊，2004年4月19日
4) 工業材料 **51** No.5, 日刊工業新聞社，p12（2003）
5) 岡本正巳，機能材料，**22**, 11, 27（2002）
6) S. Sinha Ray, *et al, Macromolecules*, **36**, 7, 2355（2003）

7) Yasuda T., T.Akiyama E., US Pat. 5391644, (1995)
8) Nielsem L. *J Macromol Sci Chem* 1, 929 (1967)

6.4 大豆油由来ポリマーナノコンポジット

6.4.1 はじめに

宇山　浩[*]

　高分子材料は化学工業の主要分野を担うとともに日常生活には欠かせないものである。しかし，そのほとんどが産出量の有限な化石資源を利用しており，その枯渇が危惧されている。また，高分子材料の廃棄に基づく環境汚染は炭酸ガスによる温暖化やフロンガスによるオゾン層の破壊とともに大きな社会問題となっている。一方，油脂や糖類，タンパク質等の天然資源は再生産が可能であるため，工業分野における有効利用が強く望まれている。さらに生物由来の原料から生産された高分子材料は毒性が少なく，高い生分解性を有する等の利点も有している。近年，これらの再生可能な天然資源を利用した開発研究は活発に行われているが，高機能化や高性能化が課題となっている。また，従来製品と比較し高価格であるという問題点も挙げられ，現在，産学両面において解決しなければならない緊急性の高い社会的研究課題である。

　植物油脂は全世界で年間約1億トン生産されており，汎用高分子材料の出発物質として高い潜在性を有している[1]。安価な大豆油等のトリグリセリドの不飽和基の反応を利用したアルキド樹脂が工業的に塗料として用いられている。顔料分散性や塗装性に優れ，仕上がりの美観や耐久性も良い点に特徴がある。最近では大豆油の新聞インキとしての利用が社会的に注目されている。また，油脂から誘導化したポリオールを用いたポリウレタンも開発されている。

　筆者らは植物油脂由来の不飽和カルボン酸を組み込んだ新規塗膜材料を研究してきた[2~5]。簡便に合成できるウルシオール類似体を不飽和カルボン酸から合成し，ラッカーゼ酵素を用いる硬化により高分子塗膜（人工漆）を開発した[6~9]。ウルシオール類似体はリパーゼの位置選択的触媒能を利用して一段階で合成した。また，この類似体（4-アルケニル体）はかぶれない。ウルシオール類似体は天然ウルシオールと同様に酵素作用により硬化し，漆と同等の物性を有する塗膜を与えた。本硬化系は有機溶媒を用いることなく穏和な条件で進行し，優れた光沢性及び膜物性を有する塗膜を与えることから，環境調和型の硬化システムとして期待される。

　また，植物油脂由来の長鎖不飽和カルボン酸を側鎖に導入したフェノール誘導体の酸化重合により硬化性ポリフェノールを合成し，その硬化により塗膜を得た[10,11]。リノレン酸を用いた場合に最も硬度が高く，ポリフェノール側鎖の不飽和度に塗膜物性が依存することがわかった。また，亜麻仁油，魚油の還元アルコールを導入したナフトール誘導体を合成し，鉄サレン錯体を用いて酸化重合を行った[12]。フェノール誘導体と同様に官能基選択的にナフトール部位が重合し，硬化性ポリマーが得られた。本ポリマーからの塗膜は非常に硬度が高く，これはポリナフトール部位

---

[*]　Hiroshi Uyama　大阪大学　大学院工学研究科　物質化学専攻　教授

の剛直性によるものと推測される。

　また，リパーゼ触媒を用いて新しい硬化性ポリエステルを開発した[13, 14]。長鎖不飽和カルボン酸存在下にセバシン酸ジビニルとグリセリンの重合を行ったところ，側鎖に不飽和基をもつポリエステルが一段階で合成された。更にリパーゼ触媒作用を利用して側鎖不飽和基をエポキシ基に変換した[15]。これらの反応性ポリエステルは加熱処理により容易に硬化し，光沢性に優れた架橋塗膜を与えた。更に本硬化膜は良好な生分解性を示した。この結果は植物油脂を基盤とする高分子材料に生分解性を付与できる可能性を強く示唆するものである。そこで筆者らは植物油脂を基盤とする架橋高分子材料の創出に着手し，エポキシ化油脂と無機化合物とのナノコンポジット化による生分解性ハイブリッド材料（「グリーンナノコンポジット」）を開発した[16, 17]。本章では筆者らの研究を中心に油脂を基盤とするグリーンナノコンポジットの合成法と性質を述べる。

6.4.2　植物油脂-クレイナノコンポジット

　ポリマー-クレイナノコンポジットは，ポリマーに少量のクレイを添加するだけで物性・機能が飛躍的に向上するため，従来の無機複合材料に替わる新規高性能材料として注目されている。植物油脂-クレイナノコンポジットは有機成分として主にエポキシ化大豆油（ESO）を用い，有機修飾クレイの存在下，少量のカチオン性熱潜在性開始剤を添加して熱処理を行うことにより合成した（図1）[18]。ここで用いた有機修飾クレイは，Na-モンモリロナイトをアルキルアミン塩酸塩でイオン交換したものである。尚，本ナノコンポジットの有機，無機原料は共に安価な天然素材である。

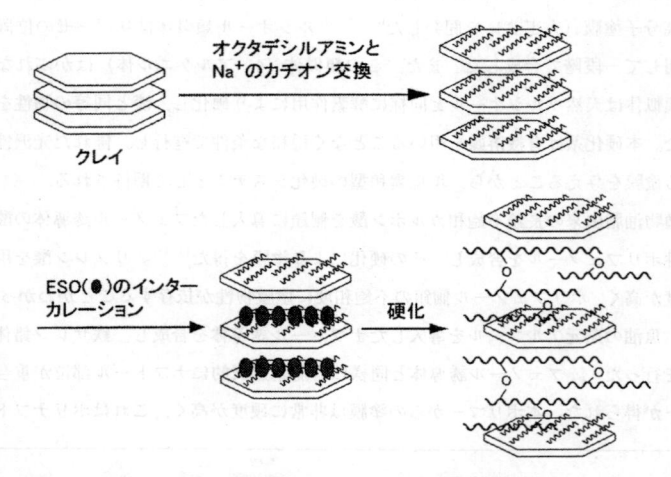

図1　エポキシ化油脂-クレイナノコンポジットの合成法

第1章 クレイ系ナノコンポジット

図2 ESO-クレイナノコンポジット写真
(有機修飾クレイ：C18-Mont)

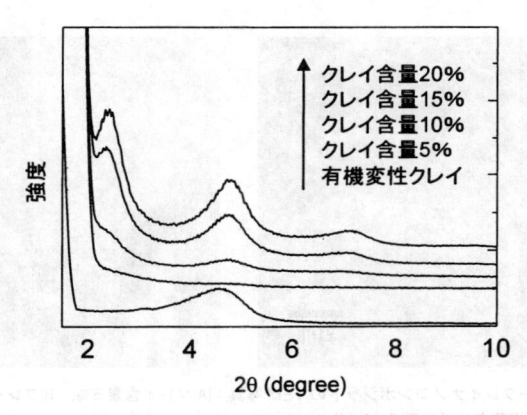

図3 ESO-クレイナノコンポジットの広角X線チャート
(有機修飾クレイ：C18-Mont)

オクタデシルアミン塩酸塩で有機化したモンモリロナイト（有機修飾クレイ，C18-Mont）を用いたところ，柔軟性に富むESO-クレイナノコンポジットが得られた（図2）。ナノコンポジットの広角X線測定を行ったところ，有機修飾クレイを5％添加した場合にはピークがほぼ消失し，良好な分散が推測された（図3）。有機修飾クレイを10％以上用いた場合には有機修飾クレイの層間距離が19Åから37Åに増大し，ESOのインターカレーションが確認された。また，本ナノコンポジットのTEM観察により，シリケート層が数層単位でスタックしているものの，ポリマー中にほぼ均一に分散していることがわかった（図4）。

本ナノコンポジットの動的粘弾性測定により，均一構造のナノコンポジットの生成が確認された（図5）。ガラス転移温度以上では貯蔵弾性率がほぼ一定であり，エポキシ基がほぼ定量的に

(A)

2μm 200nm

(B)

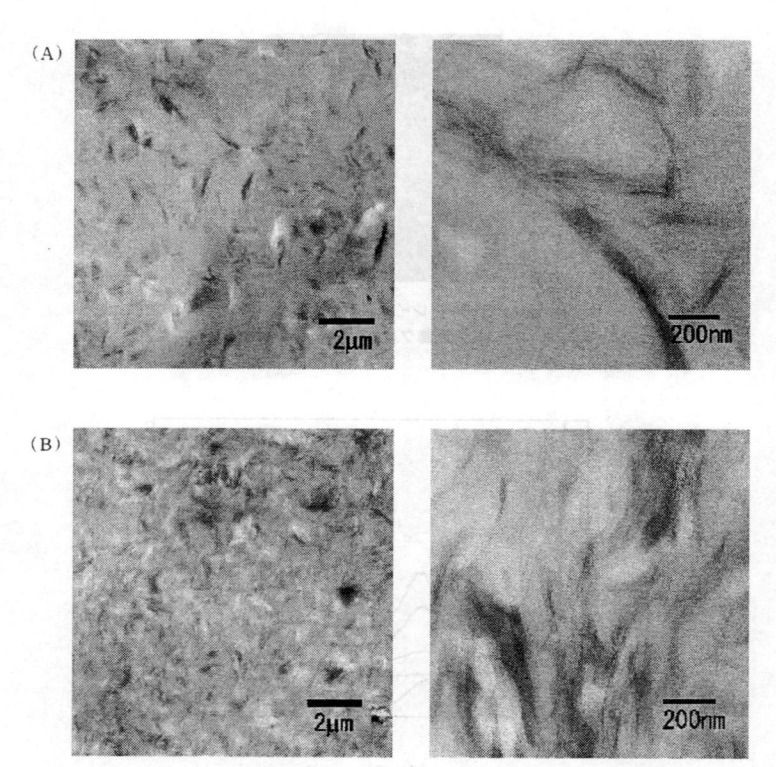

2μm 200nm

図4 ESO-クレイナノコンポジットのTEM写真：(A)クレイ含量5%，(B)クレイ含量15%
(有機修飾クレイ：C18-Mont)

反応したことがわかった。また，クレイ含有量が多いほど貯蔵弾性率が大きくなり，ポリマーマトリックス中でのシリケート層による補強効果が示された。エポキシ化亜麻仁油（ELO）を用いた場合も同様にクレイナノコンポジットが得られ，貯蔵弾性率はESOナノコンポジットより高くなった。また，クレイ含有量の増加に伴い，ガラス転移温度も上昇した。これはクレイの層間にポリマーが挿入されることにより，その熱運動が制限されたためであると考えられる。これまで，いくつかのポリマー-クレイナノコンポジットにおいて，クレイを添加することによりガラス転移温度が低下することが報告されている。本ナノコンポジットで見られたガラス転移温度の上昇は，これらとは逆の挙動であり，特筆すべき性質であると言える。更に本ナノコンポジットのTG分析により，比較的良好な耐熱性が明らかとなった。

第1章 クレイ系ナノコンポジット

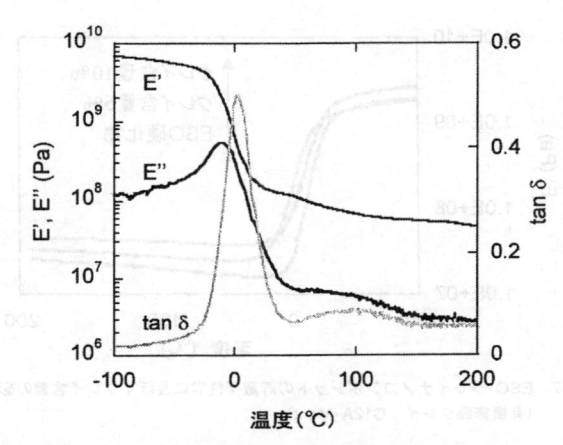

図5 ESO-クレイナノコンポジット（クレイ含量10%，有機修飾クレイ：C18-Mont）の動的粘弾性挙動

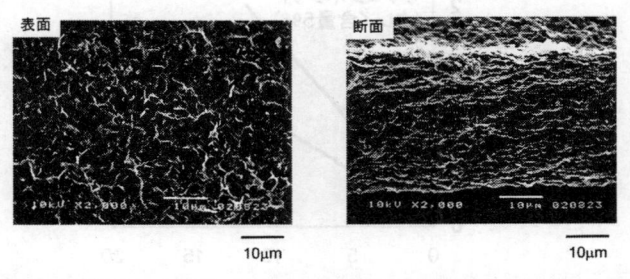

図6 ESO-クレイナノコンポジット（クレイ含量20%，有機修飾クレイ：C18-Mont）の焼成物のSEM写真

　また，本ナノコンポジットを空気雰囲気下，900℃で熱処理することにより，多孔性セラミックが得られることを見出した（図6）。これは，熱処理によって有機成分が分解し，マトリックス中に分散していたシリケート層が数層単位で凝集しながら残ったためであると考えられる。
　次に12-アミノデカンカルボン酸で有機修飾したクレイ（C12A-Mont）を用いてナノコンポジットを作製した[19]。広角X線とTEM測定から，C18-Montを用いた場合と同様にポリマーマトリックス中でシリケート層は良好に分散していることが示唆された。動的粘弾性の測定では，クレイ含有量の増加に伴って貯蔵弾性率の上昇が確認された（図7）。本ナノコンポジットの力学特性評価では，有機変性クレイの添加により力学特性は向上した（図8，表1）。

111

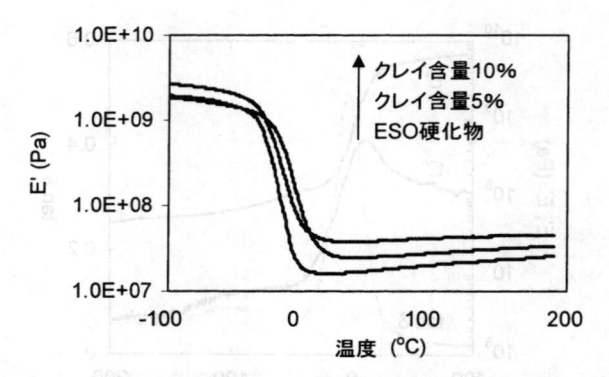

図7 ESO-クレイナノコンポジットの貯蔵弾性率に及ぼすクレイ含量の影響（有機修飾クレイ：C12A-Mont）

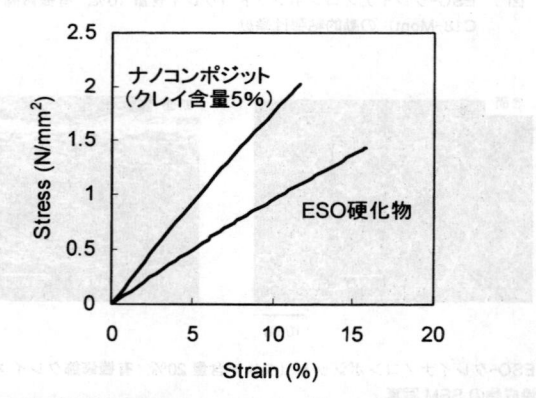

図8 ESO硬化物とESO-クレイナノコンポジット（有機修飾クレイ：C12A-Mont）の応力-歪み曲線

　ポリマー-クレイナノコンポジットではポリマー単独よりガスバリア性が向上することが知られている。そこで，本ナノコンポジットの水蒸気バリア性を評価したところ（図9），ESO単独硬化物のフィルムよりもナノコンポジットフィルムの方が高いバリア性を示した。これは，ポリマーマトリックス中にナノオーダーで分散したシリケート層を水分子が迂回して通るためと考えられる。

　ポリマーナノコンポジットの物性・機能を制御する目的で，ESOとELOを混合した系でナノコンポジットの合成を行い，その組成が物性に与える影響について調べた。動的粘弾性と力学特

表1 ESO-クレイナノコンポジットの力学特性（有機修飾クレイ：C12A-Mont）

クレイ含量（%）	初期弾性率（MPa）	破断応力（MPa）	破断歪み（%）
0	11	1.4	16
2	18	1.8	14
5	22	2.0	12
10	33	3.4	13

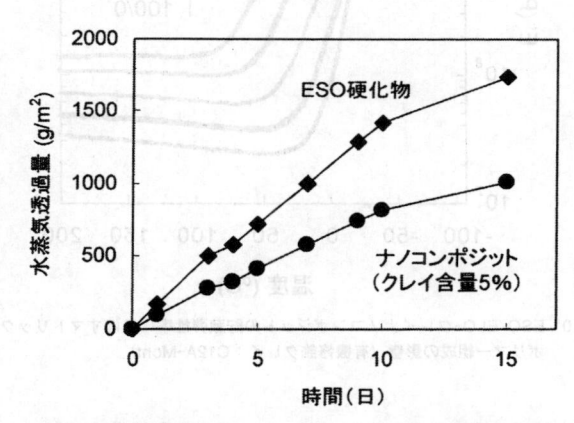

図9 ESO硬化物とESO-クレイナノコンポジット（有機修飾クレイ：C12A-Mont）の水蒸気透過性評価

性を評価したところ，貯蔵弾性率（図10）とガラス転移温度はELO仕込み比の増加に伴って上昇し，ヤング率と破断強度も同様に上昇した（図11）。これらもELOの仕込み比の増加によるマトリックスポリマーの架橋密度の上昇に起因すると考えられる。以上の結果はポリマーの組成によりTailor-Madeなナノコンポジットが得られることを示唆するものである。

6.4.3 植物油脂−シリカナノコンポジット

これまでに油脂硬化ポリマーをマトリックスとする有機無機ハイブリッド塗料（Ceramer Coating）が報告されている。亜麻仁油とゾルゲル前駆体をよく混合し，薄膜を基板上に作製後，熱処理により厚さ数十ミクロンの硬化塗膜が得られた[20]。チタニウムイソプロポキシドやジルコニウムイソプロポキシドを添加することで，亜麻仁油単独の硬化物より貯蔵弾性率や力学物性が向上することが報告されている。亜麻仁油の単独硬化物のガラス転移温度は30℃であるが，チタニウムイソプロポキシドを10%添加することにより57℃まで上昇した。更にジルコニウムイソプロポキシドを少量（1%）併用することで耐熱性がいっそう向上し，ヤング率も大幅に増大

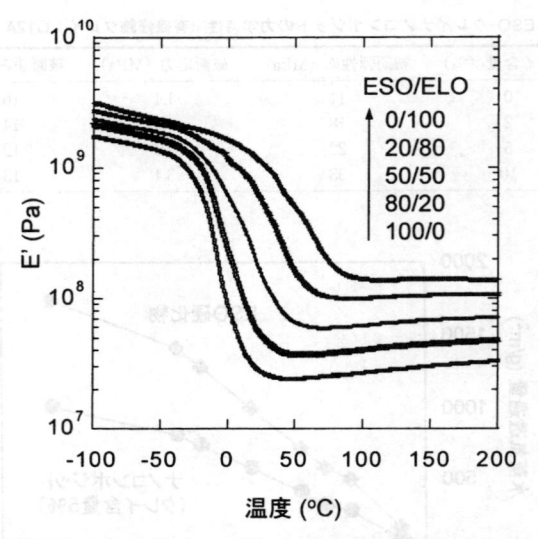

図10 ESO/ELO-クレイナノコンポジットの貯蔵弾性率に及ぼすマトリックスポリマー組成の影響（有機修飾クレイ：C12A-Mont）

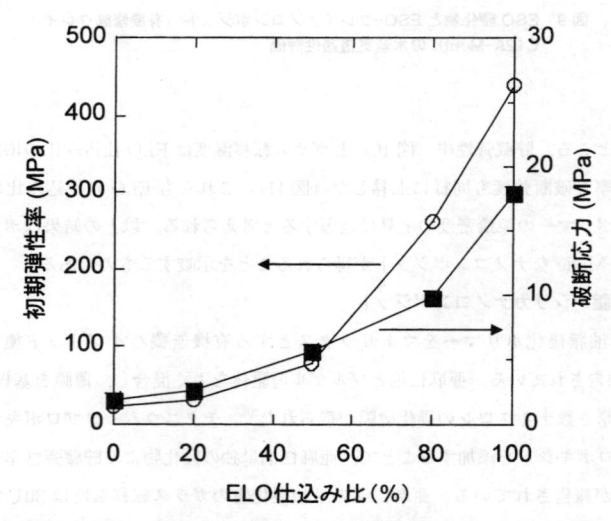

図11 ESO/ELO-クレイナノコンポジットの力学特性に及ぼすマトリックスポリマー組成の影響（有機修飾クレイ：C12A-Mont）

した。

　安価な大豆油の単独硬化では十分な物性を持つ塗膜が得られないため，大豆油の吹込み油（ボイル油）が用いられた[21]。硬化物フィルムは柔らかく（鉛筆硬度：6B），酸化チタンナノ粒子（粒径：180nm）を加えても硬度の向上は見られないが，更に小さい粒子（粒径：32nm）を用いると硬度の上昇が見られた。しかし，ゾルゲル前駆体を用いる場合に比べ，酸化チタン粒子の添加による塗膜の力学物性の顕著な向上は見られない。

　筆者らは有機成分と無機成分を共有結合で介させることで無機成分をナノレベルで分散させる手法を提案した。有機成分として主にESOを用い，エポキシ基含有シランカップリング剤（GPTMS）存在下，少量のカチオン性熱潜在性開始剤を添加して熱処理を行うことにより，油脂-シリカナノコンポジットを合成した（図12）[22]。本反応ではGPTMSとESOのエポキシ基が共重合し，さらにGPTMSのアルコキシシラン部位の重縮合により無機成分が凝集したナノドメインを形成すると考えられる。反応前後にFT-IR測定を行ったところ，エポキシ基に由来するピークが大きく減少したことが確認された。また，TEM観察やEPMAによるシリコン原子のマッピングにより無機成分が良好に分散していることがわかった（図13）。

　塗膜特性に関し，油脂の単独硬化では十分な硬度を有する塗膜は得られなかったが（鉛筆硬度2B），GPTMSを5%添加するだけで鉛筆硬度はHに向上した。また，GPTMSの添加量に伴い，ユニバーサル硬度とヤング率が共に向上した（図14）。一方，弾性変形の割合（We/Wtot）はGPTMS50%以下で約80%を示し，弾力性が保持されていた。さらにいずれの場合も透明性と光沢性の優れた塗膜が得られた。ELOを用いた場合にも透明な塗膜が得られ，GPTMSの添加により塗膜物性の向上が見られた。ELOから得られたナノコンポジットの硬度とヤング率は大豆

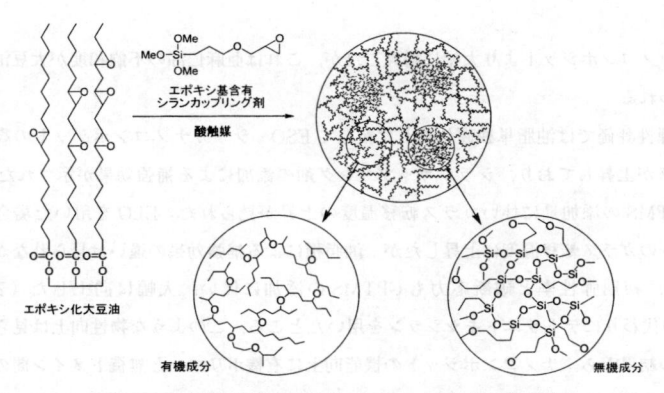

図12　エポキシ化油脂-シリカナノコンポジットの合成法

図13 ESO-シリカナノコンポジット (ESO含量：80%) のEPMA像

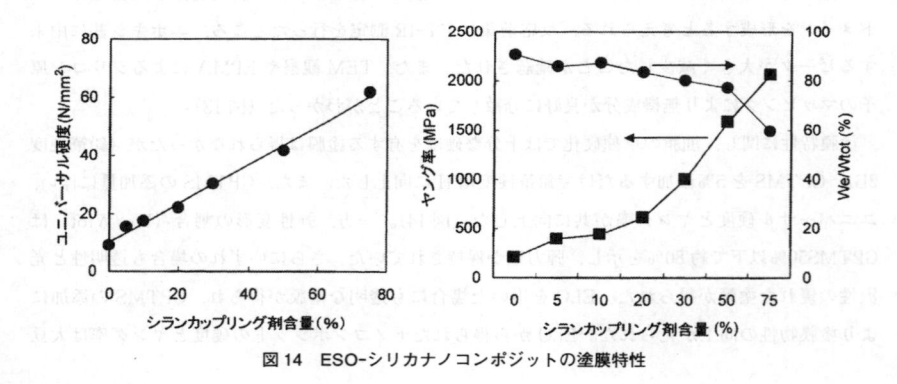

図14 ESO-シリカナノコンポジットの塗膜特性

油由来のナノコンポジットより大幅に増大したが，これは亜麻仁油の不飽和度が大豆油より高いためと思われる。

動的粘弾性評価では油脂単独硬化物と比較してESO-シリカナノコンポジットの高温部での貯蔵弾性率が上昇しており，シランカップリング剤の添加による補強効果が示された（図15）。また，GPTMSの添加量に伴いガラス転移温度の上昇が見られた。ELOを用いた場合，ナノコンポジットのガラス転移温度は上昇したが，油脂種による補強効果の違いは見られなかった（図16）。また，初期弾性率と破断応力もGPTMSの添加に伴い，大幅に向上した（表2）。尚，GPTMSの代わりにテトラエトキシシランを用いたところ，このような物性向上は見られなかった。以上の結果から，ナノコンポジットの機能向上に有機ポリマーと無機ドメイン間の共有結合形成が重要な役割を果たすことが明らかとなった。また，活性汚泥中においてBOD法により生

第1章 クレイ系ナノコンポジット

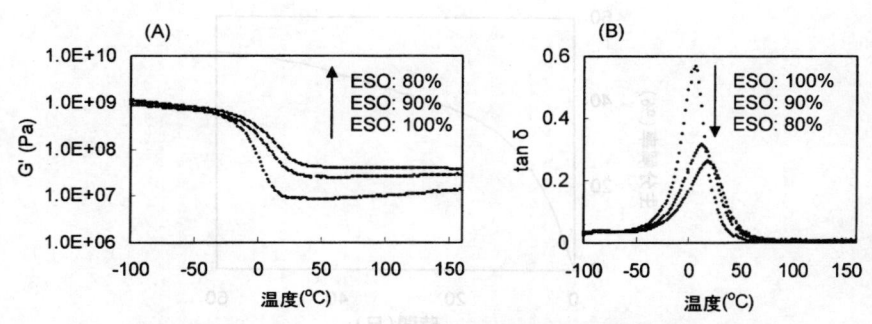

図15 ESO-シリカナノコンポジットの動的粘弾性挙動：(A)貯蔵弾性率, (B)tan δ

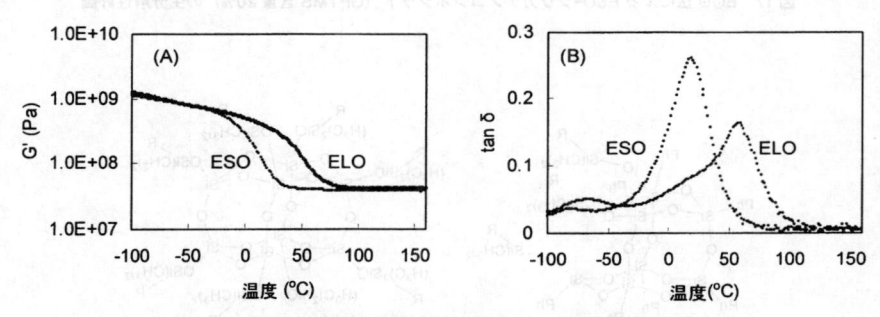

図16 エポキシ化油脂-シリカナノコンポジット（GPTMS 含量10%）の動的粘弾性挙動：(A)貯蔵弾性率, (B)tan δ

表2 ESO-シリカナノコンポジットの性質

シランカップリング剤含量 (%)	ガラス転移温度 (℃)	初期弾性率 (MPa)	破断応力 (MPa)
0	6	13	1.0
10	12	31	3.0
20	19	42	3.4
30	20	73	3.7
50	22	131	4.3

分解性の評価を行った。分解は徐々に進行し，50日後に50%以上が分解した。よって，本ナノコンポジットの高い生分解性が明らかとなった（図17）。GPTMS以外にオキセタン基を有するシランカップリング剤を用いても同様のナノコンポジットが得られ，油脂単独硬化物より物性・

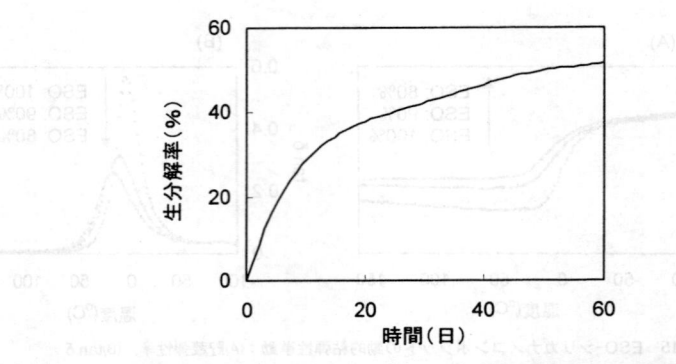

図17 BOD法によるESO-シリカナノコンポジット（GPTMS含量20%）の生分解性評価

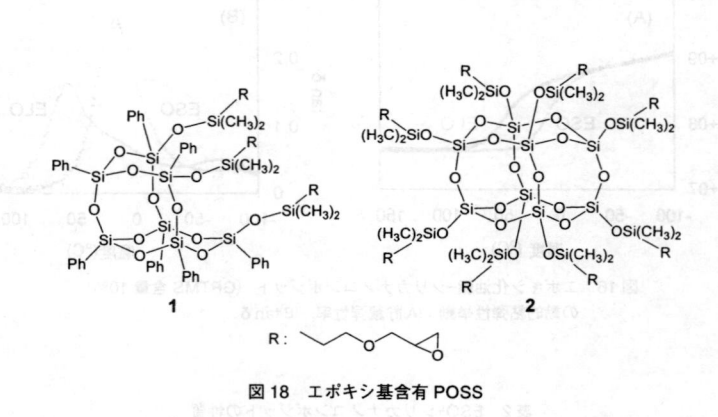

図18 エポキシ基含有POSS

機能の向上が見られた[23]。

　近年，籠型シルセスキオキサン（POSS）が機能材料の前駆体として注目されており，籠型構造に起因する特徴ある物性がPOSSを含むハイブリッドで見出されている。最近，筆者らはPOSSを利用することで無機成分のナノ構造を制御したナノコンポジットを開発した。エポキシ基含有のPOSS（図18）を用い，エポキシ化油脂との反応を行ったところ，透明なナノコンポジットが得られた。GPTMSを用いた場合と同様，エポキシ化油脂単独の硬化物と比較して，塗膜物性の向上が見られた（表3）。エポキシ基を8個有するPOSS（2）を用いて作製したナノコンポジットのほうがエポキシ基を3個有するPOSS（1）よりも，鉛筆硬度，ユニバーサル硬度，ヤング率の向上が顕著であった。また，ELOを用いた場合，ESOから合成したナノコンポジッ

第1章 クレイ系ナノコンポジット

表3 エポキシ化油脂-POSSナノコンポジットの塗膜特性(POSS含量:10%)

エポキシ化油脂	POSS	鉛筆硬度	ユニバーサル硬度 (N/mm^2)	ヤング率 (MPa)	W_e/W_{tot} (%)
ESO	—	2B	9	210	90
ESO	1	2H	16	450	78
ESO	2	4H	23	700	68
ELO	—	2H	47	1190	45
ELO	1	5H	49	1620	39
ELO	2	>6H	55	1760	42

表4 エポキシ化油脂-POSSナノコンポジットの性質

エポキシ化油脂	POSS[a]	ガラス転移温度(℃)	初期弾性率 (MPa)	破断応力 (MPa)	架橋密度 ($\times 10^{-3}$, mol/m^3)	貯蔵弾性率 ($\times 10^7$, Pa)	損失弾性率 ($\times 10^5$, Pa)
ESO	—	−10	13	1	3.2	3.1	2.7
ESO	1 (10)	9	15	2.7	6.0	5.7	4.3
ESO	2 (10)	8	18	2.5	5.5	5.6	5.3
ESO	3 (5)	−7	14	1.1	3.4	3.4	3.3
ELO	—	48	240	15.7	10.0	9.1	11.2
ELO	1 (10)	55	260	16.9	13.3	12	18.3
ELO	2 (10)	54	280	18.1	15.6	14	22.7

[a] 括弧内, POSS含量 (%)

トより鉛筆硬度, ユニバーサル硬度, ヤング率に優れていた。これはELOのほうが油脂中のエポキシ基数が多いためと思われる。一方, We/WtotはELOを用いた場合に大幅に低下し, 柔軟性についてはESOを基盤とするナノコンポジットが優れていた。また, POSS成分のマトリックスポリマー中における分散性をTEMとEPMAを用いて調べたところ, TEM測定ではPOSS同士の重合による数十nmの無機成分が観測され, EPMAでは試料中にシリカ成分が均一に分散していることがわかった。以上の結果から, エポキシ基含有POSSを用いた場合に無機成分が有機ポリマーマトリックスにナノレベルで分散していることが確認された。

エポキシ基含有POSSの添加による油脂硬化物の補強硬化を動的粘弾性測定から評価したところ, POSSの添加によりガラス転移温度が上昇し, ガラス転移温度以上での貯蔵弾性率が大幅に向上した (表4)。また, 初期弾性率, 破断応力の向上も見られた。一方, エポキシ基を持たないオクタフェニルPOSS誘導体 (3) を添加して得られたコンポジットの物性はエポキシ化油脂単独の硬化物とほぼ同じであった。以上の結果から, エポキシ基を有するPOSSを用いて有機成分と無機成分間に共有結合を介することにより物性が向上したことがわかった。また, 油脂種によりこれらの物性も大きく変わり, ELOを用いた場合に全ての物性がESOを用いる場合より優

れていた。これは架橋密度の違いのよるものと考えられる。

6.4.4 おわりに

　油脂を利用する高分子材料，複合材料は古くから研究されてきたが，実用的物性が得られにくいことから，実用化例は多くない。しかし，持続的社会構築に向けた再生可能資源からの材料開発が社会的に望まれており，油脂を高分子材料の原料として見直すべき時期が来ていると考えている。油脂の単独重合体に足りない物性・機能を複合化，特にナノコンポジット化により高性能化・高機能化が可能であろう。また，油脂の組成を遺伝子レベルで改質する技術を利用することにより，高分子原料用にTailor-Madeな油脂の開発も可能である。今後，幅広い分野の研究者が結集して油脂を基盤とする材料開発が発展することを期待している。

文　　献

1) U. Biermann *et al., Angew. Chem., Int. Ed.*, **39**, 2206 (2000).
2) 宇山　浩，ネットワークポリマー，**20**, 90 (1999).
3) 宇山　浩，小林四郎，高分子加工，**49**, 2 (2000).
4) 宇山　浩，高分子論文集，**58**, 382 (2001).
5) 宇山　浩，小林四郎，ネットワークポリマー，**23**, 43 (2002).
6) S. Kobayashi *et al., Chem. Lett.*, 1214 (2000).
7) R. Ikeda *et al., Proc. Jpn. Acad.*, **76B**, 155 (2000).
8) S. Kobayashi *et al., Chem. Eur. J.*, **7**, 4754 (2001).
9) R. Ikeda *et al., Bull. Chem. Soc. Jpn.*, **74**, 1067 (2001).
10) T. Tsujimoto *et al., Chem. Lett.*, 1122 (2000).
11) T. Tsujimoto *et al., Macromol. Chem. Phys.*, **202**, 3420 (2001).
12) T. Tsujimoto *et al., Macromolecules*, **37**, 1777 (2004).
13) T. Tsujimoto *et al., Biomacromol.*, **2**, 29 (2001).
14) T. Tsujimoto *et al., Macromol. Biosci.*, **2**, 329 (2002).
15) H. Uyama *et al., Biomacromolecules*, **4**, 211 (2003).
16) 宇山　浩，小林四郎，エコインダストリー，**8** (**10**), 5 (2003).
17) 宇山　浩，色材協会誌，**77**, 451 (2004).
18) H. Uyama *et al., Chem. Mater.*, **15**, 2492 (2003).
19) H. Uyama *et al., Macromol. Biosci.*, **4**, 354 (2004).
20) C. R. Wold, M. D. Soucek, *Macromol. Chem. Phys.*, **201**, 382 (2000).
21) D. Deffar *et al., Macromol. Mater. Eng.*, **286**, 204 (2001).
22) T. Tsujimoto *et al., Macromol. Rapid Commun.*, **24**, 711 (2003).
23) H. Uyama *et al., Network Polym.*, **25**, 124 (2004).

7 Novel preparation of polyester nanocomposites using cyclic oligomers

Sang-Soo Lee[*1], Young Tae Ma[*2], Junkyung Kim[*3]

7.1 Abstract

Ethylene terephthalate cyclic oligomers (ETCs) have been successfully polymerized to a high molecular weight poly (ethylene terephthalate) (PET) employing the advantages of the low viscosity of cyclic oligomers and lack of chemical emissions during polymerization. Using ring-opening polymerization of ETCs with organically modified montmorillonite (OMMT), we intend to ascertain the possibility of preparing high performance PET/clay nanocomposites. Due to the low molecular weight and viscosity, ETCs are successfully intercalated to the clay gallerys, what is evidenced by XRD showing a down-shift of basal plane peak of layered silicate along with TEM investigation. Subsequent ring-opening polymerization of ETCs in-between silicate layers yielded a PET matrix of high molecular weight along with high disruption of layered silicate structure and homogeneous dispersion of the latter in the matrix. Although co-existence of exfoliation and intercalation states of silicate layers after polymerization of ETCs rather than perfect exfoliation was observed, a dramatic increase of d-spacing along with fast polymerization presents us a great potential of cyclic oligomer process in producing a thermoplastic polymer-clay nanocomposites of extremely well-dispersed silicate nanoplatelets and the corresponding high performances.

7.2 Introduction

Poly (ethylene terephthalate) (PET) has found a variety of applications such as fibers, bottles, films, and engineering plastics for automobiles and electronics due to its low cost and high performance[1]. The primary objective of the development of PET/clay nanocomposites was to improve the gas barrier property that is required for beverage and food packagings[2]. Another expectation for PET/clay nanocomposites is to be an alternative to the glass-fiber reinforced PET. Recently, several researchers reported the preparation and properties changes of PET/clay nanocomposites. For OMMT dispersed PET[3~5], complete delamination

---

[*1] Polymer Hybrids Research Center Korea Institute of Science and Technology Senior Researcher

[*2] Department of Chemical Engineering Sokang University

[*3] Polymer Hybrids Research Center Korea Institute of Science and Technology

ポリマー系ナノコンポジットの新技術と用途展開

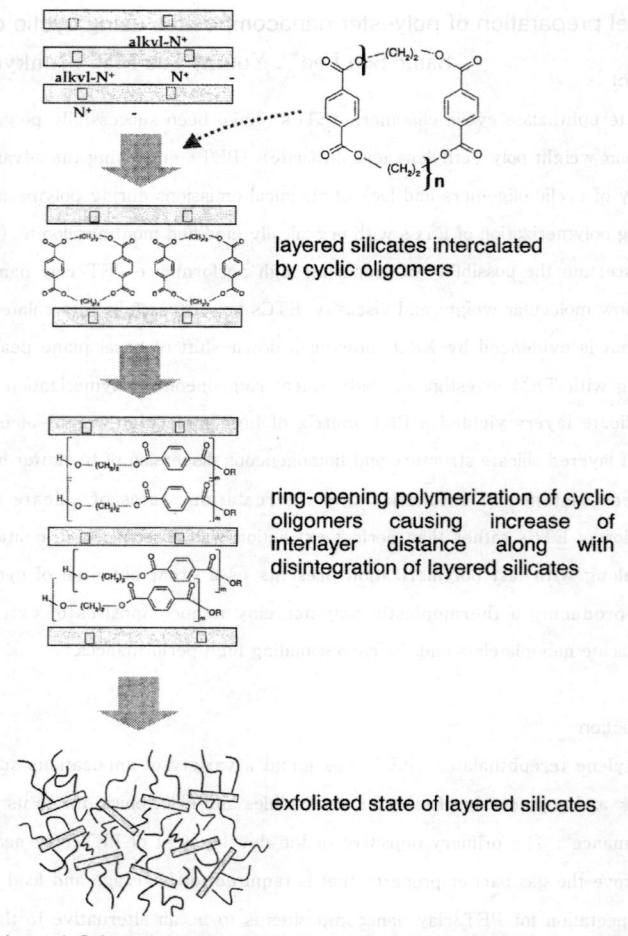

layered silicates intercalated by cyclic oligomers

ring-opening polymerization of cyclic oligomers causing increase of interlayer distance along with disintegration of layered silicates

exfoliated state of layered silicates

Schemen1. Schematic representation of nanocomposite formation by ring-opening reaction of cyclic oligomers in-between silicate layers.

was not achieved, but the tensile modulus of the nanocomposites increased as much as 3 times over that of pure PET. Tsai et al. reported the synthesis of PET/clay nanocomposites by utilizing an amphoteric surfactant and an antimony acetate catalyst[3]. Their nanocomposites showed higher flexural strength and modulus than pure PET with 3 wt % loading of the silicate. However, the endeavors to prepare PET/ clay nanocomposites through melt intercalation method have resulted in very limited intercalation of guest molecules presumably due to the high viscosity of PET polymer[2~5].

Preparation of an exfoliated nanocomposite of layered silicates such as clay requires that the layers of silicates be dissociated by transport of molecules from the bulk or solution into the interlayer between the silicate sheets. In general, the equilibrium interlayer spacing of the intercalated polymers is associated with a balance of free energy gain caused by increased configurational freedom of the surfactant and free energy loss provoked by confinement of the polymer. If thermodynamically favored[6,7], the dispersion of silicate layers and the corresponding mass transport of polymer will be strongly related to the viscosity of the medium.

Alternative method to prepare PET/clay nanocomposites using direct condensation polymerization of diol and diacid in-between silicate layers imparted formation of oligomers with significantly low molecular weight due to the ineffective control of stoichiometry and thus, a large increase of intra-gallery distance showing noticeable intercalation in silicate layers was hard to obtain[2,3,5].

There is a growing interest in preparing macrocyclic oligomers of commercially important polymers and their ring-opening polymerizations[8], such as the preparation and polymerization of aryl esters[9], poly (ether imides)[10], poly (ether sulfones)[11], poly (ether ketones)[12], cyclic aramides[13], and cyclic phenylene disulfides[14], cyclic polycarbonates[15,16] and cyclic alkylene terephthalates[17~30], because the low melt viscosities of reactive cyclic oligomers provide an opportunity for reactive processing such as reaction injection molding[26~28]. Applications of the composites were particularly appealing, since the low molecular weight cyclic oligomers are advantageous in wetting of reinforcing elements than polymers of high molecular weight, and because ring-opening polymerization of such oligomers should afford extremely high molecular weights without formation of byproduct volatiles. Other advantages include better control of molecular weight, fast polymerization cycles, and the potential to prepare functional or block polymers.

Because of low molecular weight and cyclic molecular architecture, cyclic oligomers of PET have much lower solution and melt viscosities compared to the corresponding polymer, expecting that, when clay intercalation is intended by mixing with cyclic oligomer instead of linear polymer, easier diffusion along with higher degree of intercalation or exfoliation would be obtained. Furthermore, the difference in molecular architecture (cyclic vs. linear) and the presence of end groups may alter the relative clay-polymer interaction, changing the free energy of formation. In addition, the problems such as precise control of stoichiometric balance and high vacuum requirements, extremely required in preparation of PET by conventional condensation polymerization of difunctional monomers, can be effectively avoided through ring-opening reaction of cyclic oligomers. Recently, Huang *et al* have reported that macrocyclic polycarbonate (PC) oligomers are capable of forming an intercalated-exfoliated polycarbonate/layered silicate nanocomposites via ring-opening polymerization of cyclic oligomers[16]. A report by Tripathy *et al.* concerning the preparation of poly (butylene terephthalate) (PBT)/clay nanocomposites has showed that cyclic PBT oligomers are successfully intercalated in the clay layers because of their low molecular weight and subsequent polymerization could result in an exfoliated or intercalated-exfoliated PBT/clay nanocomposite[30]. In the light of the fact that PET, PBT and PC share a large similarity in chemical and physical natures, the low viscosity of cyclic oligomers along with the self-consistent stoichiometry prerequisite to polymer of high molecular weight should offer unique opportunities for the preparation of an exfoliated PET/clay nanocomposites. PET-clay nanocomposite, if extremely even dispersion of silicate nanoplatelets is obtainable, has been thought to present a strong impact on wide spectrum of application fields ; from a biomedical container of extremely low gas permeability along with high hydrothermal stability to a packaging material of low dielectric constant and thermal conductivity for microelectronic devices. Therefore, it is thought that our study on the synthesis of exfoliated PET-clay nanocomposites via ring-opening reaction of cyclic oligomers would be highly meaningful and receive a great attention

For the purpose to obtain PET/clay nanocomposites of exfoliated silicate layers we varied conditions of ring-opening polymerization of ethylene terephthalate cyclic oligomers (ETCs) in the presence of organically modified clays, and examined the corresponding change of intercalation behavior.

7.3 Experimental

7.3.1 Materials

Organically modified montmorillonite (OMMT) was prepared through cation exchange reaction of Na-montmorillonite (Southern Clay Products, reagent grade) with N, N, N-trimet hyloctadecylammonium bromide (99+% purity from Aldrich, used as received). OMMT was washed with deionized water several times to remove freely existing excess amount of ionic intercalants and impurities ; this was followed by centrifugation and vacuum drying at 70℃ for 24 h.

Terephthaloyl chloride (TPC, 99+% purity from Aldrich) was dissolved in hot n-hexane, from which insoluble impurity of acid was removed by filtration. Slow cooling of the solution after filtration resulted in needle-like fine crystal, which presented no trace of carboxylic acid on FT-IR and elemental analysis. Ethylene glycol (EG, 99+% purity from Aldrich) was purified by vacuum distillation and stored with molecular sieve. Triethylamine (TEA, 99.5 % purity from Aldrich) was refluxed with ninhydrin to remove protic impurity and stored with molecular sieve. 1, 4-diazabicyclo [2.2.2]-octane (DABCO, 98% purity from Aldrich) was sublimed before use, and dichloromethane (DCM, Aldrich) of reagent grade was refluxed with NaH overnight and collected before use. $Ti(O-i-C_3H_7)_4$ (Aldrich) was used as received.

2, 5-dihydroxybenzoic acid of analytical grade, the MALDI-TOF matrix, was purchased from Aldrich, and used as supplied.

7.3.2 Preparation of cyclic oligomers

The direct synthesis of ETC from TPC and EG was carried out via a method of Brunelle[18,26]. In a three-necked 2L reactor containing 1.1 mol of TEA (111.3 g) and 25 mmol of DABCO (2.8 g) dissolved in DCM 500 mL, 0.5 mol of TPC (101.5 g) in dry DCM 500 mL and neat EG of 0.8 mol (49.7 g) were added at a constant rate over 1 hr, using a metering pump to maintain stoichiometry in the reactor. After the completion of reaction, 10 mL of aqueous NH_4OH (28% from Junsei Chemicals) was added to kill the reaction. Polymers and linear oligomers were removed by filtration through Celite (Celite521 from Aldrich) and the DCM solution was worked up by washing sequentially with 10 mL 3N-, 10 mL 1N- aq. HCl solution and large amount of deionized water several times. Filtration and evaporation imparted the crude ETCs of 68 g in 70 % yield.

7.3.3 Preparation of nanocomposites

To prepare poly(ETC)/OMMT nanocomposite, polymerization of ETC in the presence of OMMT was performed with varying polymerization temperature. It is usual to use an antioxidant in polyester synthesis due to the high reaction temperature. Tripathy *et al.* also used an Irganox 1010 as an antioxidant when preparing the PBT/clay nanocomposites[30]. Even though the amount of antioxidant may be copious, it is desirable to avoid any impurities that are likely to affect clay intercalation, and thus, several times of extensive nitrogen purging of solutions and a high vacuum condition during polymerization were given. 2.61 x 10^{-3} mg of Ti $(O\text{-}i\text{-}C_3H_7)_4$ (9.2 x 10^{-3} mmol) dissolved in 2 mL DCM was mixed with 0.1 g OMMT (previously vacuum-dried at 70℃ for 24 hr) swollen in 20 mL of DCM, followed by vigorous stirring for 12 hr. The resulting mixture was added to 20 mL DCM containing 2 g of ETC (10.4 mmol) under vigorous stirring. After 12 hr at room temperature, the solvent was removed under reduced pressure. The mixture of ETC/OMMT dried under vacuum at 60 oC for 12 hr, was added to a reactor sealed under high vacuum and heated for 10 min at various temperatures from 240 oC to 310 oC. The content of OMMT was fixed at 5 wt%.

7.3.4 Characterization

In order to identify cyclic oligomers, MALDI-TOF (matrix assisted laser desorption ionization-time of flight) analysis was conducted. MALDI-TOF mass spectra were recorded in linear and in reflection mode, using a Voyager-DE STR mass spectrometer (Perceptive Biosystem), equipped with a nitrogen laser emitting at 337 nm with a 3 ns pulse width, and working in positive ion mode. The accelerating voltage of 25 kV and 2, 5-dihydroxybenzoic acid as matrix were applied for measurements.

To confirm the polymerization of ETC, the DSC measurement was performed on Perkin-Elmer DSC7 at a heating rate of 10℃/min from 30℃ to 300℃, measuring glass transition temperature (T_g) and melting temperature (T_m). To observe a crystallization behavior (Tc), a specimen was placed on the DSC chamber preheated at 300℃ for 30 sec to obtain thermal equilibrium, and subsequently, cooled to room temperature with a rate of 10℃/min. In addition, thermogravimetric analysis(TGA)on a TA model 2010 was conducted at a rate of 5℃/min under nitrogen atmosphere for examining the thermal degradation behavior of organic components along with the content of inorganics in the nanocomposites.

The number-averaged molecular weight (M_n) of the polymerized ETCs during the ring-opening reaction was calculated from values of intrinsic viscosity [η] using the Berkowitz[31] equation, $M_n = 3.29 \times 10^4 [\eta]^{1.54}$. The intrinsic viscosity measurement was done at 25.0±0.01℃ and a polymer concentration of 0.25% in 60/40 w/w phenol/1, 1, 2, 2-tetrachloroethane.

The FT-IR experiment was conducted on Perkin-Elmer FT-IR 1725X (spectral resolution limit : 2 cm^{-1}) at room temperature. For a specimen of KBr-mixed disk of 0.1 mm thickness, data of 500 scans were collected and averaged. Furthermore, ^{1}H-NMR experiment was tried on Bruker WM-360 FT-NMR spectroscopy at 360 MHz, and deuterated chloroform as solvent.

第1章 クレイ系ナノコンポジット

The changes of gallery height of OMMT by polymer invasion were elucidated on a wide-angle x-ray spectroscopy (MacScience MXP18) with reflection mode. X-ray generator was run at 18 kW and the target was Cu standard (λ. = 1.5405 Å). Scanning was performed from 0 to 10 degree with a rate of 1 degree/min. For correction of scattering angle, a pure silicone standard was used. The basal spacing of the layered silicates, d_{100} was calculated using the Bragg's law, $\lambda = 2d\sin\theta$ from the position of the (100) plane peak in XRD spectrum.

Transmission electron micrographs were taken from 100 to 120 nm thick, cryo-microtomed section using JEOL JEM-2000FX TEM with accelerating voltage of 100 kV.

7.4 Results and Discussion

Application of ring-opening polymerization is usually hindered by the limited efficiencies for synthesizing and isolating cyclic oligomers. Therefore, great endeavors have been poured in developing a practical pathway of highest efficiency in the preparation of cyclic oligomers, reporting various kinds of preparation method such as pseudo-dilution method, cyclodepolymerization, etc[8~29]. Among them, cyclic oligomers can be easily produced through direct reaction of their monomeric components. Direct reaction of acid chlorides with glycols in dilute solution gives high yields of ETCs[22~24]. Since thin layer chromatography (TLC) analysis showed a small amount of material that did not elute from the origin in crude samples, as suggested in the literature[16, 26], simple mixing cyclics with silica gel in DCM, followed by filtration and evaporation were performed to remove all the insoluble polar linear oligomers. As shown in Figure 1, MALDI-TOF analysis indicated the level of linear oligomers in typical reactions to be less than 0.5%, testifying to the selective formation of cyclic oligomers over linears. The identity of the ETCs was confirmed by separation of the cyclic oligomers into individual and comparison with those reported in the literatures[24, 26~29]. Additionally, no functional groups dangled on linears, such as hydroxyl or carboxyl groups, were detected in the FT-IR spectrum of Figure 2, and all the chemical shifts in ^{1}H-NMR measurement were assigned and clearly demonstrated successful preparation of cyclic oligomers without linear oligomers or polymeric impurities.

For the ETCs collected after purification, ring-opening polymerization was conducted around melting temperature of cyclic oligomers. When heated at 310℃ for 10 min, the melted ETCs of very low viscosity was readily solidified in ivory color, and no more stirring could be made. The fast polymerization reaction of cyclic oligomers has been known in the literatures,

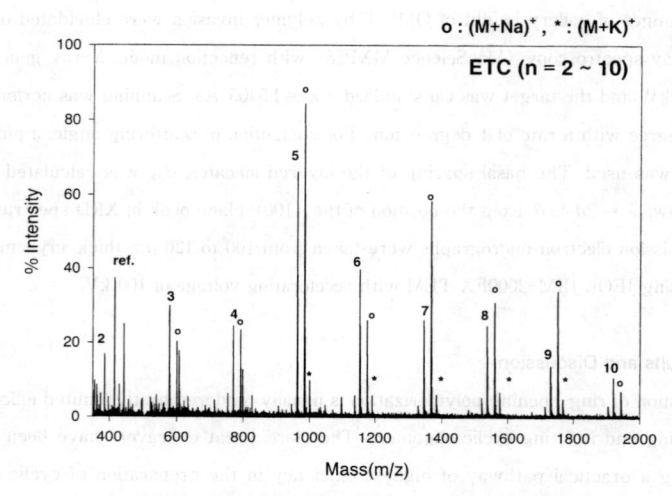

Figure 1. MALDI-TOF trace of ETCs showing presence of cyclic oligomers without linear impurities.

which suggested that crude products collected after the reaction showed a typical DSC thermogram of PET of T_g around 67℃ and T_m at 248℃ with large suppression of peaks associated with cyclic oligomers[26~29], representing ring-opening reaction of ETCs to polymer. It is known that[29] polymeric PET contains a few % of cyclic oligomers that are in equilibrium with the polymer melt, and the thermograms does not always exhibit an endotherm associated with the residual cyclics due to the accuracy limit of DSC. In order to find an evidence of conversion to polymer, a viscosity measurement for the polymerized ETCs (poly(ETC)) was conducted using the mixture solvent of phenol/1, 1, 2, 2-tetrachloroethane, obtaining the number-averaged molecular weight (M_n) of 13,000. At the previous studies about the polymerization of ETCs, the molecular weight of poly(ETC) has been reported to highly depend on the reaction environments such as temperature, chemical structure and concentration of catalyst, etc[17~29]. Even though the molecular weight of poly(ETC) in this study was not as high as that of commercial PET, our aim is to examine the opportunities of polymerization-induced nanocomposite preparation, which does not require extremely high molecular weight and thus, additional endeavor to obtain PET of higher molecular weight was not given.

第1章 クレイ系ナノコンポジット

(a) FT-IR spectrum

(b) ¹H-NMR spectrum

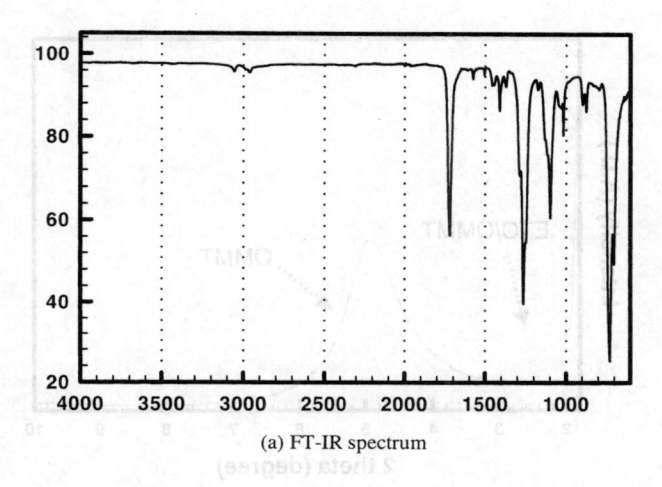

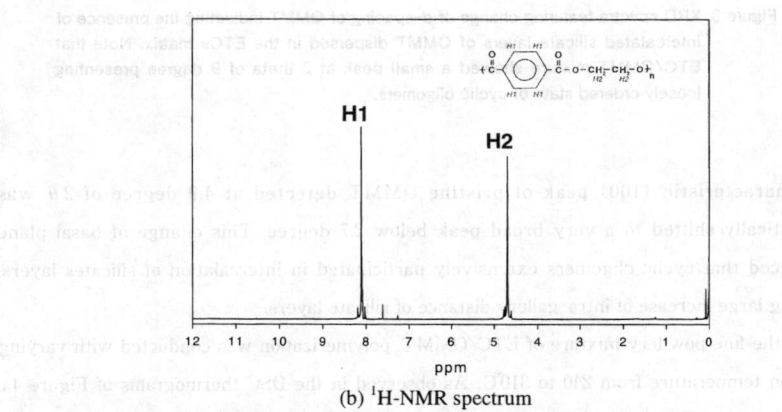

Figure 2. (a)FT-IR and(b)¹H-NMR spectra of ETCs. Note no detection of end-functional groups such as hydroxyl or carboxylic acid, which is associated with linear impurities, implying successful preparation of cyclic ester oligomers

　Before investigating the effect of ring-opening reaction of cyclic oligomers on the exfoliation of silicate layers, XRD measurements were conducted to ascertain intercalation behavior of silicate layers for the mixture of OMMT with ETCs. A mixture of OMMT with ETCs in DCM solution was prepared under vigorous stirring, and then, solvent was removed by evaporation to obtain a fine powder. As shown in Figure 3, when cyclic oligomers was mixed with OMMT,

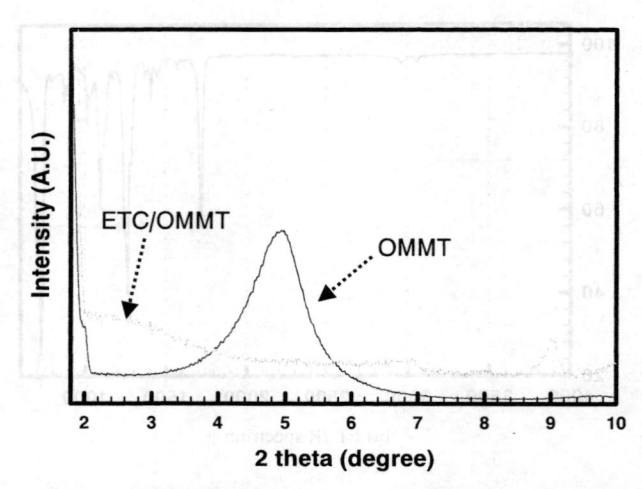

Figure 3. XRD spectra featuring change of d-spacing of OMMT indicating the presence of intercalated silicate layers of OMMT dispersed in the ETCs matrix. Note that ETC/OMMT mixture showed a small peak at 2 theta of 9 degree presenting loosely ordered state of cyclic oligomers.

the characteristic (100) peak of pristine OMMT detected at 4.9 degree of 2θ was dramatically shifted to a very broad peak below 2.7 degree. This change of basal plane evidenced that cyclic oligomers extensively participated in intercalation of silicates layers, yielding large increase of intra-gallery distance of silicate layers.

For the fine powdery mixture of ETC/OMMT, polymerization was conducted with varying reaction temperature from 240 to 310℃. As observed in the DSC thermograms of Figure 4a, the mixture of ETC and OMMT prepared in DCM solution showed multiple endothermic peaks corresponding to the size distribution of ETCs which represent melting-like order-disorder transition. When a mixture of ETCs and OMMT with catalysis of $Ti(O\text{-}i\text{-}C_3H_7)_4$ was heated at 240℃, disappearance of cyclic oligomers melted below reaction temperature and increase of viscosity were observed to indicate that ring opening reaction of ETCs started. However, the increase of viscosity was very sluggish and the molecular weight obtained from intrinsic viscosity was as low as 2000. When the reaction temperature reached to the melting point of cyclic trimer or tetramer (310℃)[32], complete disappearance of melting endotherms of ETCs except that of PET crystalline phase was observed along with much higher molecular

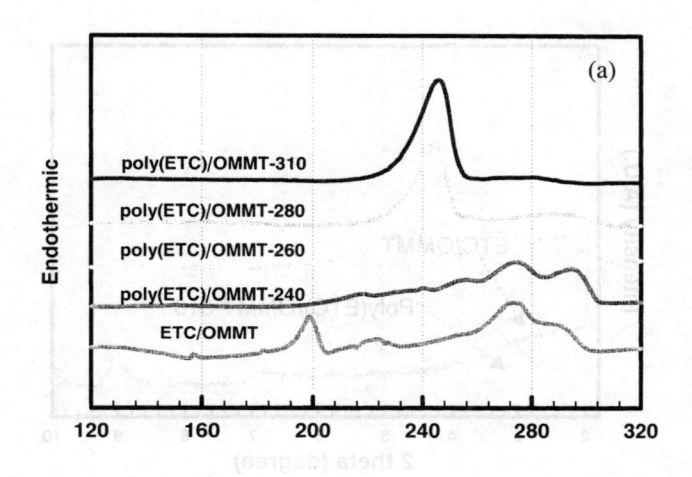

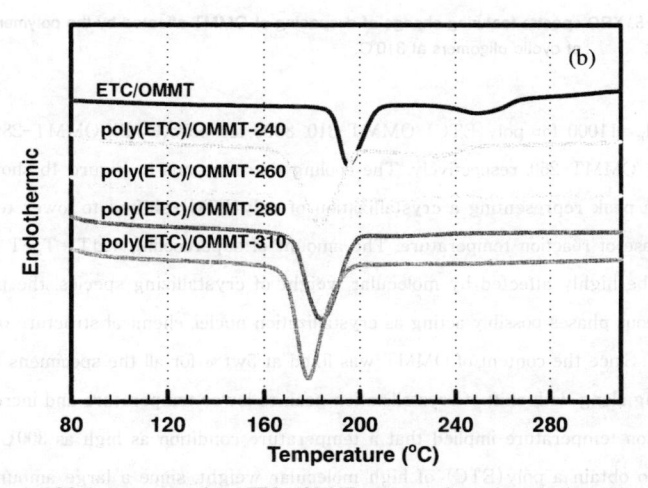

第1章 クレイ系ナノコンポジット

Figure 4. DSC thermograms of the ETCs/OMMT mixtures after polymerization with varying polymerization temperature ; (a)heating and(b)cooling runs to present melting endotherms and crystallization exotherms, respectively. The number after poly(ETC)/OMMT means the polymerization temperature. Note the gradual disappearance of melting endotherms of cyclic oligomers along with decrease of crystallization temperature as reaction temperature increased. ETC/OMMT means a mixture of ETC/OMMT/initiator prepared in DCM solution without polymerization.

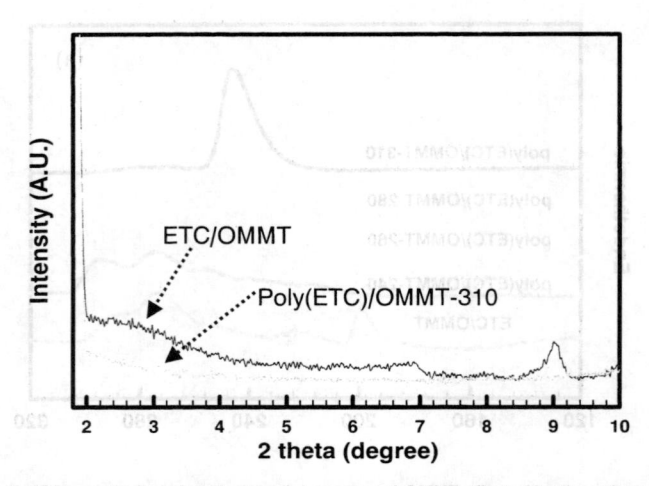

Figure 5. XRD spectra featuring change of d-spacing of OMMT affected by the polymerization of cyclic oligomers at 310℃.

weight ; $M_n = 11000$ for poly(ETC)/OMMT-310, 8500 for poly(ETC)/OMMT-280 and 5000 poly(ETC)/OMMT-260, respectively. The cooling thermograms in Figure 4b showed that a exothermic peak representing a crystallization of poly(ETC) shifted to lower temperature with increase of reaction temperature. The amount of supercooling ($\Delta T = T_m - T_c$) has been known to be highly affected by molecular weight of crystallizing species, the presence of heterogeneous phases possibly acting as crystallization nuclei, chemical structure of repeating units, etc[33]. Since the content of OMMT was fixed at 5wt% for all the specimens, increase of supercooling along with shift of crystallization peak to lower temperature and increase of Tm with reaction temperature implied that a temperature condition as high as 300℃ should be provided to obtain a poly(ETC) of high molecular weight, since a large amount of ETCs appeared not to participate in polymerization due to lack of mass transfer at the temperature below their melting point. XRD measurements showed that the broad diffraction peak of layered silicates in ETC/OMMT mixture before polymerization was highly diminished after polymerization at 310℃ as shown in Figure 5, implying disruption of layered structure of clay effectively occurred to impart better dispersion of silicate layers in the matrix.

The thermogravimetric analysis of nanocomposites in Figure 6 indicates better thermal stability of poly(ETC)/OMMT than its corresponding polymer without clay. For the poly

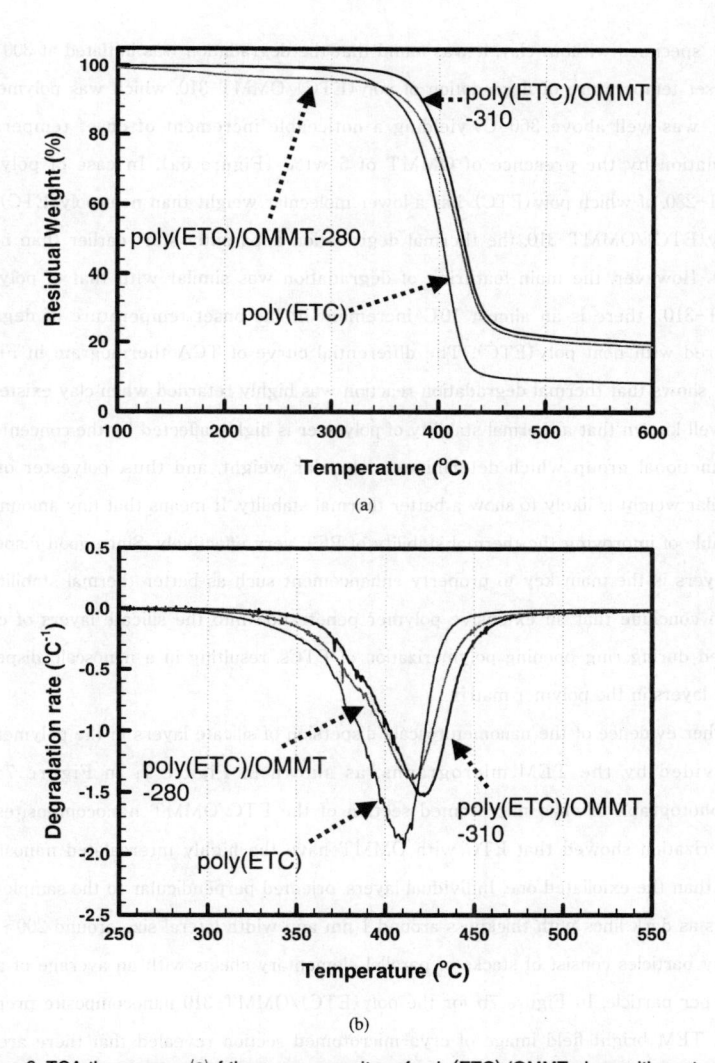

第1章 クレイ系ナノコンポジット

Figure 6. TGA thermograms (a) of the nanocomposites of poly(ETC)/OMMT along with neat poly(ETC) and (b) their differential curves, presenting an thermal stability and high retardation of thermal degradation of organic phase. The number after poly(ETC)/OMMT means the polymerization temperature.

133

(ETC) specimen without clay, it was found that the degradation was initiated at 300℃, while the onset temperature of degradation of poly(ETC)/OMMT-310, which was polymerized at 310 ℃, was well above 360 ℃, yielding a noticeable increment of onset temperature of degradation by the presence of OMMT of 5 wt% (Figure 6a). In case of poly(ETC)/OMMT-280, of which poly(ETC) has a lower molecular weight than neat poly(ETC) as well as poly(ETC)/OMMT-310, the thermal degradation apparently start earlier than neat poly (ETC). However, the main featuring of degradation was similar with that of poly(ETC)/OMMT-310 ; there is an almost 10℃ increment in the onset temperature of degradation compared with neat poly(ETC). The differential curve of TGA thermogram in Figure 6b clearly shows that thermal degradation reaction was highly retarded when clay existed. It has been well known that a thermal stability of polyester is highly affected by the concentration of end functional group which determines molecular weight, and thus, polyester of higher molecular weight is likely to show a better thermal stability. It means that tiny amount of clay is capable of improving the thermal stability of PET very effectively. Since good dispersion of clay layers is the main key to property enhancement such as better thermal stability[30, 34, 35], we can conclude that an extensive polymer penetration into the silicate layers of clay was obtained during ring-opening polymerization of ETCs, resulting in a nanoscale dispersion of silicate layers in the polymer matrix.

Further evidence of the nanometer-scale dispersion of silicate layers in the polymer matrix is provided by the TEM micrographs, as shown in Figure 7. In Figure 7a, TEM microphotograph of cryo-microtomed section of the ETC/OMMT nanocomposites before polymerization showed that ETC with OMMT have the highly intercalated nanostructure rather than the exfoliated one. Individual layers, oriented perpendicular to the sample surface, appears as dark lines with thickness around 1 nm and width lateral size around 200~500 nm. Primary particles consist of stacks of parallel elementary sheets with an average of about 10 sheets per particle. In Figure 7b for the poly(ETC)/OMMT-310 nanocomposite prepared at 310 ℃, TEM bright field image of cryo-microtomed section revealed that there are mostly well-dispersed silicate layers due to significant disruption of OMMT tactoids along with some stacked silicate layers with about 10 nm thickness, consisting of about 2-10 parallel silicate layers to form morphology like thin thread. These results are reflected in XRD of the increment of the *d* spacing in comparison to the original OMMT. TEM result tells us that the ring-opening reaction of cyclic oligomers to PET in-between silicate layers can be an effective

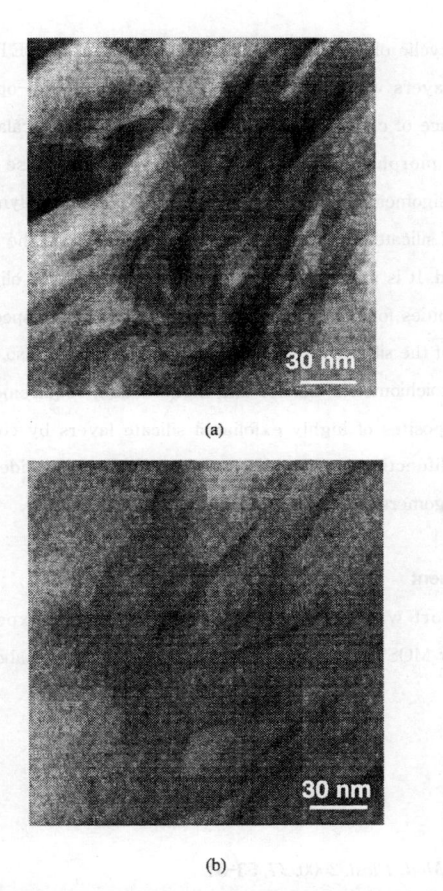

第1章 クレイ系ナノコンポジット

Figure 7. TEM microphotographs of (a) the OMMT intercalated with ETCs before polymerization and (b) the poly (ETC)/OMMT-310, which was polymerized at 310℃, presenting a high disruption of layered structure of OMMT.

route to prepare the PET/clay nanocomposite of silicate layers of high disintegration and enhanced dispersion.

7.5 Conclusion

With successful conversion of cyclic oligomers of PET, nanocomposites consisting of organically modified layered silicates and PET have been obtained through ring-opening polymerization of cyclic oligomers. For the purpose to obtain PET/clay nanocomposites of exfoliated silicate layers we varied a thermal condition of ring-opening polymerization of ETCs in the presence of clay, and examined the change of intercalation behavior along with the corresponding morphology and thermal properties. Because of the significantly low viscosity of cyclic oligomers compared with the corresponding polymer, the disruption of the layered structure of silicate nanoplatelets and their dispersion in the polymer matrix has been extensively achieved. It is thought that the low viscosity of cyclic oligomers may offer unique processing opportunities for the preparation of nanocomposites, especially with respect to the enhanced mobility of the silicate layers in the polymer medium. Also, other difficulties, such as precise control of stoichiometric balance and high vacuum requirements faced when yielding PET/clay nanocomposites of highly exfoliated silicate layers by conventional condensation polymerization of difunctional monomers can be effectively avoided through ring-opening reaction of cyclic oligomers in-between silicate layers of clay.

7.6 Acknowledgement

A financial support was kindly given by MOST, Korea. Experiments on XRD were supported in part by MOST, Korea and the Pohang Acceleration Laboratory.

References

1) Defosse, M. T. *Mod. Plast.* 2000, 77, 53-54.
2) Matayabas Jr, J. C. ; Turner, S. R. In *Polymer-Clay Nanocomposites* ; Pinnavaia, T. J. ; Beall, G. W., Eds. ; John Wiley and Sons : New York, 1997.
3) Tsai, T. -Y. In *Polymer-Clay Nanocomposites* ; Pinnavaia, T. J. ; Beall, G. W., Eds. ; John Wiley and Sons : New York, 1997.
4) (a)Trexler Jr, J. W. ; Piner, R. L. ; Turner, S. R. ; Barbee, R. B. PCT Int. Appl. WO 99/03914. (b)Maxfield, M. ; Shacklette, L. W. ; Baughman, R. H. ; Christiani, B. R. ; Eberly, D. E. PCT Int. Appl. WO 93/04118. (c) Matayabas Jr, J. C. ; Turner, S. R. ; Sublett, B. J. ; Connell, G. W. ; Barbee, R. B. PCT Int. Appl. WO 98/29499.
5) (a)Imai, Y. ; Nishimura, S. ; Abe, E. ; Tateyama, H. ; Abiko, A. ; Yamaguchi, A. ; Aoyama, T. ; Taguchi, H. *Chem Mater.* 2002, 14, 477. (b)Ke, Y. ; Long, C. ; Ke, Y. ; Oi, Z. *J. Appl. Polym. Sci.* 1999, 71, 1139. (c)Beall, G. W. ; Tsipursky, S. ; Sorokin, A. ; Goldman, A. US Pat. 5, 578, 692, 1996. (d)Tsipursky, S. ; Beall, G. W. ; Sorokin, A. ; Goldman, A. US Pat. 5,

721, 306, 1998. (e)Tsai, T.-Y.; Hwang, C.-L.; Lee, S.-Y. *SPE-ANTEC Proc.* 2000, **248**, 2412-2415.
6) Pinnavaia, T. J. *Science* 1983, **220**, 365.
7) Vaia, R. A.; Gianellis, E. P. *Macromolecules* 1997, **30**, 8000.
8) Brunelle, D. J. In *Macromolecular Design of Polymeric Materials*; Hatada, K., Kitayama, T., Vogl, O., Eds.; Marcel Dekker : New York, 1997 ; Chapter 16.
9) (a)Brunelle, D. J.; Shannon, T. G. U. S. Pat 4, 829, 144, 1989. (b) Guggenheim, T. L.; McCormick, S. J.; Kelly, J. J.; Brunelle, D. J.; Colley, A. M.; Boden, E. P.; Shannon, T. G.; *Polym. Prepr.* 1989, **30** (2), 579. (c)Guggenheim, T. L.; McCormick, S. J.; Guiles, J. W.; Colley, A. M. *Polym. Prepr.* 1989, **30**(2), 138. (d)Boden, E. P.; Phelps, P. D. U. S. Pat 5, 136, 18, 1992. (e)Gibson, H. W.; Ganguly, S.; Yamaguchi, N.; Xie, D.; Chen, M.; Bheda, M.; Miller, P. *Polym. Prepr.* 1993, **34** (1), 576. (f)Jiang, H.; Chen, T.; Xu, J. *Macromolecules* 1997, **30**, 2839.
10) (a)Cella, J. A.; Talley, J. J.; Fukuyama, J. *Polym. Prepr.* 1989, **30** (2), 581. (b)Cella, J. A.; Fukuyama, J.; Guggenheim, T. L. *Polym. Prepr.* 1989, **30** (2), 142.
11) (a)Mullins, M. J.; Galvan, R.; Bishop, M. T.; Woo, E. P.; Gorman, D. B.; Chamberlain, T. A. *Polym. Prepr.* 1992, **33**(1), 414. (b)Mullins, M. J.; Woo, E. P.; Murray, D. J.; Bishop, M. T. *Chemtech* 1993, **25**. (c)Xie, D.; Gibson, H. W. *Polym. Prepr.* 1994, **35** (1), 401. (d) Ganguly, S.; Gibson, H. W. *Macromolecules* 1993, **26**, 2408. (e)Ding, Y.; Hay, A. S. *Macromolecules* 1996, 29, 3090.
12) (a)Colquhoun, H. M.; Dudman, C. C.; Thomas, M.; O'Mahoney, C. A.; Williams, D. J. *J. Chem. Soc., Chem. Commun.* 1990, **336**. (b)Chan, K. P.; Wang, Y.; Hay, A. S. *Macromolecules* 1995, **28**, 653. (c)Chan, K. P.; Wang, Y.; Hay, A. S.; Hronowski, X. L.; Cotter, R. J. *Macromolecules* 1995, **28**, 6705. (d)Ding, Y.; Hay, A. S. *Macromolecules* 1996, 29, 3090. (e)Wang, Y.; Chan, K. P.; Hay, A. S. *Macromolecules* 1996, **29**, 3717. (f)Wang, Y.; Chan, K. P.; Hay, A. S. *J. Polym. Sci., Part A : Polym. Chem.* 1996, **34**, 375. (g)Gao, C.; Hay, A. S. *Polymer* 1995, **36**(21), 4141. (h)Wang, Y.; Paventi, M.; Chan, K. P.; Hay, A. S. *J. Polym. Sci., Part A : Polym. Chem.* 1996, **34**, 2135. (i)Wang, Y.; Hay, A. S. *Macromolecules* 1996, **29**, 5050. (j)Wang, Y. - F.; Chan, K. P.; Hay, A. S. *Macromolecules* 1995, **28**, 6731. (k)Ding, Y.; Hay, A. S. *Macromolecules* 1996, **29**, 4811. (l)Chen, M.; Gibson, H. W. *Macromolecules* 1996, **29**, 5502.
13) (a)Memeger Jr, W.; Lazar, J.; Ovenall, D.; Arduengo, A. J. III; Leach, R. A. *Polym. Prepr.* 1993, **34** (1), 71. (b)Memeger Jr, W.; Lazar, J.; Ovenall, D.; Leach, R. A., *Macromolecules* 1993, **26**, 3476.
14) Ding, Y.; Hay, A. S. *Macromolecules* 1996, **29**, 6386.
15) (a)Brunelle, D. J.; Krabbenhoft, H. O.; Bonauto, D. K. *Macromol. Symp.* 1994, **77**, 117. (b) Brunelle, D. J. *Trends Polym. Sci.* 1995, **3**, 154.
16) Huang, X.; Lewis, S.; Brittain, W.; Vaia, R. A. *Macromolecules* 2000, **33**, 2000.
17) Schnell, H.; Bottenbruch, L. *Makromol. Chem.* 1962, **57**, 1.
18) Brunelle, D. J.; Shanon, T. G. US Pat 4, 829, 144, 1989.

19) Brunelle, D. J. ; Brandt, J. E. US Pat 5, 214, 158, 1993.
20) Ganguly, S. ; Gibson, H. W. *Macromolecules* 1993, **26**, 2412.
21) Brunelle, D. J. ; Garbauskas, M. F. *Macromolecules* 1993, **26**, 2724.
22) Brunelle, D. J. ; Brandt, J. E. US Pat 5,039,783, 1991.
23) Hubbard, P. ; Brittain, W. J. ; Simonsick Jr, W. J. ; Ross, C. W., III *Macromolecules* 1996, **29**, 8304.
24) Hubbard, P. ; Brittain, W. J. ; Mattice, W. L. ; Brunelle, D. J. *Macromolecules* 1998, **31**, 1518.
25) Jiang, H. ; Chen, T. ; Xu, J. *Macromolecules* 1997, **30**, 2839.
26) Brunelle, D. J. ; Brandt, J. E. ; Serth-Guzzo, J. ; Takekoshi, T. ; Evans, T. L. ; Pearce, E. J. ; Wilson, P. R. *Macromolecules* 1998, **31**, 4782.
27) Youk, J. H. ; Boulares, A. ; Kambour, R. P. ; MacKnight, W. J. *Macromolecules* 2000, **33**, 3600.
28) Youk, J. H. ; Kambour, R. P. ; MacKnight, W. J. *Macromolecules* 2000, **33**, 3594.
29) Burch, R. R. ; Lustig, S. R. ; Spinus, M. *Macromolecules* 2000, **33**, 5033.
30) Tripathy A. R. ; Burgaz, E. ; Kukureka, S. N. ; MacKnight, W. J. *Macromolecules* 2003, **36**, 8593.
31) Berkowitz, S. A. *J. Appl. Polym. Sci.* 1984, **29**, 4353.
32) Identification of respective cyclic oligomers according to the number of repeating unit was previously given as follows ; [a]Ross, S. D. ; Coburn, E. R. ; Leach, W. A. ; Robinson, W. B. *J. Polym. Sci.* 1954, **13**, 406. [b]Giuffria, R. *J. Polym. Sci.* 1961, **49**, 427. [c]Goodman, I. ; Nesbitt, B. F. *J. Polym. Sci.* 1960, **48**, 423. [d]Shiono, S. *J. Polym. Sci. Polym. Chem. Ed.* 1979, **17**, 4123. [e]Holland, B. J. ; Hay, J. N. *Polymer* 2002, **43**, 1797.
33) [a]Enikolopyan, N. S. ; Fridman, M. L. ; Stalnova, I. O. ; Popov, V. L. *Adv. Polym. Sci.* 1990, **96**, 1. [b]Lipatov, Y. S. *Adv. Polym. Sci.* 1990, **96**, 103. [c]Escala, A. ; Stein, R. S. *Adv. Chem. Ser.* 1979, **176**, 455. [d] Misra, A. ; Garg, S. N. *J. Polym. Sci. Polym. Phys. Ed.* 1986, **24**, 983. [e]Misra, A. ; Garg, S. N. *J. Polym. Sci. Polym. Phys. Ed.* 1986, **24**, 999.
34) Shi, H. ; Lan, T. ; Pinnavaia, T. *Chem. Mater.* 1996, **8**, 1584.
35) Wang, Z. ; Pinnavaia, T. *Chem. Mater.* 1998, **10**, 1820.

8 ポリカーボネートナノコンポジット

弘中克彦[*]

8.1 ポリカーボネートのナノコンポジット化

ポリカーボネート（PC）は代表的なエンジニアリングプラスチックス（エンプラ）であり，その高い耐熱性，耐衝撃性，寸法安定性に加え，エンプラ中唯一の透明性を備えた樹脂として，CDやDVDなどの光学用途を始めとし，電気・電子用途，OA機器用途，自動車用途，建築材料用途などに広く利用されている。

近年，ガラスをポリカーボネートで置き換えることにより，軽く，割れにくく，加工しやすくしようとする動きが進んでいるが，ポリカーボネートの透明性や耐衝撃性を保ったまま，剛性，耐熱性，耐薬品性などを改良することができれば，その適用範囲が更に拡大することが期待できる。また，工業用途においても，製品の高性能化・軽薄短小化を狙って，剛性向上などの高機能化が常に求められている。樹脂の剛性を向上させるためには，種々の無機フィラーを配合することが一般に行われており，ポリカーボネートについても，ガラス繊維，炭素繊維，天然鉱物類が補強材として広く活用されてはいるが，機械特性が向上する一方で，透明性という特徴は失われ，また成形加工性の低下や，製品重量に影響を及ぼす比重の増大などデメリットも大きい。

ナノコンポジット化は，無機フィラーをナノレベルで分散させることによって新規な機能を付与しようとする技術であり，透明性，剛性，難燃性，成形加工性などに優れた材料となることが期待できるため，新たな市場拡大を担う技術として，ポリカーボネートの分野においても注目されている。

透明性を保ち，剛性・耐熱性の向上を図ったゾル-ゲル法によるポリカーボネート／シリカ系ナノハイブリッド材料が荒川（オリエント化学工業）・島田（大阪市工業研究所）ら[1]によって開発され，応用が検討されている。また，ポリカーボネート／クレイ系ナノコンポジットについても，Huang（アクロン大）ら[2~3]によって，開環重合プロセスを利用してフィラーをナノ分散させる方法が報告された。しかしながら，幅広い分野への応用を目指すのであれば，押出機によるコンパウンドプロセスを利用し，溶融混練によって直接ナノコンポジット化する方法をとる必要がある。

最近になって，溶融混練によるポリカーボネートのナノコンポジット化に関する研究が報告されるようになってきた。それらはポリアミドで開発された技術を応用することが基本になっているものの，ポリカーボネート特有の課題が大きく，実用的に利用価値の高いナノコンポジットを

---

[*] Katsuhiko Hironaka　帝人化成㈱　プラスチックステクニカルセンター
　グループリーダー

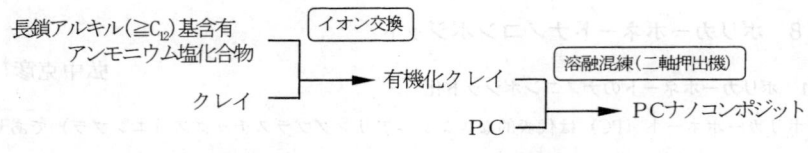

図1 ポリカーボネートナノコンポジット化の基本プロセス

得るのは必ずしも容易ではない。本節では，ポリカーボネートをナノコンポジット化するに当たっての課題と開発例，及び期待される用途展開などを述べていく。

8.2 溶融混練法ポリカーボネート／クレイナノコンポジット
8.2.1 クレイの有機化処理とポリカーボネートの分解

溶融混練法では，他のポリマーでのナノコンポジット化と同様，図1のようにクレイの層間に長鎖アルキル基をもったアンモニウム塩化合物をイオン交換してクレイ層間を拡張させたのち，ポリカーボネートと溶融混練してナノ分散させようとする方法が，ほとんどの研究例でとられているが[4~7]，この方法でナノコンポジット化を行ったときに，ポリカーボネートでは次のような課題が発生する。

① クレイは表面が高極性，塩基性であるため，ポリカーボネートの加水分解を促進しやすい。
② アンモニウム塩化合物が，ポリカーボネートの加水分解を促進しやすい。
③ ポリカーボネートは溶融混練時の加工温度が高く，アンモニウム塩化合物の分解温度を超えるため，アンモニウム塩化合物の分解が進み，ポリカーボネートの加水分解促進や，クレイの分散阻害が引き起こされる。

すなわち，ポリカーボネートの加水分解をいかに抑えるかが重要であり，アンモニウム塩化合物に対する対策がポイントになってくる。

Yoon（テキサス大）ら[9~10]が種々のアンモニウム塩化合物のポリカーボネートナノコンポジットに与える影響を系統的に調べて報告している。実験に用いられたアンモニウム塩化合物は図2に示されたものであり，長鎖アルキル基，ヒドロキシル基，芳香族基，エステル基，ポリエチレングリコール（PEG）鎖，ポリプロピレングリコール（PPG）鎖などの，ポリカーボネートナノコンポジットの特性への効果が考察された。それぞれのアンモニウム塩化合物でイオン交換されたモンモリロナイトをPCに混練したものの引張弾性率でみると，PEG鎖と長鎖アルキル基を併せ持つアンモニウム塩を用いたときに高い弾性率の向上効果が得られることが見出され，他にも4級アンモニウム塩系では長鎖アルキル基の数が多い程弾性率が高くなること，ベンジル基の有無は弾性率にあまり影響を及ぼさないが，ヒドロキシル基は弾性率を大きく向上させる効果が

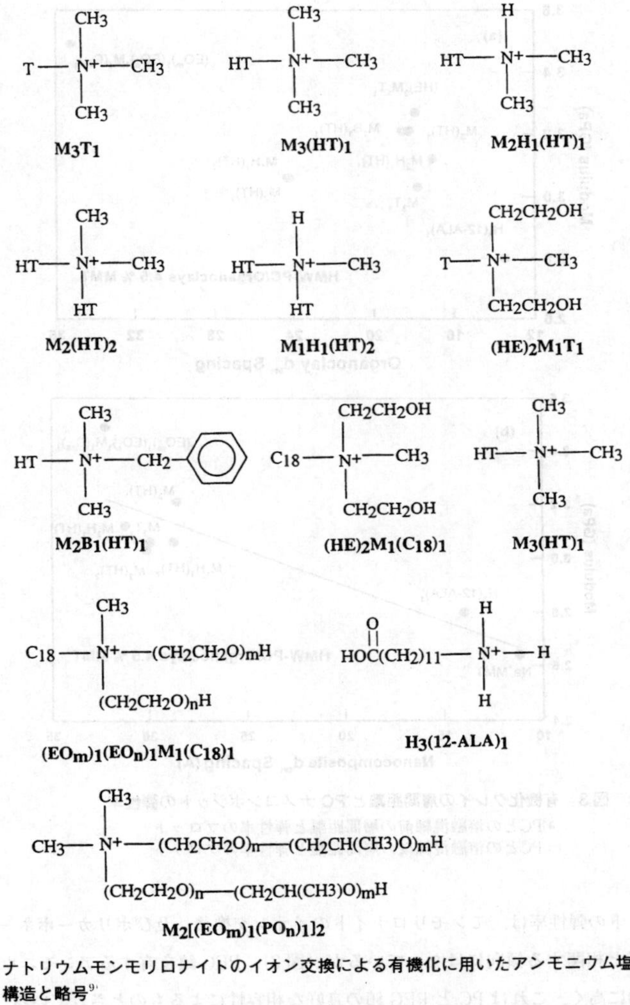

第1章 クレイ系ナノコンポジット

図2 ナトリウムモンモリロナイトのイオン交換による有機化に用いたアンモニウム塩類の分子構造と略号[9]

M=メチル，T=牛脂（tallow），(HT)=水素化牛脂（tallow），(HE)=2-ヒドロキシエチル，B=ベンジル，(C_{18})=オクタデシル，(EO)=エチレンオキサイド，(PO)=プロピレンオキサイド，12-ALA=12-アミノラウリン酸，H=水素

あること，3級アンモニウム塩系化合物が4級アンモニウム塩系よりもやや高い弾性率を示すこと，PPG鎖はPEG鎖ほど高い効果が得られないことなどが示されている。ポリカーボネートナ

141

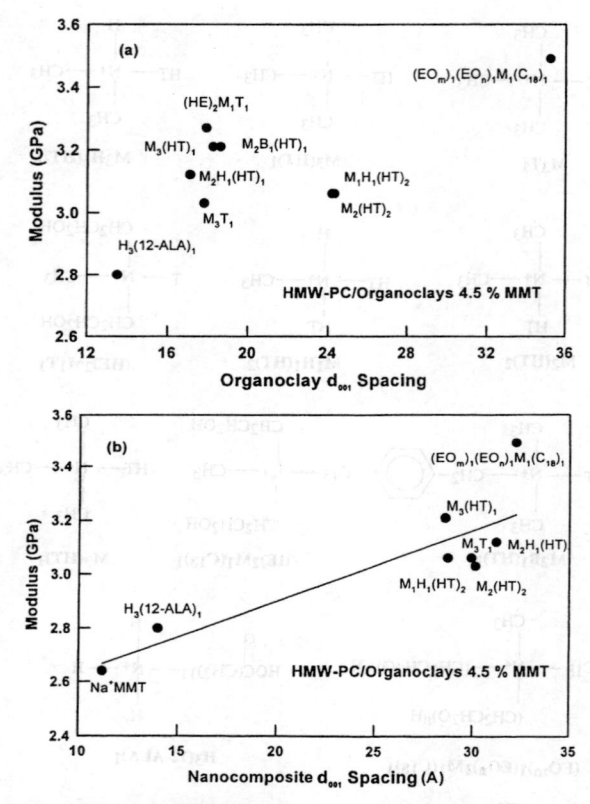

図3 有機化クレイの層間距離とPCナノコンポジットの弾性率[9]
(a)PCとの溶融混練前の層間距離と弾性率のプロット
(b)PCとの溶融混練後の層間距離と弾性率のプロット

ノコンポジットの弾性率は、モンモリロナイトのイオン交換後、及びポリカーボネートとの混練後の層間距離と相関する傾向にはなっているが（図3）、PEG鎖を有するアンモニウム塩による効果が特異的に高く、これはPCとPEG鎖の良好な相容性によるものとされている[9]。

更に、これらポリカーボネートナノコンポジットの分解や着色挙動についても調べられているが[10]、いずれもポリカーボネートの分子量低下は著しくなっている。分子量低下の程度を表すパラメータとして、フェノール性末端の量を反映する265及び287nmにおける吸光度の比（$R = A_{265nm}/A_{287nm}$）を用い、弾性率の向上効果との関係を調べると、図4のように弾性率の大きいものほど、Rが小さい結果となっており、これはフェノール性末端が多い、すなわちポリカーボ

第1章 クレイ系ナノコンポジット

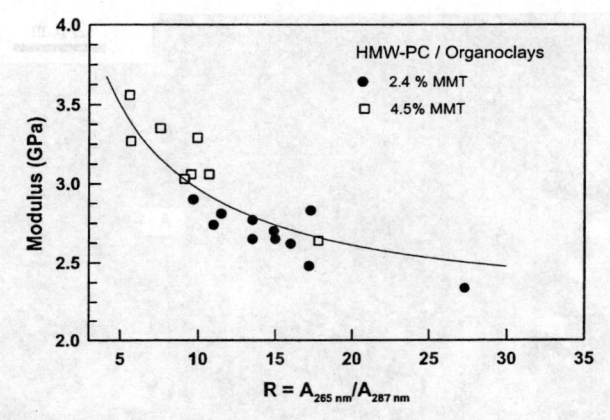

図4 種々の有機化クレイから得られた PC ナノコンポジットの弾性率と $R=A_{265nm}/A_{287nm}$ の値の関係[10]

ネートの分子量低下が大きいことになる。この傾向は，クレイの分散が進むほど，アンモニウム塩化合物やクレイ表面とポリカーボネートとの接触が増大し，ポリカーボネートの加水分解がより促進されていることを表している。R の値から数平均分子量 Mn も計算されているが，実験に用いたポリカーボネートの Mn=27,800 に対して，弾性率向上が一番大きい PEG 鎖を有するアンモニウム塩化合物で有機化したモンモリロナイトを無機分で 2.4%配合した場合，Mn は 8,200 にまで低下しており，他のアンモニウム塩化合物を用いた場合でも，いずれも 16,000 以下の値になることが報告されている。イオン交換しないナトリウムモンモリロナイトでは，ポリカーボネートへ 2.4%配合しても 26,900 の Mn を保持するため，アンモニウム塩化合物の影響が極めて大きいことがわかる。

よって，アンモニウム塩化合物の選択により，クレイの分散と機械特性は制御が可能であるが，ポリカーボネートの加水分解抑制に対しては何らかの対応策が必要となってくる。

Wang（中国科学技術大）ら[11〜14]は，ポリカーボネート/ABSアロイと有機化モンモリロナイトからなるナノコンポジットについてモルフォロジーを調べ，ほとんどのモンモリロナイトが ABS 相中に分散することを見出した（図5）[14]。有機化モンモリロナイトと ABS の相互作用は非常に強く，有機化モンモリロナイトを予め練り込んだポリカーボネートと ABS を混練しても，モンモリロナイトは ABS 相中へ移行（自己組織化）する[13]。この挙動は，有機化モンモリロナイトに起因するポリカーボネートの分解を抑制するのに役立つ可能性があることが示唆されているが，ポリカーボネートの透明性は当然失われ，また ABS とのアロイ化により耐熱性が低下するなど，ポリカーボネートの特徴のいくつかは犠牲になってしまう。

143

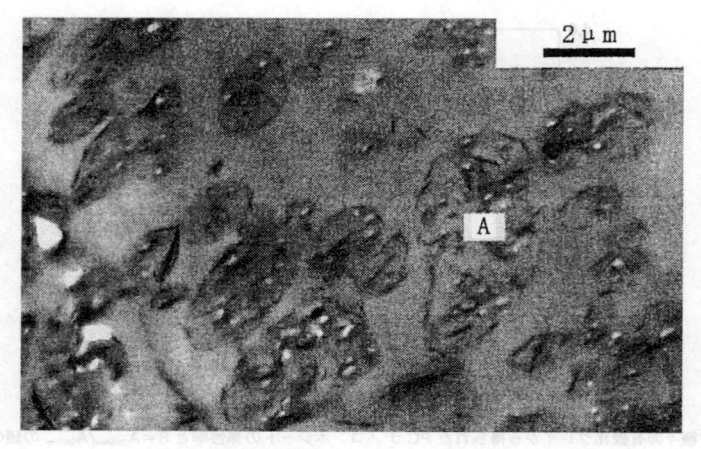

ポリマー系ナノコンポジットの新技術と用途展開

図5 PC/ABS/有機化モンモリロナイトのTEM写真[14]
(Aの部分はモンモリロナイトを含んだABS相)

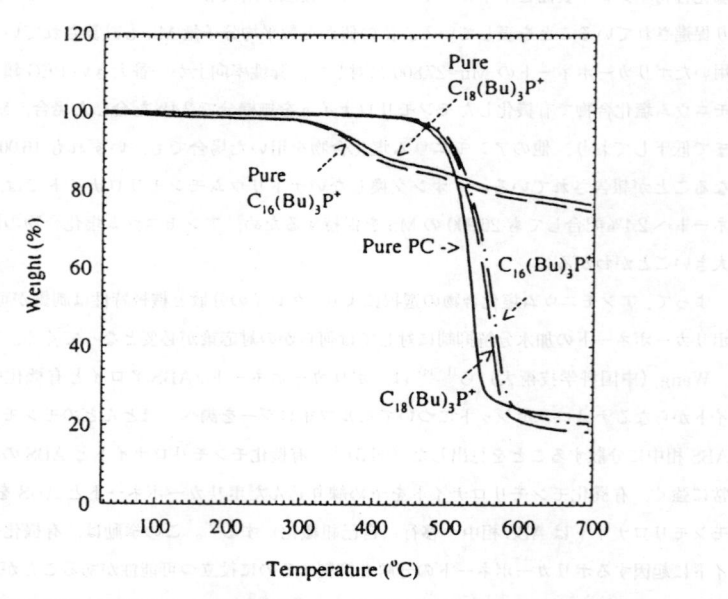

図6 $C_{18}(Bu)_3$ ホスホニウム塩, $C_{16}(Bu)_3$ ホスホニウム塩でイオン交換したモンモリロナイト, 及びそれらを用いて作製したPCナノコンポジット (クレイ含有量7.5%) とPC単体のTGA熱分解曲線[15]

第1章 クレイ系ナノコンポジット

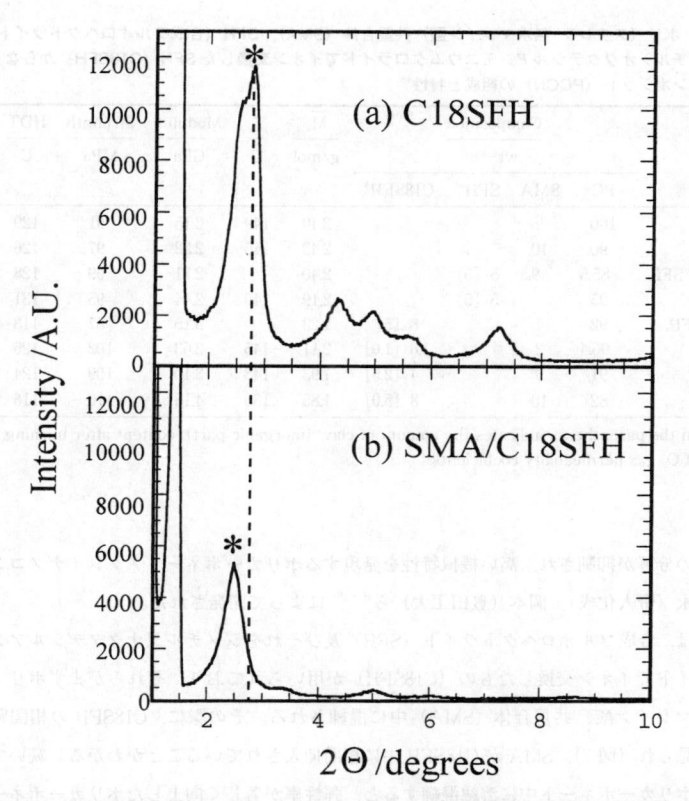

図7 C18SFH(a)及び SMA/C18SFH (55/45) ブレンド(b)の粉末 X 線回折 (WAXD): 破線は，C18SFH 単体の001面からの回折位置を示し，＊は，C18SFH の001面由来の回折ピークを示す[18]

また，ホスホニウム塩化合物をイオン交換させたモンモリロナイトを用いたポリカーボネートのナノコンポジット化も Severe（米国陸軍研究所）ら[15]によって試みられており，TGA による熱分解温度がポリカーボネート単体よりも向上している（図6）。ホスホニウム塩化合物は本質的にアンモニウム塩化合物よりも耐熱性が高いため，熱安定性に優れたポリカーボネートナノコンポジットが得られる期待はあるが，ホスホニウム塩化合物を用いてポリカーボネートの分子量低下抑制，クレイのナノ分散，及び機械特性向上が得られたという報告はまだなされていない。

8.2.2 層間挿入型ポリカーボネート/クレイナノコンポジット

ポリカーボネート/クレイナノコンポジットの作製には上述のような課題があるが，ポリカー

表1 PC，ポリ（スチレン-無水マレイン酸）共重合体（SMA），SFH（合成フルオロヘクトライト）及びジメチルジオクタデシルアンモニウムクロライドでイオン交換したSFH（C18SFH）からなるPCナノコンポジット（PCCN）の組成と特性[18]

Sample	Composition wt.-%				$\bar{M}_v$ g/mol	T_g ℃	Modulus GPa	Strength MPa	HDT ℃	$\frac{P_{PCCN}}{P_{PC}}$[b]
	PC	SMA	SFH[a]	C18SFH[a]						
PC	100				2.40	149	2.15	91	129	1
PC/SMA	90	10			2.43	146	2.32	97	126	
PC/SMA/SFH	85.5	9.5	5 [5]		2.40		2.71	99	128	
PC/SFH	95		5 [5]		2.19	149	2.44	95	131	
PC/C18SFH	92			8 [5]	1.23		3.15	87	113	
PCCN1	96.4	2		1.6 [1.0]	2.11	145	2.63	102	126	
PCCN2.5	91	5		4 [2.5]	1.93	143	3.10	109	124	
PCCN5	82	10		8 [5.0]	1.85	136	4.15	116	116	0.56

a) Value in the parentheses indicates the amount of clay (inorganic part) content after burning.
b) Ratio of O_2 gas permeability coefficients.

ボネートの分解が抑制され，高い機械特性を発現するポリカーボネート／クレイナノコンポジットが，光永（帝人化成）・岡本（豊田工大）ら[16~18]によって開発された。

ここでは，合成フルオロヘクトライト（SFH）及びそれをジメチルジオクタデシルアンモニウムクロライドでイオン交換したもの（C18SFH）が用いられており，それらがまずポリ（スチレン－無水マレイン酸）共重合体（SMA）中に混練される。その際に，C18SFHの相関距離はやや拡大が見られ（図7），SMAがC18SFH中に相関挿入されていることがわかる。続いてそれら混合物をポリカーボネート中に溶融混練すると，弾性率が著しく向上したポリカーボネートナノコンポジットとなる（表1）。そのときSMAの作用により，ポリカーボネートの分子量低下についても大きく抑えられる効果が併せて発現しており，ポリカーボネートにC18SFHのみを添加したときの影響と比較すると，その効果が顕著であることがわかる（表1）。更に，これらポリカーボネートナノコンポジットは，ポリカーボネートの耐熱性（T_g及びHDT）をよく保持しており，またナノコンポジットの特徴のひとつであるガスバリア性も向上し，特性のバランスに優れた材料となっている（表1）。

このPCナノコンポジットについてのX線回折パターンを図8に示すが，いずれのSFH含有量においてもSFHの層間距離は配合前よりも縮小し，またピーク強度が増大する。ポリカーボネートとの溶融混練中に，アンモニウム塩化合物が分解して層間距離が縮小するものの，層間に挿入されたSMAは移動しにくく，またポリカーボネートと非常に高い相溶性をもつため，SMAが相容化剤的な働きを示して，層間挿入型ナノコンポジットとなっていることが考察され

第1章 クレイ系ナノコンポジット

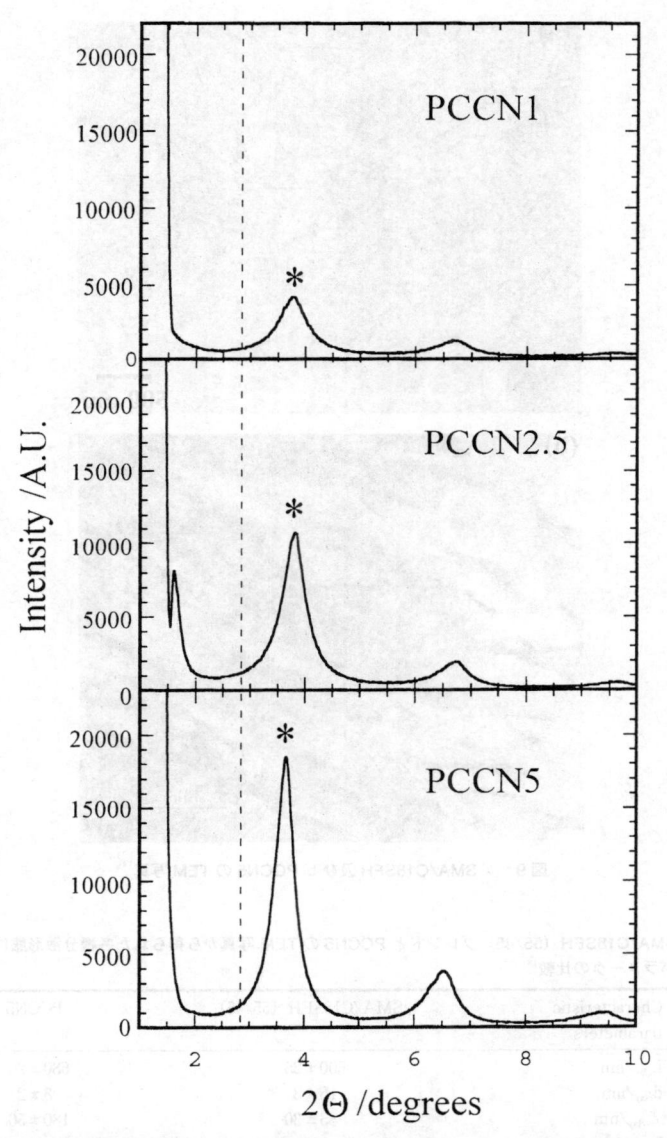

図8 種々 PCCN の粉末 X 線回折(WAXD):破線は,C18SFH 単体の 001 面からの回折位置を示し,＊は,それぞれ 001 面由来の回折ピークを示す[18]

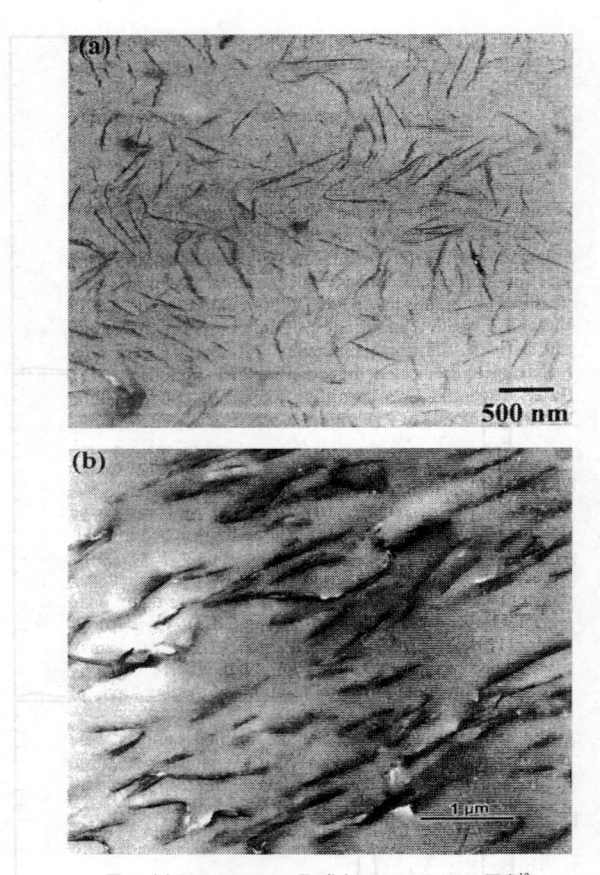

図9 (a) SMA/C18SFH 及び(b) PCCN5 の TEM 写真[18]

表2 SMA/C18SFH (55/45) ブレンドと PCCN5 の TEM 写真から得られた各種分散形態に関するパラメータの比較[18]

Characteristic parameters	SMA/C18SFH (55/45)	PCCN5
L_{clay}/nm	500 ± 25	680 ± 20
d_{clay}/nm	15 ± 3	8 ± 2
ξ_{clay}/nm	85 ± 30	180 ± 50
L_{clay}/d_{clay}	33	85
$d_{clay}/d_{(001)}$	15/3.56 = 4.2	8/2.41 = 3.3

(L_{clay}：クレイ分散長さ，d_{clay}：クレイ分散層厚み，ξ：クレイ-クレイ間隔，$d_{(001)}$：層間隔)

第1章 クレイ系ナノコンポジット

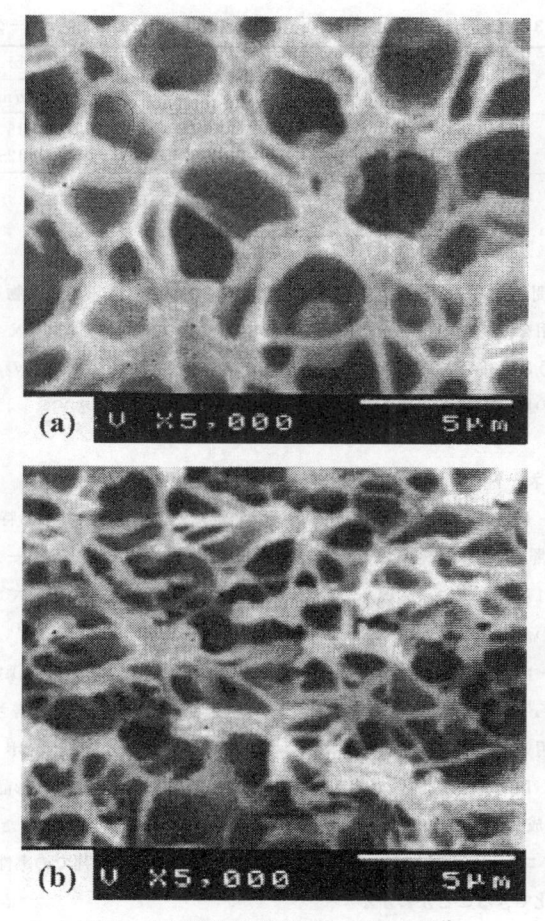

図10 発泡成形品の凍結破断面の SEM 写真[18]
(a) PC/SMA, (b) PCCN1

ている。

SMA/C18SFH 及びポリカーボネートナノコンポジットの TEM 写真を図9に，またそれらから測定して求めた SFH の分散性パラメータを表2に示す。表2より，このポリカーボネートナノコンポジットは，ナノサイズの分散厚みをとりながら，SFH の端面同士が結合するフロッキュレーションが進んで，大きな L/d の値を示し，これが高い剛性に寄与していると考えられる。

表3 PC/SMAブレンド発泡体と,PCCN1発泡体の分散形態パラメータ[18]

Foam samples	ρ_f g/cm^3	d μm	Nc×10^{-9} cell・cm^{-3}	δ μm
PC/SMA	0.32	3	0.27	0.5
PCCN1	0.37	1.25	3.54	0.25

(ρ:発泡密度,d:セルサイズ,Nc:セル密度,δ:壁厚)

また,SMAが層間に挿入された構造をとることにより,アンモニウム塩化合物とポリカーボネートの間の相互作用を減少させ,その結果ポリカーボネートの分子量低下も抑えられていると考えられる。このように,得られたポリカーボネートナノコンポジットは実用上のメリットも多いため,種々分野での用途開発が期待される。

8.3 ポリカーボネート/クレイナノコンポジットの用途展開

ポリカーボネートのナノコンポジット化の研究で剛性以外に注目されている特性は,防弾特性[6],防炎性[7],紫外線照射下での変色[8]などである。それらは,まだポリカーボネートナノコンポジットとして期待されるレベルに十分達していないが,構造部材・建築部材としての用途展開が探られていることがわかる。

一方,ポリカーボネートナノコンポジットは,成形加工面においても興味深い特性を発揮し,先の光永,岡本ら[18]の研究において,発泡成形へ適用したときの効果が報告されている。図10は,相容化剤を用いて合成フルオロヘクトライト(SFH)をナノ分散させたポリカーボネートナノコンポジット(PCCN1)について,超臨界二酸化炭素から発泡させた成形品のTEM写真を,SFHを含まない成形品と比較したものであり,表3はそれら写真から求めた発泡形態である。これらより,ナノコンポジットでは,無機物による核剤作用や発泡過程での剛性向上効果により,発泡セルを微小化できることがわかる。

以上のように,ポリカーボネートのナノコンポジット化により,ポリカーボネートの特性を伸ばしていくこと,また新たな機能を付与していくことへ,高い関心がが集まりつつある。今後,特徴あるポリカーボネートナノコンポジットが数多く開発され,ポリカーボネートの市場の更なる拡大に寄与していくことに期待したい。

第1章　クレイ系ナノコンポジット

文　　献

1) 荒川ほか, 高分子論文集, **57**, 180 (2000)
2) X. Huang *et al.*, *Polymer Preprints*, **41**, 589 (2000)
3) X. Huang *et al.*, *Macromolecules*, **33**, 2000 (2000)
4) 特開平 07-207134 (三菱化学)
5) 特開平 07-228762 (コープケミカル / 三菱化学)
6) A. J. Hsieh *et al.*, *ANTEC 2001*, 2185
7) H. A. Stretz *et al.*, *Polymer Preprints*, **42**, 50 (2001)
8) P. H. Patterson *et al.*, *ANTEC 2002*, 3936
9) P. J. Yoon *et al.*, *Polymer*, **44**, 5323 (2003)
10) P. J. Yoon *et al.*, *Polymer*, **44**, 5341 (2003)
11) S. Wang *et al.*, *J. Appl. Polym. Sci.*, **90**, 1445 (2003)
12) S. Wang *et al.*, *Polym. Degradation Stab.*, **80**, 157 (2003)
13) S. Wang *et al.*, *J. Appl. Polym. Sci.*, **91**, 1457 (2004)
14) R. Zong *et al.*, *Polym. Degradation Stab.*, **83**, 423 (2004)
15) G. Severe *et al.*, *ANTEC 2000*, 1523
16) 光永ほか, *Polymer Preprints, Japan*, **51**, 669 (2002); **51**, 2645 (2002)
17) 光永ほか, 成形加工 '02, 15 (2002)
18) M. Mitsunaga *et al.*, *Macromol. Mater. Eng.*, **288**, 543 (2003)

9 ナノコンポジットゲル

原口和敏[*]

9.1 はじめに

 有機高分子と無機成分をnm（ナノメーター）スケールで複合化して得られるポリマー系ナノコンポジット（以下，ポリマー系NC）の研究が近年多くの注目を浴び，従来型の汎用ポリマーに新たな機能性，付加価値を創出させるためのNC化の検討が幅広く行われている。

 ポリマー系NCでは，「nmレベルでの分散性」，「複合効果」，「調製の容易さ」，「コスト」などの点から，強化無機成分として粘土鉱物または金属酸化物が主に用いられている。粘土鉱物はその分子構造（図1）から明らかなように層状剥離性を有し，約1nm厚（直径＝20～数百nm）の板状微粒子が得られやすいこと[1]，また金属酸化物は，有機的性質を有する金属アルコキシドを出発物質とした低温セラミック合成法（通称，ゾル－ゲル法）[2]を用いることで，有機高分子に微分散した金属酸化物粒子が調製されやすいことが特徴である。かかる無機微粒子のサイズや含有量は目的に応じて広い範囲から選択されるが，例えば，力学物性および成形性の点からは，粘土鉱物で3重量％，金属酸化物（シリカ）では10重量％程度が最適値として用いられる[3,4]。これは，金属酸化物微粒子はアスペクト比がほぼ1（球状）であるのに対し，粘土層は20～数百

$$\{Mg_{5.34}Li_{0.66}Si_8O_{20}(OH)_4\}Na_{0.66}$$

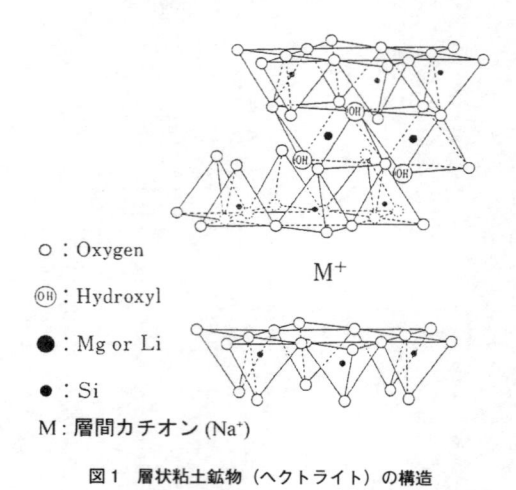

○：Oxygen
◎：Hydroxyl
●：Mg or Li
•：Si
M：層間カチオン(Na⁺)

M^+

図1　層状粘土鉱物（ヘクトライト）の構造

---

[*] Kazutoshi Haraguchi　㈶川村理化学研究所　理事

であることによる。また，均一で高性能の NC を得るには，高分子／無機成分間の相互作用を制御することも重要な課題であり，例えば，粘土鉱物の場合，層状剥離性とその後の有機高分子中での分散性を高める目的で，アルキルアンモニウムカチオンなどのカチオン性界面活性剤により有機化処理した粘土鉱物（有機化粘土）が広く用いられている[4, 5]。また相互作用の小さい有機ポリマー（例：ポリプレピレンやポリエチエンテレフタレート）とクレイの系では，有機ポリマーを予め極性分子（例：無水マレイン酸）などにより変性しておくことが有効である[6]。金属酸化物の場合も，有機ポリマーまたは金属酸化物原料を変性することで，イオン性相互作用，水素結合，π-π 相互作用などにより金属酸化物の粒径，分散性が制御できることが報告されている[7]。

ポリマー系 NC では，力学物性，熱物性，ガスバリヤ性，難燃性などの多くの特性向上が期待されるが，力学物性については，ガラス転移温度（Tg）の低いポリマーで最も大きな変化が発現されやすい。しかし，この場合でも J. E. Mark が最も初期のポリジメチルシロキサン（PDMS）／シリカ系 NC の研究[8]において示しているように，*in-situ* 重合シリカの含有量を増すことにより，基本的には，ゴム状の PDMS が徐々に弾性率を上げると共に破断伸びを低下させ，最後には脆性破壊をする物質へと変化するのが一般的である。無機充填量を 50 重量％以上に上げ，且つ均一微粒子分散を達成した，全く異なる観点からの高無機含有ナノコンポジット[3]も研究されているが，少量の無機成分でより効果的な力学物性向上を行わせるには，更に優れた無機成分の働きと構造制御の実現が必要と考えられる。

9.2 ナノコンポジットゲルの創出

我々は，かかる有機／無機ナノコンポジットの概念をソフトマテリアルの代表である高分子ヒドロゲルの世界に拡充することを提案し，驚くべき力学物性の向上を達成することに成功した[9]。高分子ヒドロゲル（以下，高分子ゲルと呼ぶ）は，生物の多くの組織や部位がそうであるように，高分子を主成分とする三次元ネットワークの中に水を安定して保持したものであり，人体の多くの機能を司る構造単位となっている。高分子ゲルに一層の注目が注がれるようになったのは，ゲル体積が環境変化により急激に変化する体積相転移現象の発見とその理論的解明がなされたことによる[10]。その結果，温度，pH，塩濃度，圧力，光など様々な外部刺激に対して応答して，体積，透明性，表面の親／疎水性，溶質の吸／放出性などが急激に変化する刺激応答性高分子ゲル（代表例：ポリ（N-イソプロピルアクリルアミド）（PNIPA）ゲル）が深く検討されるようになり，ゲル微粒子を用いたドラッグデリバリーシステム（DDS）[11]，分解酵素を用いずに培養細胞を細胞シートとして回収したり積層が可能な新規培養基材[12]，温度応答型酵素旦持材[13] など，新たな機能材料としての展開が図られている。しかし，これまで用いられてきた PNIPA ゲルは，基礎

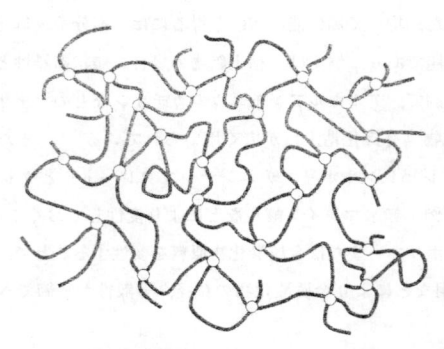

ポリマー系ナノコンポジットの新技術と用途展開

図2　有機架橋ゲルのネットワーク構造

的研究及び応用研究を問わず，全て，NIPAを有機架橋剤（例：N, N-メチレンビスアクリルアミド（BIS））とランダム共重合したり，ガンマ線照射して得られる化学架橋ゲル（以下，ORゲル）であった。ORゲルはその架橋構造（図2）からも理解されるように，わずかの延伸や曲げで容易に破断するため，形状を自由に（例：薄いフィルムや細いロッド状）設計することや，大きな外部応力や歪みのかかる条件下で使用することが不可能であり，応用展開において大きな制限があった。また力学物性の他にも，多数の架橋点による分子的束縛により，ORゲルでは高分子鎖（PNIPA）が本来持つ機能性（例：コイル-グロビュラー転移とそれに伴う物性変化）が制限され，性能が十分に発揮できない問題を有していた。更に，ORゲルは架橋濃度を上げようとすると架橋点の不均一な分布により構造が不均一となりやすい（例えば，BIS濃度を増すとORゲルは不透明となる）課題も有していた。

以上のような有機架橋ゲルの抱える問題点の全てが，以下に述べる特異的な有機／無機ネットワーク構造を有するナノコンポジットゲルの創製により一挙に解決され，全く新しい視点での高分子ゲルの展開が可能となった[10, 14, 15]。

9.3　NCゲルの合成と有機／無機ネットワーク構造の形成

NCゲルは，図1に示す構造を有する膨潤性無機粘土鉱物（例：ヘクトライト）を水溶液中で層状に剥離して分散させ，その存在下でNIPAモノマーを*in-situ*ラジカル重合させることにより，均一透明なゲル状物質として合成される。NCゲルの代表的な合成条件（反応液組成）を表1に示す。一般に膨潤性クレイの水分散液は，クレイ同士のイオン的相互作用によりカードハウス構造と呼ばれる集合構造を形成して，系全体がゲル化する性質を有する。しかし，本組成においては，特にNIPAモノマーがクレイの周りに弱い相互作用で配置され，クレイ同士の凝集を

第1章 クレイ系ナノコンポジット

表1 PNIPAヒドロゲルの反応溶液組成

ゲル (記号)	反応溶液組成						水含有率 (%)
	水	NIPA	クレイ	BIS	KPS	TEMED	
NC1-M1	30	3.39	0.229	−	0.03	$24\mu l$	89.2
NC5-M1	30	3.39	1.143	−	0.03	$24\mu l$	86.9
OR2-M1	30	3.39	−	0.084	0.03	$24\mu l$	89.6

妨げる効果を示す。事実,約4重量%のクレイを含むクレイ水分散液は数時間以内にゲル化するが,NIPAを添加した系は,1ヶ月以上安定な溶液として存在し,ゲル化することはない。また,同様にして,KPSのクレイ分散液への添加効果を粘度測定により評価した結果,KPSはクレイとの強い相互作用によりクレイ表面近傍に存在すると結論された。従って,重合はクレイの表面から開始され,PNIPAグラフト鎖を形成しつつ反応が進行すると推定される[16]。重合温度は開始剤の種類にもよるが,ペルオキソ二硫酸カリウム(KPS)を用いた場合は,反応液調製(氷浴温度)後,10～70℃に昇温して行われる。反応は静置状態(撹拌無し)で0.2～20時間程度で完了する。NIPAの重合収率は99.5%以上であり,熱重量分析(TG)測定によるゲル中の粘土鉱物/ポリマー比は反応溶液の組成比とほぼ一致する。NCゲルの合成は撹拌しない静置状態で行えるため,反応溶液を所定の形状の容器に充填することにより,各種形状のゲル(例:薄いフィルムや細いロッド状など)が容易に合成できる。

得られたNCゲルは,通常の架橋剤(BIS)を一切用いていないにも拘わらず,水に溶解することはない。即ち,上記標準条件で合成されたNCゲルは90%近くの含水率であるにもかかわらず,水中で更に膨潤する挙動を示し,通常のORゲルより大きく膨潤した。平衡膨潤率は架橋剤として働くクレイの濃度が少ないほど大きく,NC1ゲルにおいて110(99%以上が水)であった。一方,NCゲル乾燥物の超薄切片の透過型電子顕微鏡(TEM)観察(図3)から,粘土鉱物がnmスケール(約1nm厚×30nm直径)でPNIPA中に均一に分散していることが確認された。また示差走査熱量分析(DSC)測定から乾燥NCゲル中のPNIPA鎖がリニアポリマーと同じガラス転移温度(Tg=約142℃)を有し,ORゲル(架橋剤濃度と共にTgが増加していく)と比べて,架橋による高分子鎖の束縛が小さいことが確認された。以上の結果に加えて,膨潤や洗浄過程においてNCゲルからリニアポリマーの溶出がみられず,殆ど全てのPNIPA鎖がネットワークに組み込まれていること,NCゲル乾燥粉末のX線回折においてクレイ層間に対応した反射ピークが観測されないこと,また力学試験において大きく且つ可逆的な変形挙動を示すことなどから,NCゲルは,図4に示すような層状剥離したクレイ層とそれらを結合したランダムコンフォメーションを有する高分子鎖からなる有機/無機ネットワーク構造からなるヒドロゲルであると結論された。図4におけるクレイと高分子鎖の結合(相互作用)は水素結合やイオン結合などの

図3 NCゲル乾燥物の透過型電子顕微鏡写真

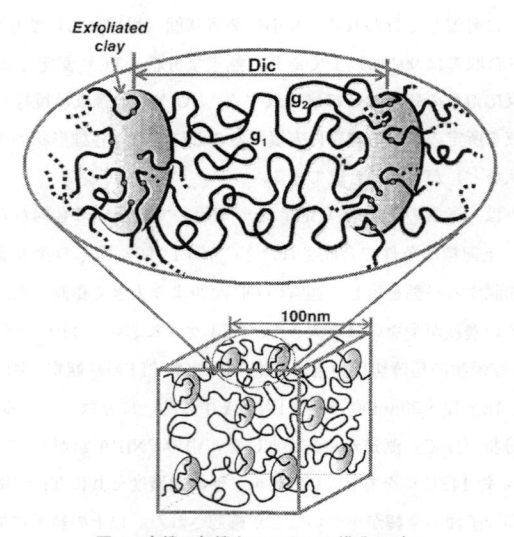

図4 有機/無機ネットワーク構造モデル

非共有結合によるが,大きな力学変形に耐えうる性質を有する。また,ネットワークの架橋密度は,力学試験により得られる応力－歪み曲線をゴム弾性理論に基づき解析することで導出され,架橋密度が粘土鉱物量やポリマー濃度により変化すること,一枚のクレイ当たり,多数(～数十本～)のPNIPA分子が架橋されていると見積もられた。また,図5に示すように,有機架橋ゲ

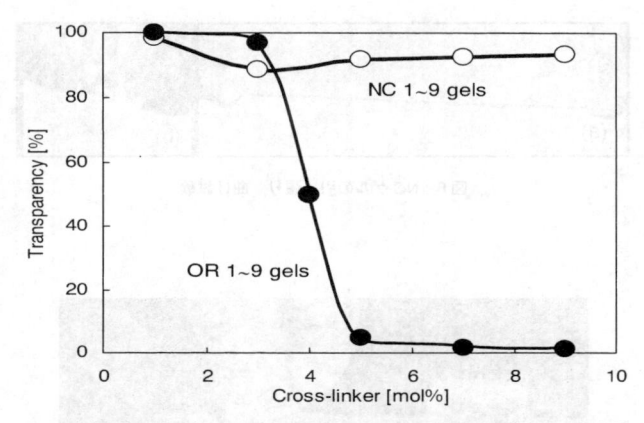

第1章 クレイ系ナノコンポジット

図5 有機架橋ゲル（ORゲル）およびNCゲルの透明性の架橋剤濃度依存性

ルではBIS濃度の増加により透明性が低下するのに対して，NCゲルは高クレイ濃度においても透明性を保っており，架橋不均一化が生じにくい特徴を示した。

図4に示す有機/無機ネットワーク構造の構築においては，①水媒体中で無機粘土鉱物をナノスケールで（層状剥離させて）均一に分散させること，②粘土層を少量で効果的な超多官能架橋剤として働かせること，③分散粘土層を連結する高分子鎖が架橋による束縛の殆どない自由なコンフォメーションをとりうること，が必須構成因子となっていると考えられる。

9.4 NCゲルの力学物性と膨潤/収縮特性

9.4.1 力学物性

NCゲルの最大の特徴は，驚異的とも言える力学物性の発現である。従来の有機架橋ゲルが極めて脆弱で，曲げ・延伸・圧縮により容易に破断し，取り扱いが困難な場合が多いのに対し，NCゲルは同じ成分組成（ポリマー，水含有率）で全く異なる延伸性，圧縮性を示す。例えば，NCゲルは延伸試験において1000%（NIPA-NCゲル）または1500%（DMAA-NCゲル）以上の超延伸性を示し，圧縮試験においては90%変形でも破壊されない耐圧縮性を示した（図6，図7）。かかるNCゲルの力学物性はゲル組成（クレイ濃度やポリマー濃度）により広範囲に制御され，例えば，少量のクレイ濃度変化により，高延伸性を保持したまま，強度および弾性率を大きく変化させることが可能である（図8）。また高タフネスを有するNCゲルは，曲げや捩れなどの変形モードにも優れた耐久性を示し，折り曲げたり，ひも結びして引っ張ったりしてもその部分では破壊されることはない。更に，これらの変形歪みの殆どは回復して元に戻る性質を示す。

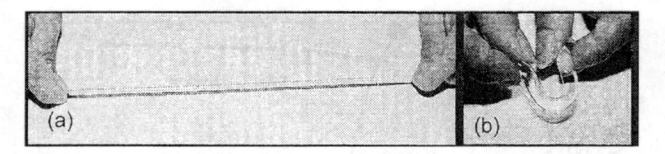

図6　NCゲルの引っ張り，曲げ試験

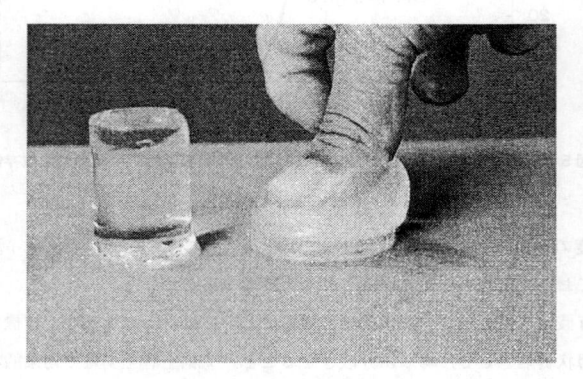

図7　NCゲルの圧縮試験

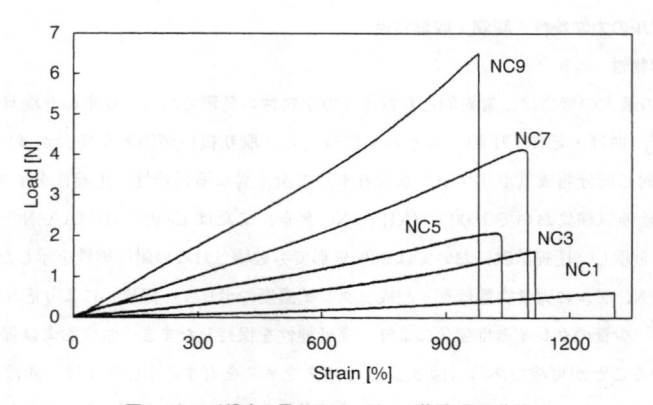

図8　クレイ濃度の異なるNCゲルの荷重-歪み曲線

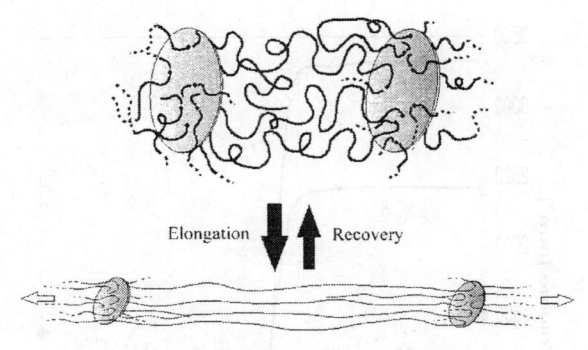

第1章　クレイ系ナノコンポジット

図9　ミクロ・エクスパンダーモデル

以上のような優れた力学物性は，図4に示した特異的なネットワーク構造モデルにより説明される。即ち，NCゲルは，2つの離れたクレイ層（板）とその間を結んだ多数の比較的長い自由なPNIPA鎖からなる，いわば分子レベルでのミクロなエクスパンダーを構成単位としており（図9），このミクロ・エクスパンダー鎖の延伸／収縮に基づき，NCゲルは大きく且つ可逆的な延伸性を示すと考察される。

9.4.2　膨潤／収縮特性

　NCゲルは前節で述べたように水中で大きく膨潤する性質を有し，その平衡膨潤度（S）は通常の有機架橋ゲルに比べてずっと大きい。（例）OR1ゲル（S=29），OR5ゲル（14）：NC1ゲル（110），NC5ゲル（48）。このことは，NCゲルが束縛の少ない屈曲鎖からなること及び架橋密度が小さいという図4のモデル構造と一致する。また，NCゲルはPNIPAの持つ温度応答性（下限臨界共溶温度（LCST：32℃）でのコイル・グロビュラー転移）に対応して，明確な膨潤／収縮挙動を示す。即ち，NCゲルはLCSTより低温で大きく膨潤し，高温で急速に収縮する。膨潤／収縮の体積比は，同組成のORゲルに比べて大きく，またクレイ濃度の小さいNCゲルほど大きい（図10）。一方，DDSやソフトアクチュエーターへの応用で重要な収縮速度については，ORゲルと比べて特に大きな改良が達成された。通常，ORゲルでは1ヶ月以上かかる収縮が，同サイズのNC1ゲルでは10分程度で完了する（図11）。これはNCゲルにおける自由な分子鎖形態，少ない架橋密度，及び共存するグラフト鎖の効果により，急速で協同的な分子鎖の収縮と水の排出が達成されるためと考えられる。NC1ゲルとOR1ゲルに対する繰り返し温度変化による膨潤／収縮挙動の違いを図12に示す。OR1ゲルが低収縮速度のため明確な体積変化を示さないのに対し，NC1ゲルは温度変化に伴う明確なゲル体積変化を示した。

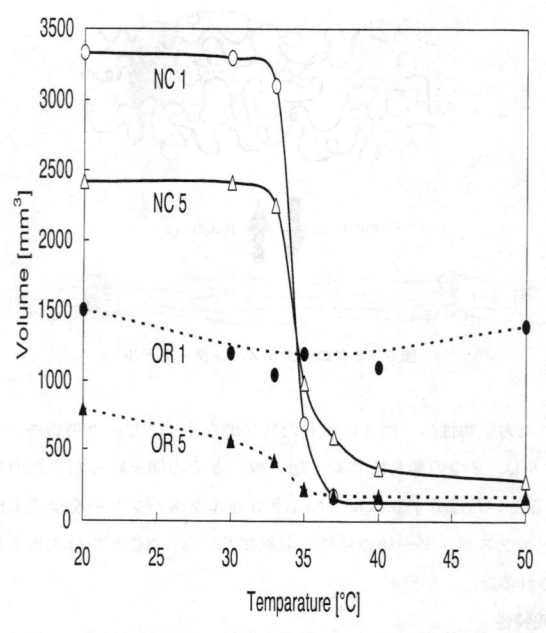

図10 NCゲルおよびORゲルの温度による膨潤／収縮挙動

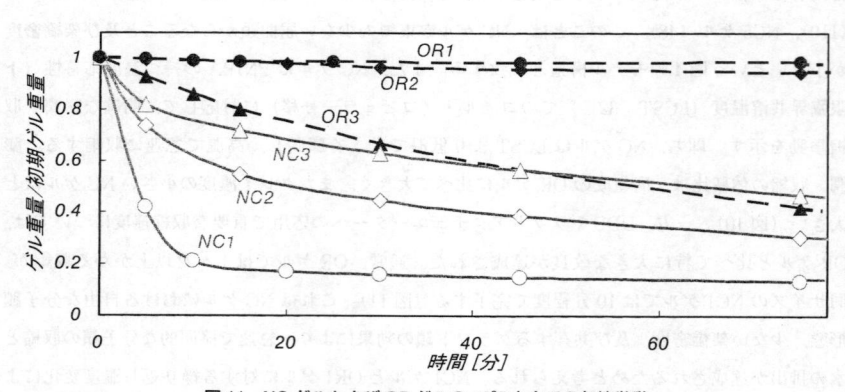

図11 NCゲルおよびORゲルの40℃水中での収縮挙動

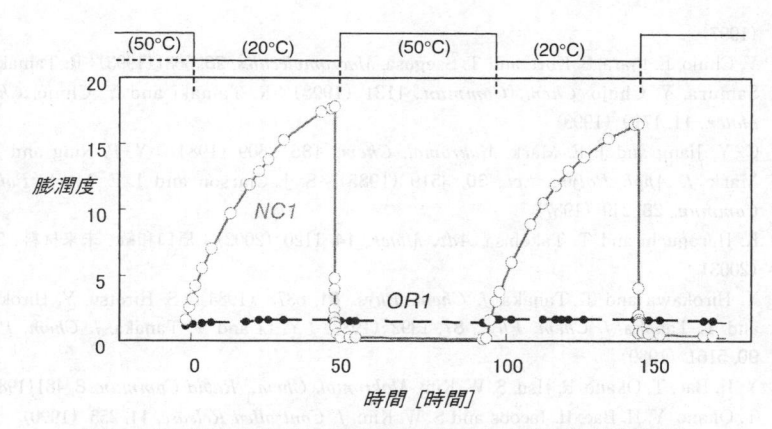

第1章 クレイ系ナノコンポジット

図12 NC1ゲルとOR1ゲルの繰り返し温度変化による膨潤／収縮挙動の違い

9.5 おわりに

NCゲルは，架橋剤の種類以外は，有機架橋ゲルと全く同じ組成（ポリマーの種類，含有率，水分含有率）を有する。それなのに，かくも異なる強靭な力学物性や優れた機能性（膨潤／収縮性）が発現されたのは驚きでもある。延伸における破壊エネルギーを見積もると，従来のORゲルに比べて，数百倍から千倍以上に達する。また，NCゲルの創製により，これまで観測できなかったPNIPA分子鎖のコイル・グロビュラー転移に基づく応力が，外部環境変化に対応して変化する可逆的な力として検出されるようになった[17]。正に，nmスケールでの構造の構築・制御が，マクロな材料物性の変化として現れた代表例といえよう。

文　献

1) "粘土ハンドブック第二版"，日本粘土学会編，技報堂出版（1987）
2) 作花済夫，"ゾル－ゲル法の科学"，アグネ承風社（1987）
3) "無機・有機ハイブリッド材料の開発と応用"梶原鳴雪監修，p9-24，シーエムシー（2000）
4) A. Usuki, M. Kawasumi, Y. Kojima, A. Okada, T. Kurauchi and O. Kamigaito, *J. Mater. Res.*, **8**, 1174 (1993)
5) P. B. Messersmith and E. P. Giannelis, *Chem. Mater.*, **6**, 1719 (1994); T. Lan and T. J. Pinnavaia, *Chem. Mater.* **6**, 2216 (1994)
6) M. Kawasumi, N. Hasegawa, M. Kato, A. Usuki and A. Okada, *Macromolecules*, **30**, 6333

7) Y. Chujo, E. Ihara, S. Kure and T. Saegusa, *Macromolecules*, **26**, 5681 (1993); R. Tamaki, K. Samura, Y. Chujo, *Chem. Commun.*, 1131 (1998); R. Tamaki and Y. Chujo, *Chem. Mater.*, **11**, 1719 (1999)
8) C.-Y. Jiang and J. E. Mark, *Makromol. Chem.*, **185**, 2609 (1984); Y.-P. Ning and J. E. Mark, *J. Appl. Polym. Sci.*, **30**, 3519 (1985); S. J. Clarson and J. E. Mark, *Polym. Commun.*, **28**, 249 (1987)
9) K. Haraguchi and T. Takehisa, *Adv. Mater.*, **14**, 1120 (2002); 原口和敏, 未来材料, **3**, 13 (2003)
10) Y. Hirokawa and T. Tanaka, *J. Chem. Phys.*, **81**, 6378 (1984); S. Hirotsu, Y. Hirokawa and T. Tanaka, *J. Chem. Phys.*, **87**, 1392 (1987); Y. Li and T. Tanaka, *J. Chem. Phys.*, **90**, 5161 (1989)
11) Y. H. Bae, T. Okano, R. Hsu, S. W. Kim, *Makromol. Chem., Rapid Commun.*, **8**, 481 (1987); T. Okano, Y. H. Bae, H. Jacobs and S. W. Kim, *J. Controlled Release*, **11**, 255 (1990)
12) M. Yamato, A. Kushida, O. H. Kwon, M. Hirose, A. Kikuchi and T. Okano, "*Tissue Engineering for Therapeutic Use 4*", Y. Ikada and Y. shimizu Eds, p105-p112, Elsevier (2000)
13) P. S. Stayton, T. Shimoboji, C. Long, A. Chilkoti, G. Chen, J. M. Harris and A. S. Hoffman, *Nature*, **378**, 472 (1995)
14) K. Haraguchi, T. Takehisa and S. Fan, *Macromolecues*, **35**, 10162 (2002)
15) K. Haraguchi, R. Farnworth, A. Ohbayashi and T. Takehisa, *Macromolecules*, **36**, 5732 (2003)
16) K. Haraguchi *et. al*. To be submitted.
17) K. Haraguchi, S. Taniguchi and T. Takehisa, *ChemPhysChem*. (2004) in Press

10 ポリマーブレンド系ナノコンポジット

清水　博[*1], 李　勇進[*2]

10.1 はじめに

いわゆるホモポリマーとクレイ，モンモリロナイト等無機物質から成るナノコンポジットは広範な系で研究，開発が進められており，別節に各論で紹介されているので割愛する。本節では，ポリマーブレンド系ナノコンポジットについて我々の最新の研究成果を中心に紹介する。ホモポリマー系のナノコンポジットが精力的に研究されている中で，ポリマーブレンド系ナノコンポジットはまだ研究例も限られている[1～5]。ポリマーブレンド系ナノコンポジットは，通常溶融混練法[1～3]か溶媒キャスト法[4,5]により作製する。Gelfer等は，ポリスチレン（PS）/ポリメチルメタクリレート（PMMA）ブレンド系において，有機クレイを添加することによりPSのドメインサイズを低減化させた[1]。これは，有機クレイが界面活性剤的な作用で相容化剤として機能しただけでなく，粘度も上昇させたことに起因すると考えられている。Wang等もPS/ポリプロピレン（PP）ブレンド系において有機クレイの添加により同様の効果を報告している[2]。彼等は，この現象を，本来非相溶なポリマー同士がクレイ中に入り込み（インターカレーション），両分子鎖がブロック共重合体のような役割を果たしているためだと考えている。さらに，最近Khatua等は，ポリアミド6（PA6）/エチレンプロピレンゴム（EPR）ブレンド系ナノコンポジットについて研究し，ほんの少量の有機クレイ添加によりPA6マトリクス相中のEPR相ドメインサイズが著しく小さくなることを見出した[3]。彼等は，クレイペレットがEPR分散ドメインの凝集を妨げているためにこのような挙動を示したと考えている。このようにポリマーブレンド系ナノコンポジットの報告例は限られているが，有機クレイがブレンド系の分散相サイズを低減化する点が共通のポイントとなっている。このような背景のもとに，最近の我々の成果を以下に詳述した。我々は，ポリ（フェニレンオキサイド）（PPO）/PA6系ナノコンポジットについて研究した[6]。特に，我々は本系を溶融混練押出法で作製することにより，有機クレイが上記の研究結果と同様に分散相サイズを著しく低減化するだけでなく，クレイ添加量によりブレンド構造をいわゆる，海－島型の分散構造から共連続構造へと制御可能であることを見出した。さらに，本系の透過電子顕微鏡観察から，クレイが選択的にPA6相に存在していることが分かり，この特異的な性質を利用することにより，モルフォロジーを自在に制御できると考えている。以下，順に

[*1] Hiroshi Shimizu　㈱産業技術総合研究所　ナノテクノロジー研究部門　高分子成形加工研究グループ　グループ長　主任研究員

[*2] Yongjin Li　㈱産業技術総合研究所　ナノテクノロジー研究部門　高分子成形加工研究グループ　研究員

図1 PPO/PA6 ブレンド系に有機クレイを添加した時の SEM 写真
（クレイ添加量：(a)無添加，(b)1%添加　(c)2%添加）

詳細に紹介する。

10.2　PPO/PA6 ブレンド系ナノコンポジットの調整

PA6 と PPO は共に市販品を用いた。同様に，有機クレイも CO-OP 化学から市販されている合成マイカを用いた。本研究では，特にアスペクト比の高いものを選び，マイカペレットの長さは約 200〜300nm，厚さは約 1nm のものを用いた。クレイは $(R-NH_3)^+Cl^-$ (dipolyoxyethylene alkyl(coco)methylammonium cation) で有機的に処理されている（CEC=120mequiv/100g clay）。PA6 と PPO の 50/50（w/w）組成ブレンドに系統的に組成を変えて有機クレイを添加し，270℃ で 15 分間，100rpm のスクリュー回転数にて二軸混練機（Haake. Minilab）を用いて溶融混練した。用いた試料は全て溶融混練前に真空乾燥機中 80℃ で 24 時間予備乾燥を行なった。

10.3　PPO 分散相サイズの低減化

従来から PPO/PA6 ブレンド系は高性能アロイとして興味が持たれていたが，この系は非相溶性であるため，分散相サイズを低減化するような相容化法が必要であった。図1に PA6 と PPO

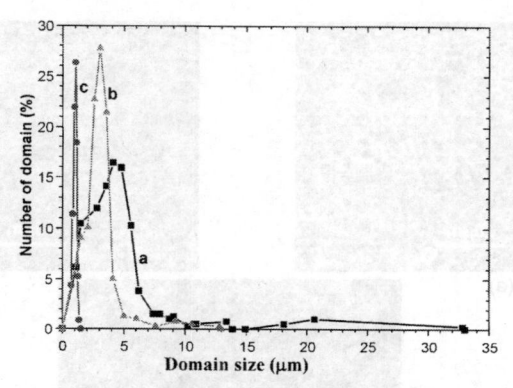

第1章 クレイ系ナノコンポジット

図2　PPO/PA6ブレンド系に有機クレイを添加した時の粒子サイズ分布
（クレイ添加量：(a)無添加，(b)1%添加　(c)2%添加）

の50/50（w/w）ブレンドと有機クレイを少量（1%と2%）添加した時の走査型電子顕微鏡（SEM）写真を示す。図中，黒く見える相が溶媒で除去したPPO相に相当する。図1の全ての図において，PPO相がPA6マトリクス相に分散した，海－島構造となっている。図1(a)に示されるように島構造のPPO相のドメインサイズはクレイを添加しない場合には平均粒径4.2 μm で，そのサイズ分布も大きい。これは，溶融粘度が低いのでマトリクス相を形成するPA6中でより粘度の高いPPO相が混練中に凝集してしまうからだと考えられる。しかしながら，クレイをほんの1%添加することにより，このドメインサイズは3.0μmに減少し（図1(b)），さらに2%添加では1.1μmまで減少することが分かった（図1(c)）。図2には，図1に対応する系のドメインサイズ分布を示した。図からも明らかなように，ポリマーブレンド系だと平均粒径が大きいだけでなく，その分布も大きいことが分かる。クレイを少量添加することにより，その分布も著しく低下させることが可能となった。このように，クレイの少量添加は分散相サイズを低減化させるだけでなく，明らかにその分布まで狭くすることに寄与していることが分かった。

10.4　共連続構造の形成

本ブレンド系では，有機クレイの添加量をさらに増やすことによりブレンドのモルフォロジーが著しく変化していくことが分かった。図3には，クレイを5%添加した時のブレンド系のモルフォロジーを示すSEM写真を示した。図3(a)は押出し方向に垂直な破断面を示し，図3(b)は押出し方向に平行な面の構造を示している。(a)ではドメインが連続的に繋がっているPA6マトリクス相のなかで溶媒抽出された後のPPO相が黒く写っている。(b)では，押出し方向と平行な面

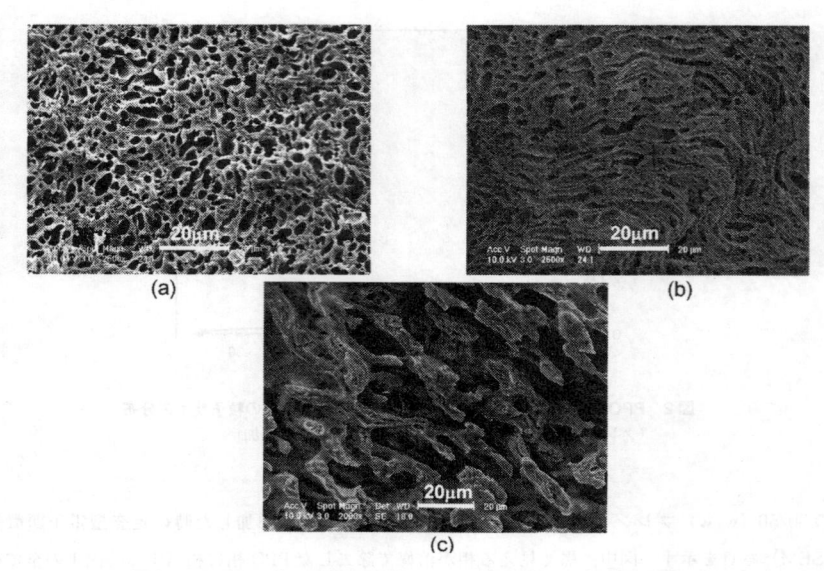

図3 PPO/PA6 ブレンド系に有機クレイを 5%添加した時の SEM 写真
(a)押出し方向に垂直な面の構造, (b)押出し方向に平行な面の構造,
(c)(b)を更に 270℃で 15 分熱処理した後の構造

で、引き伸ばされたネットワーク構造が観測されている。これらの図から明らかなように、本ブレンド系のモルフォロジーとしては、配向した共連続構造を形成している。さらに、この構造は 270℃で 15 分熱処理することにより、図 3(c)に示されるような等方的な構造へと移っていき、PPO 相も PA6 相もどちらも等方的かつ三次元的な空間連続性をもつ構造になる。

さらに、クレイ添加量を増やすことにより、より微細な共連続構造を形成できることも分かった。図 4(a)にはクレイ添加量 10%の SEM 写真を示した。同様に図 4(b)はクレイ添加量 20%の時の写真を示した。これらの写真における倍率スケールで分かるように、添加量と共に共連続構造の相構造サイズが著しく小さくなることが観察された。およその相サイズはクレイ 10%添加で 1.2μm まで減少し、20%添加により 0.5μm まで減少した。

10.5 クレイの分散状態の解析

少量のクレイ添加による PPO/PA6 ブレンド系の PPO 分散相サイズの低減化、より多量のクレイ添加による共連続構造への転移とその構造微細化にはクレイの分散状態が大きく寄与していると考えられる。そこで、我々はブレンド中のクレイの分散状態を解析した。

第 1 章　クレイ系ナノコンポジット

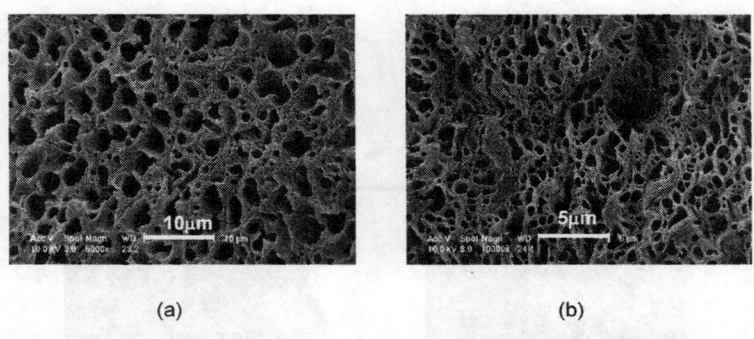

(a)　　　　　　　　　　　　(b)

図4　PPO/PA6 ブレンド系に有機クレイを 10%(a)および 20%(b)添加した時の SEM 写真

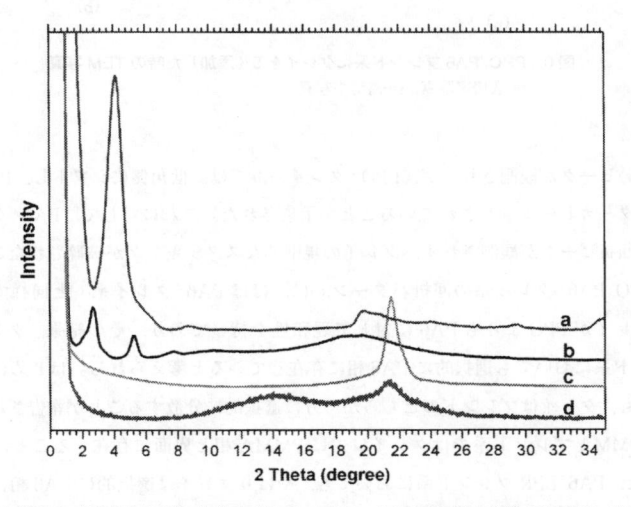

図5　有機クレイ単体ならびに各成分ポリマーにクレイを 5%添加した系の WAXD パターン
(a)有機クレイ単体，(b)PPO/クレイ系，(c)PA6/クレイ系，(d)PPO/PA6/クレイ系

　まず，基本的な分散状態を把握するため，各成分ポリマーとクレイ（5%添加）とのコンポジットを作製し，クレイの結晶構造における変化に留意しながら PPO/PA6 ブレンド系との比較を行った．図5に，それらの広角 X 線回折（WAXD）パターンを示す．図5において，(a)は有機クレイ単体の WAXD パターンを示し，(b)は PPO/クレイ系，(c)は PA6/クレイ系，そして(d)は PPO/PA6/クレイ系のパターンである．クレイ単体(a)では図に示されるように，$2\theta = 4.15°$ の

167

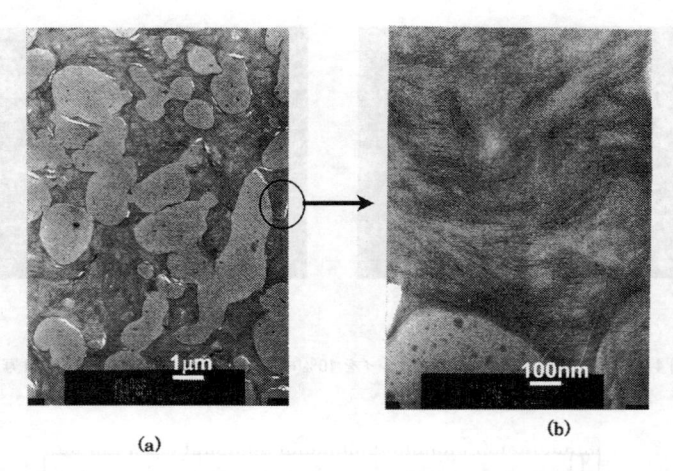

図6 PPO/PA6 ブレンド系にクレイを 5%添加した時の TEM 写真
(a)低倍率写真，(b)高倍率写真

ところに強いピークが観測されるが，PPO/クレイ系(b)では，低角側にシフトし，PPO鎖がクレイ間にインターカレーションされていることが示唆された。これに対して，PA6/クレイ系(c)ではクレイの回折ピークが観測されず，クレイの規則的なスタッキングが破砕されたことを示唆している。PPO/PA6/クレイ系の回折パターン(d)は，ほぼPA6/クレイ系(c)と同様である。この結果は，クレイがPPOよりもPA6に対して親和性を持っており，その結果，クレイはPPO/PA6ブレンド系においても選択的にPA6相に存在していると考えられる。はじめに紹介した文献においても，クレイはブレンドのどちらか一方に選択的に分散することが報告されている。例えば，PS/PMMAブレンド系ではクレイは主にPMMA相と界面に存在することが報告されている[1]。また，PA6/EPRブレンド系においても，やはりクレイは選択的にPA6相に存在することが報告されている[3]。

上記WAXD解析からの推察を裏付けるため，我々はさらに透過電子顕微鏡(TEM)観察を行った。図6(a)には押出方向に垂直な方向で切断したPPO/PA6/クレイ（5%）系のTEM写真を示す。図中，白い部分がPPO相である。TEM写真による，この構造は図3のSEM写真の結果とも良く合致している。TEM写真観察においてもPPO相にはクレイが分散していないのが分かる。図6(b)はさらに倍率を拡大した写真であり，クレイがPA6相において，その一部は2,3枚重なった構造になっているものの，ほとんどのクレイが一枚一枚剥離した状態で分散しているのが分かる。PPO/PA6ブレンド系ナノコンポジットで観察された，このようなクレイのPA6相への選

第1章 クレイ系ナノコンポジット

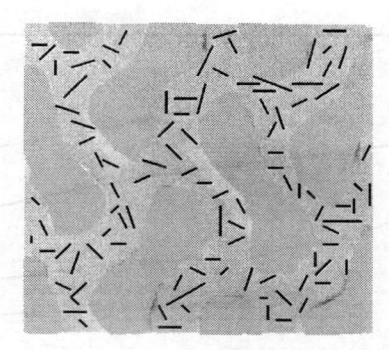

図7　PPO/PA6/クレイ系ナノコンポジットにおいて形成された共連続構造の模式図

択的な分散は，成分ポリマーにおけるクレイとの親和性の差であると考えられる。特に，PA6における分子鎖はアミド基等を含んでおり，PPO鎖に比べ極性が高いためにクレイ層が容易にPA6鎖と相互作用（水素結合等の形成）し，その結果クレイが剥離すると考えられる。このような解析，観察結果を基に，PPO/PA6ブレンド系ナノコンポジットで形成された共連続構造を模式的に描いたのが，図7である。

10.6　モルフォロジーに及ぼすクレイの効果

前項の解析により，概ねブレンド中のクレイの分散状態を把握することができ，選択的にクレイがPA6相に剥離して存在することが分かった。しかしながら，一方でクレイの添加量が本ブレンド系のモルフォロジーを大きく変化させることを見てきた。そこで，我々はクレイがモルフォロジーに及ぼす役割を検証することを試みた。まず，クレイが分散相サイズを小さくすることや共連続構造へと変化させる役割として，次の2つを仮定した。すなわち，①Wang等によって提案[2]されているように，クレイは相容化剤として作用し，PPO/PA6ブレンド系の界面張力を下げる。②クレイはブレンド系のレオロジーな性質を変化させる。最初の仮定は，以下の理由で本ブレンド系では除外されると思われる。すなわち，相容化剤は通常両成分ポリマーに対して同じ相互作用をすると考えられるし，選択的に両相間の界面に存在すると考えられる。しかしながら，本ブレンド系では明らかにクレイはPA6相にのみ選択的に存在している。それゆえ，クレイの役割は後者②であると思われる。すなわち，モルフォロジー変化はクレイがブレンド系の溶融状態での挙動に影響を及ぼした結果であると推察される。これを検証するには，例えば共連続構造が形成されるブレンド組成を推論してみるのが良いと思われる。一般的に，二元系ポリマーにおける共連続構造は相反転が起こる近傍の組成で形成されると考えられている。例えば，

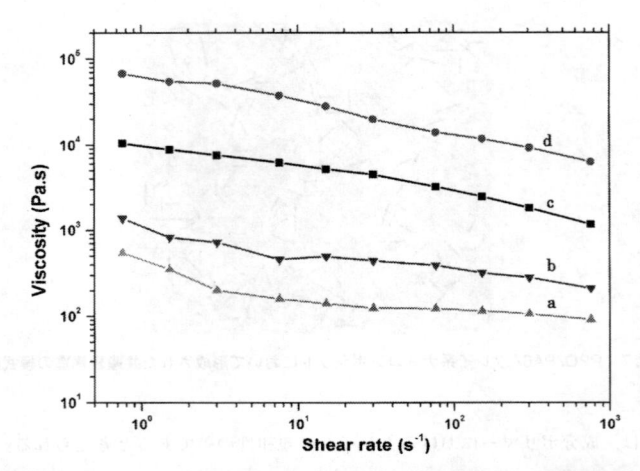

図8 各成分ポリマーならびにクレイを添加した系の溶融粘度のせん断速度依存性
(a) PA6 単体，(b) PA6/クレイ (4%)，(c) PA6/クレイ (10%)，(d) PPO 単体

もっとも簡単な表式による相反転の条件は次のように表される[7]。

$$\phi_1/\phi_2 = \eta_1/\eta_2 \tag{1}$$

ここに，ϕ_i と η_i は，それぞれ成分ポリマー i の体積分率と溶融粘度である。これらを実験的に評価するために，まずPA6単体，PA/クレイ系，PPO単体における溶融粘度のせん断速度依存性を調べた。その結果を図8に示す。特に，本系の試料作製に当たっては成形加工条件として100rpmのスクリュー回転はおよそ 50sec^{-1} のせん断速度に相当することから，図8上で 50sec^{-1} でのPPO/PA6ブレンド系の溶融粘度の比を見積もると，200だったものが，クレイを2%添加することにより，一気に60まで減少することが分かる。さらに，クレイを5%添加することにより，その粘度比は7.5にまで減少する。ただし，この評価を行う際，留意すべきは本ブレンド系ではクレイがPA6相にのみ分散しているという知見である。従って，PPO/PA6ブレンド系にクレイが2%（5%）添加されたという組成は，PA6相には倍の量である4%（10%）存在していることに等しいとして考える必要がある。このような考察の基に，(1)式を用いて相反転する組成を求めると，粘度比7.5に対しては，PPO相の組成が87%と見積もられる。しかしながら我々の実験では，PPO/PA6＝50/50wt%ブレンドにクレイを5%添加することにより共連続構造が形成されている。他の理論式からの推算でも同様な結果となり，残念ながら50%という組成を再現することは出来なかった。この点については更に検討を進めている。一方で，図8に示されているように，PA6/クレイ系で急激な"Shear Thinning"挙動が観測されなかったことは注目に

値する。

さて，クレイの重要な構造制御要因として最後に挙げられるのは，クレイ自身の高いアスペクト比である。溶融混練時のモルフォロジー変化は，主に流動誘起過程により決まる。そこで，高いアスペクト比をもつクレイは，溶融混練時においてPPO相の凝集を妨げるように効果的に作用し，ブレンド系のモルフォロジー変化が起こる。クレイのこの効果は，一旦作製した試料を熱処理することにより検証できる。すなわち，PPO/PA6ブレンド系に対してクレイ無添加のものと2%添加したものとを270℃で2時間熱処理することにより，無添加の系ではPPOドメインサイズが4.1μmから5.3μmに増大したのに対し，クレイを添加した系では熱処理後も変化することはなかった。

以上のように，クレイは選択的にPA6相に入り込み，それ自身の高いアスペクト比により溶融混練時にPPO相の凝集を妨げるように効果的にモルフォロジーを制御していることが分かった。

10.7 おわりに

ポリマーブレンド系ナノコンポジットについて我々の最近の研究を中心に紹介した。クレイによる効果的なモルフォロジー制御により，より微細な構造を実現するだけでなく，特異的な構造に起因する，新たな物性の発現が大いに期待される。本節が，この分野の進歩に少しでも貢献できることを祈念している。

文　献

1) M. Y. Gelfer , Hyun H. Song, Lizhi Liu, Benjamin S. Hsiao, Benjamin Chu, Miriam Rafailovich, Mayu Si, Vladimir Zaitsev, *J. Polym. Sci. Part B : Polym. Phys.*, **41**, 44(2003).
2) Y. Wang, Q. Zhang, and Q. Fu, *Macromol. Rapid Commun.*, **24**, 231 (2003).
3) B. B. Khatua, D. J. Lee, H. Y. Kim, and J. K. Kim, *Macromolecules*, **37**, 2454 (2004).
4) K. Yurekli, A. Karim, E. J. Amis, and R. Krishnamoorti, *Macromolecules*, **36**, 7256 (2003).
5) K. Yurekli, A. Karim, E. J. Amis, and R. Krishnamoorti, *Macromolecules*, **37**, 507 (2003).
6) Yongjin Li and Hiroshi Shimizu, *Polymer*, **45**, 7381 (2004).
7) D. R. Paul and J. W. Barlow, *J. Macromol. Sci., Rev. Macromol. Chem.*, **C18**, 109 (1980).

第2章　その他のナノコンポジット

1 熱硬化性樹脂系ナノコンポジット

長谷川喜一*

1.1 はじめに

　熱硬化性樹脂は，よくいわれるように硬化後は不溶不融の三次元網目構造をとる。樹脂だけでの成形物は熱可塑性樹脂に比べるともろく脆弱であり，そのままでは使用に耐えないため，一般に，熱硬化性樹脂モノマーやオリゴマーに強化材を配合して硬化させ，コンポジットとして使用されている。強化材には通常，木粉，ガラス繊維，炭素繊維，アラミド繊維，各種ウィスカ等が用いられているが，ナノオーダーのフィラーを分散させれば，熱硬化性樹脂系ナノコンポジットとなりうる。しかしながら，通常，熱硬化性樹脂は極性基をもっており，それ自身凝集しやすく，ナノ分散体の調製は非常に難しい。近年になって，粘土鉱物（クレイ）の一種であるモンモリロナイトなどの層状ケイ酸塩をポリマーマトリックスにナノ分散させた有機・無機ハイブリッド材料が注目を集め，熱可塑性樹脂系において大きな成果があげられている。エポキシ樹脂などの熱硬化性樹脂においても検討が始まり，引張強さの増加など興味深い物性を示すことが報告[3]されているが，現在のところ，工業材料としての実用化までにはいたっていない。

　熱硬化性樹脂のナノコンポジット化には，熱可塑性樹脂系とは異なる特徴がいくつかある。1つ目は変性が容易なことである。すなわち，多種多様な化合物の中から変性に適した材料を選択することによって，目的に合致した物性の樹脂を容易にテーラーメイドすることが出来る。したがって，ナノコンポジット化による耐衝撃性や伸びの低下をマトリックス自体の変性により補うことが可能となる。2つ目は粘度が低いことである。ナノコンポジットの場合，微粒子の添加により粘度が急激に増加するため，作業性の面からもマトリックスは低粘度であることが望ましい。その反面，熱可塑性樹脂に用いられている高せん断負荷によるナノコンポジット製造方法の適用が困難となる欠点につながる。3つ目は，熱硬化性樹脂は硬化により液状から固体に変わるため，成形収縮が大きく，また架橋構造体であるため脆いという欠点をもつことである。ナノコンポジット化により，線膨張係数の低下や破壊靭性の向上が達成できれば，上記の欠点がクリアされ，新しい用途の開発が可能になるものと期待できる。ここでは熱硬化性樹脂，なかでもエポキシ樹脂を中心に，クレイ系ナノコンポジットの開発事例を紹介し，ナノコンポジットの特徴と，

　＊　Kiichi Hasegawa　大阪市立工業研究所　加工技術課　高性能樹脂研究室　研究副主幹

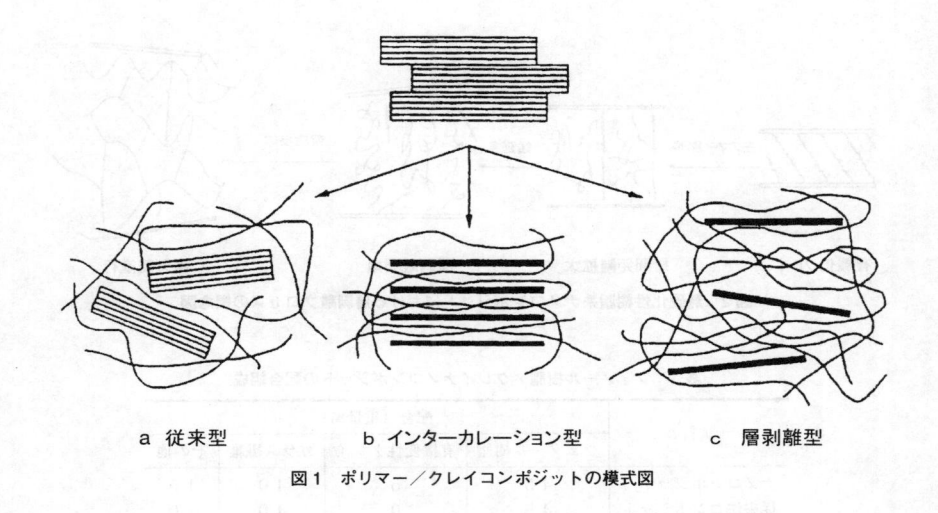

第2章 その他のナノコンポジット

a 従来型　　　b インターカレーション型　　　c 層剥離型

図1　ポリマー／クレイコンポジットの模式図

これからの課題について述べる。

1.2 ナノコンポジットの構造と製造方法

ナノコンポジットの構造は図1に示すように3種類に分類することができる[1]。aは従来型と呼ばれ、層状化合物がそのままの形で分散しているだけである。bは層間にマトリックスが挿入されているので、インターカレーション型あるいは層間挿入型と呼ばれる。cは層が1枚1枚ばらばらに分かれて分散しており、層剥離型と呼ばれる。このタイプが本来の意味でのナノコンポジットであるが、実際にはbや、bとcの混在型も多く見られる。

熱硬化性樹脂−クレイナノコンポジットの製造は、以下のように行う。まず、有機変性クレイを液状樹脂に混合し、減圧撹拌下、硬化反応が進行しない程度の温度に加熱して、クレイの層間に樹脂を十分に挿入させる。その後、硬化剤を加え混合後、所定の温度で硬化させる。硬化時に樹脂が発熱・膨張するために層剥離がおこるといわれている。これを図2に模式的に示した[2]。

1.3 フェノール樹脂系ナノコンポジット

フェノール樹脂系ナノコンポジットについては報告が少ない。これは、フェノール樹脂は硬化時に揮発物を発生するため、コンポジットの作成が困難なためと思われる。表1に示した配合のフェノール樹脂硬化物の熱負荷試験を行った結果を図3に示した[3]。200℃で加熱試験した時の曲げ強さの保持率はナノコンポジットの方が優れた値を示している。これは、クレイによる酸素

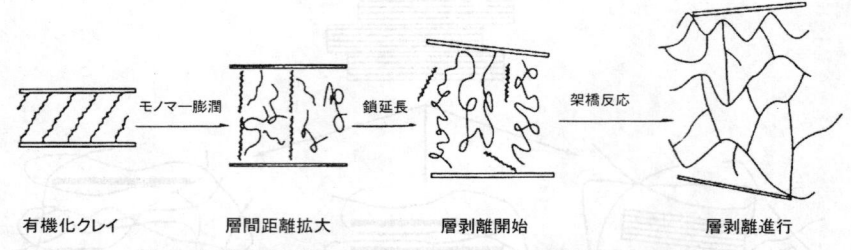

図2 熱硬化性樹脂系ナノコンポジットにおける層剥離プロセスの概念図

表1 フェノール樹脂/クレイナノコンポジットの配合組成

試料	配合（重量%）			
	フェノール樹脂	有機変性クレイ	ガラス繊維	その他
ナノコンポジット	45	5	40	15
従来法コンポジット	45	0	40	10

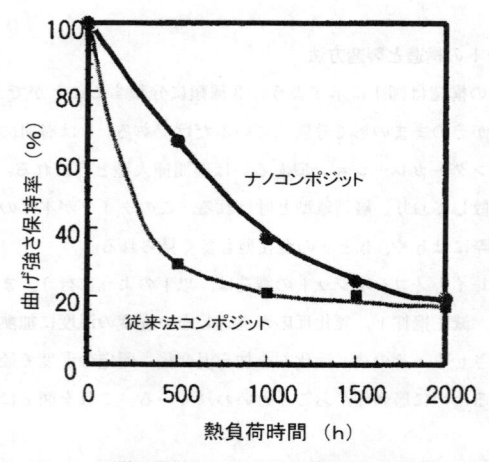

図3 フェノール樹脂硬化物の200℃熱負荷試験後の曲げ強さ保持率

遮断効果によるものと考えられている。図4に表面からの距離と酸素原子の濃度との関係を示した。500μ以上の深さになると，ナノコンポジットにおいて酸素侵入が激減していることが分かる。

第2章　その他のナノコンポジット

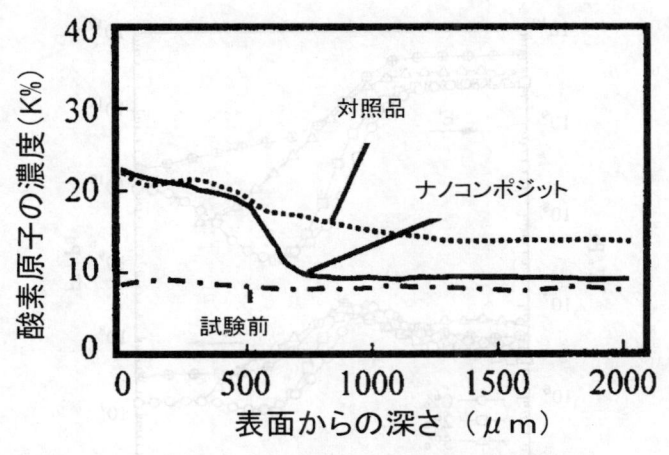

図4　ナノコンポジットの表面からの深さと酸素原子濃度

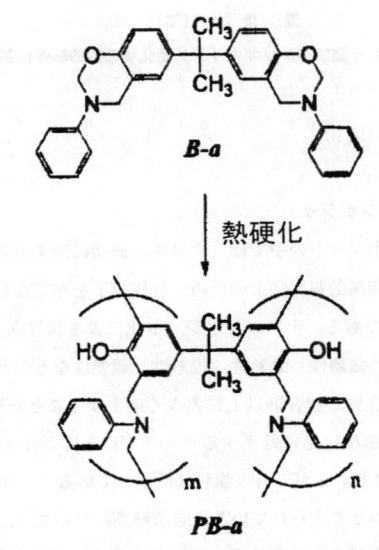

図5　代表的なベンゾオキサジンの構造とその硬化物

　最近になって，揮発物がでない付加型フェノール樹脂であるベンゾオキサジン樹脂（図5）についてもナノコンポジット化が図られている。有機変性クレイを用いることにより，耐熱性と弾

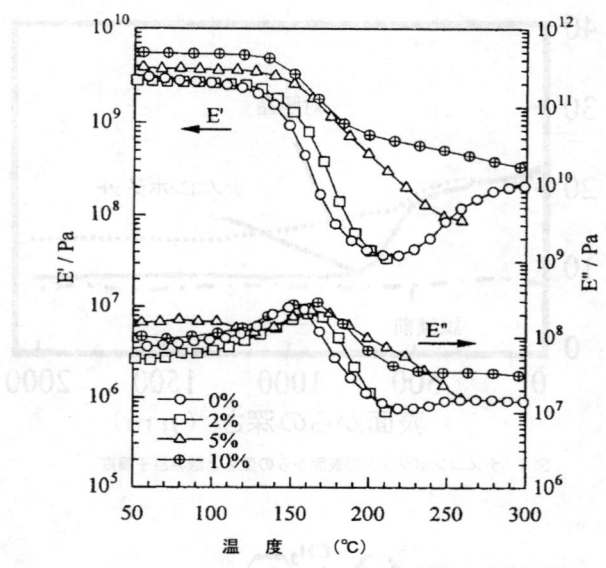

図6 クレイ添加ベンゾオキサジン硬化物の動的粘弾性測定結果

性率の向上がみられている（図6）[4]。

1.4 エポキシ樹脂系ナノコンポジット

熱硬化性樹脂系ナノコンポジットの中では，エポキシ樹脂に関する開発事例が最も多い。これは，エポキシ樹脂の場合，機械的強度向上のため，無機粒子を充てんしコンポジット化することが一般に行われてきたからである。ナノコンポジット化による物性向上として期待されるのは，機械的性質をはじめとして，強靭性，耐熱性，接着性，難燃性などの向上があげられる。

クレイ添加により機械的性質が複合則以上に大きく向上することが期待されるが，実際には，弾性率は向上するものの，強度は逆に低下するケースがほとんどである。その例を図7に示した[5]。引張弾性率は確かに向上するが，引張強さは低下していることが分かる。これは伸びが著しく低下することによるものと考えられている。破壊靭性については，クレイがクラック進展のピン止め効果を発揮することにより向上する。その例を図8に示した[6]。エポキシ樹脂の種類により異なるが，最大2倍まで向上している。

ナノコンポジットにおいては，クレイはマトリックスの分子運動を制限するため，耐熱性は向上するものと予想される。しかしながら，ガラス転移温度（Tg）が変化しない例や，逆に低下

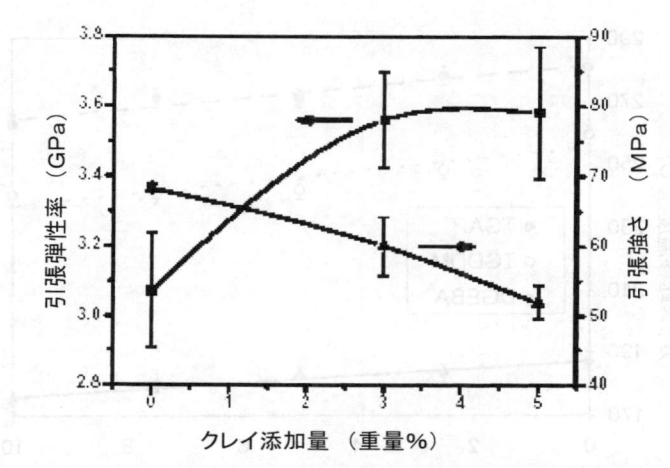

図7 エポキシ樹脂／クレイナノコンポジットのクレイ添加量と引張強さ

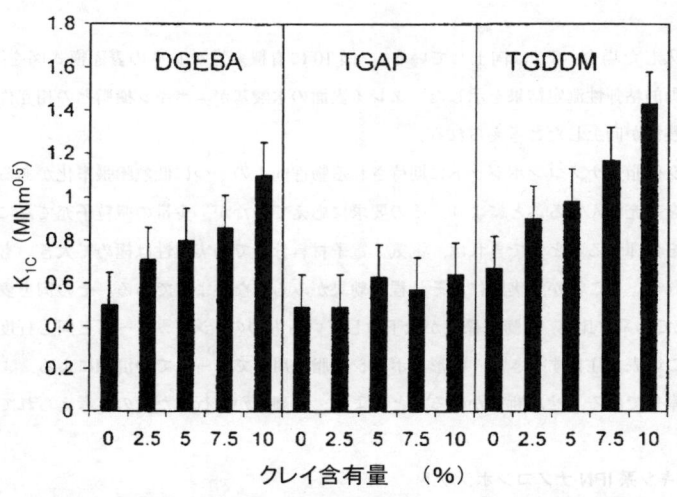

図8 クレイ添加エポキシ樹脂硬化物の破壊靭性値（K_{1C}）（硬化剤：DETDA）

したという報告も多い。図9[5]はTgが低下している例で，その原因としてはクレイの有機変性基（オクタデシルアンモニウムイオン）が可塑剤として働く，あるいはクレイ近傍での架橋反応の阻害が考えられるが，明確ではない。一方，有機変性基にエポキシ樹脂と相互作用性をもつ置

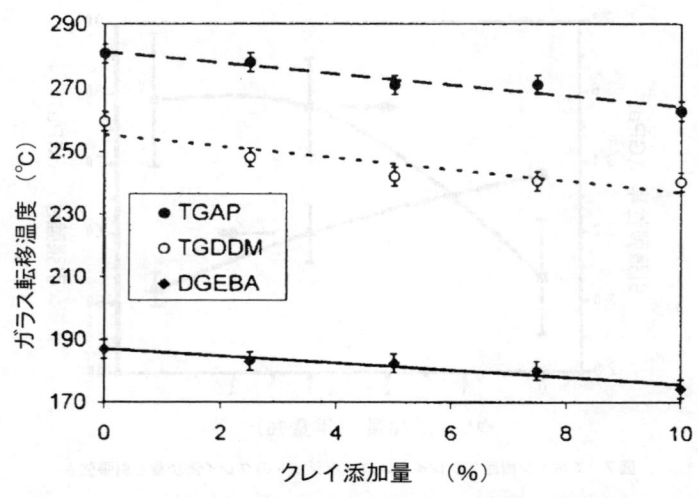

図9 クレイ添加エポキシ樹脂硬化物のガラス転移温度(硬化剤:DETDA)

換基を導入した場合,Tg は向上している[7]。図10に有機変性クレイの表面模式図を,図11に硬化物の動的粘弾性測定結果を示した。クレイ表面の水酸基がエポキシ樹脂との相互作用を持つため,耐熱性が向上したと考えられる。

エポキシ樹脂系ナノコンポジットに期待される物性向上の一つに低熱膨張率化がある。従来は充てん材を高充てんすることにより,その要求に応えていたが,少量の微粒子充てんにより,同等の効果を発揮することができれば,電気・電子材料分野での実用性は極めて大きいものになると考えられる。ところが,実際にはそれ程の効果がみられないようである。その例を表2に示した[8]。非充てん系に比べ,線膨張係数が低下はしているものの,シリカビーズと同じ程度に止まっている。この表で注目すべきは,固形エポキシ樹脂を用いてロールでの混練による,より一層の低熱膨張率化である。せん断をかけることにより,層剥離が進行したものと考えられている。

1.5 エポキシ系IPNナノコンポジット

筆者らは,接着剤や電子材料用途に幅広く使用されているエポキシ樹脂の構造制御や,異種樹脂とのブレンド・アロイ化,さらには,無機質フィラー(充てん材)や繊維による複合化などの手法を用いて,高性能化・高機能化を図ってきた。たとえば,ビスフェノールA型エポキシ樹脂を主剤として,2官能性の橋かけ型ジアクリル酸エステルとの相互貫入高分子網目(Interpenetrating polymer network, IPN)が,硬化剤の選択によって樹脂組成物の構造が制御

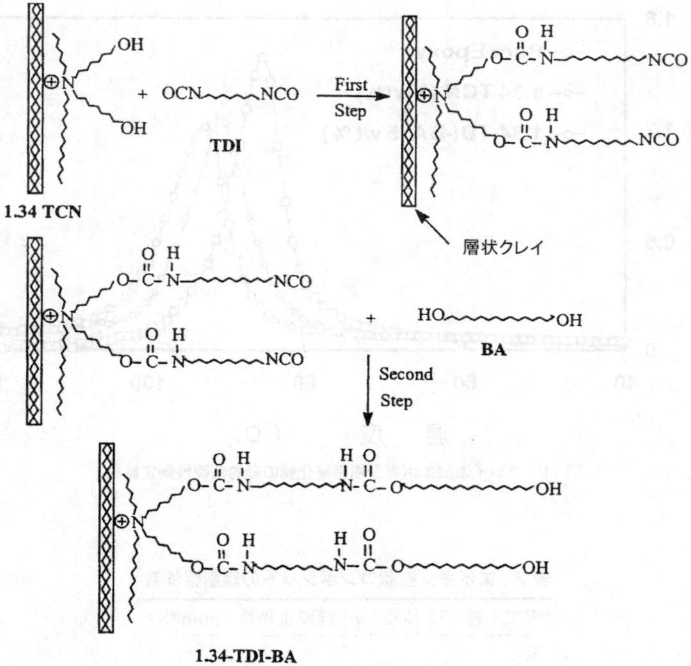

第2章 その他のナノコンポジット

図10 TDAとBAで鎖延長した有機変性クレイ（1.34TCN）の模式図

できることを明らかにし，エポキシ樹脂の耐衝撃性や接着性などを大きく改善できることを見出している[9]。これらのIPNのさらなる物性の向上を目的として，有機変性クレイを複合したIPN系ナノコンポジットの作製を試み，動的粘弾性，接着性ならびに難燃性について検討した[10, 11]。用いた有機変性クレイはC38-MMT（塩化ジメチルジステアリルアンモニウム処理モンモリロナイト）とC12-MMT（塩化アミノラウリン酸処理モンモリロナイト）の2種である。

得られたナノコンポジットの動的粘弾性を測定したところ，tan δ のピーク温度（ガラス転移温度に相当）が未添加系に比べて，配合組成によって異なるが5℃から最高20℃高くなり，耐熱性が向上することが分かった。接着強さについては，鋼材を被着体とした引張せん断接着強さを測定した。BPO触媒系において，未添加系に比べて最大30%の向上が見られた（図12）。難燃性についてはコーンカロリーメータを用いて発熱速度の測定を行った。C38-MMTを5wt%分散させたエポキシ樹脂硬化物の結果を図13に示した。最大発熱速度は未添加系に比べ約半分に低下しており，難燃性が付与されたことが分かる。

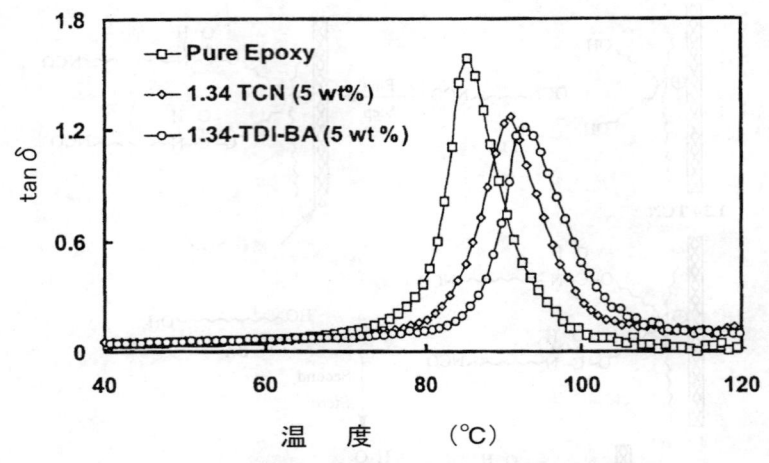

図11 クレイ添加エポキシ樹脂硬化物の動的粘弾性測定結果

表2 エポキシ樹脂コンポジットの線膨張係数

充てん材（5.5体積%）	線膨張係数（ppm/K）
無し	63.3
シリカビーズ	57.8
クレイ（混連なし）	58.1
クレイ（混連あり）	52.6

1.6 ポリイミド系ナノコンポジット

ポリイミドは耐熱性，電気絶縁性，誘電特性が優れており，フレキシブル印刷回路基板としてなくてはならないものになっている。現在，線膨張係数の低減化，誘電率の低下などが要求されており，これらの物性改善が期待できるナノコンポジットに注目が集まっている。クレイナノコンポジットフィルムについて検討した例があり[12]，線膨張係数の低下（図14）と共に水蒸気透過係数の大幅な低下が（図15）みられたとしている。その効果はクレイが長いほど大きいと報告されている（図16）。

1.7 おわりに

熱硬化性樹脂系ナノコンポジットは熱可塑性樹脂系の後を追う形で，数年前より研究開発が始

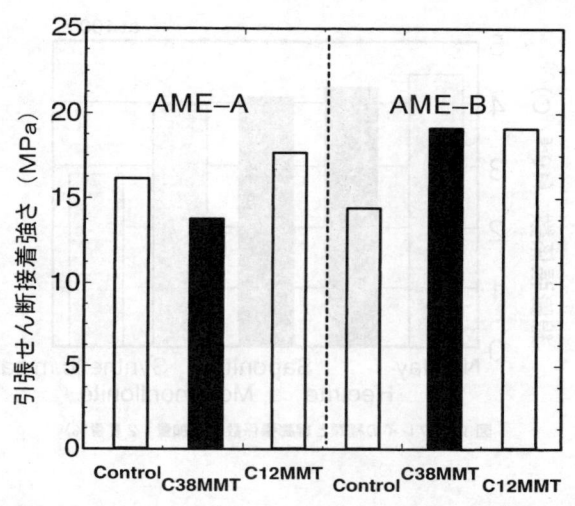

図12 エポキシ樹脂／アクリレート系IPNナノコンポジットの引張せん断接着強さ（AME‐A：イミダゾール／AIBN触媒系，AME‐B：イミダゾール／BPO触媒系）

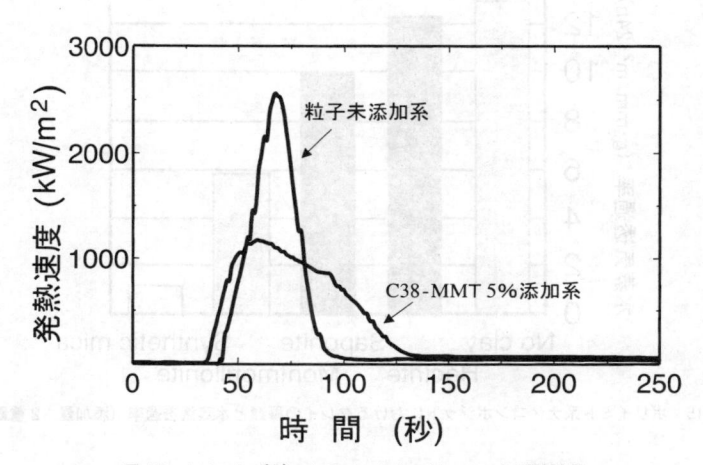

図13 ナノコンポジットのコーンカロリーメータ試験結果

まったばかりであり，まだ，工業的に実用化された例は聞かない。しかしながら，ナノコンポジット化することにより，耐熱性，機械的特性などが向上することが報告されており，今後ますます

図14 クレイの種類と線膨張係数(添加量:2重量%)

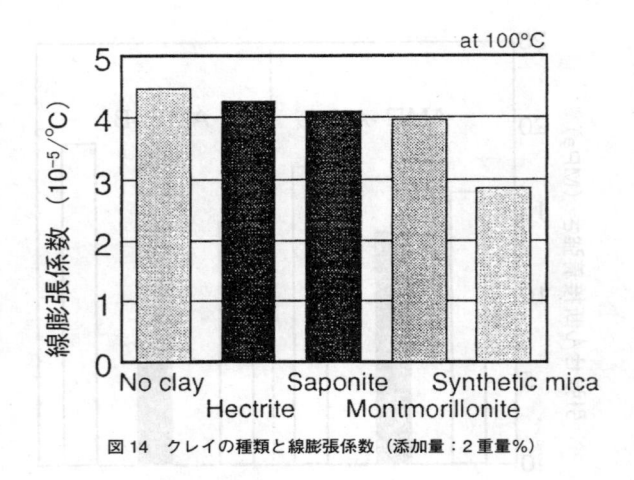

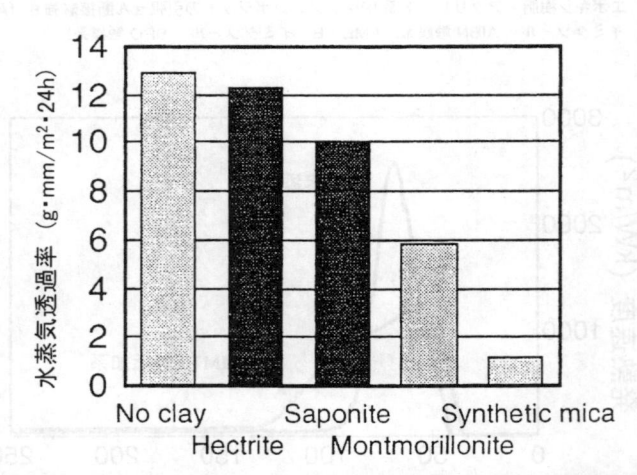

図15 ポリイミド系ナノコンポジットにおけるクレイの種類と水蒸気透過率(添加量:2重量%)

研究が活発化することは間違いないだろう。現在はエポキシ樹脂系が中心であるが、ポリイミド、ポリウレタン、不飽和ポリエステルなどの他の熱硬化性樹脂にも適用が広がるものと期待される。

第2章　その他のナノコンポジット

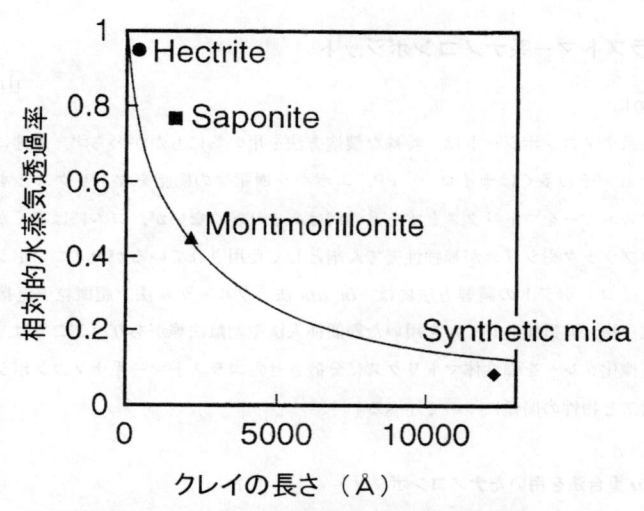

図16　クレイの長さと透過率の相対比較（添加量：2重量%）

文　　献

1) T. J. Pinnavaia and G. W. Bell Edited, Z. Wang et. al., "Polymer-clay nanocomposites : Chap. 7 Epoxy-Clay Nanocomposites", John Wiley & Sons Ltd. p.130 (2000)
2) Z. Wang, T. Pinnavaia, *J. Chem. Mater.*, **10**, 1820 (1998)
3) 加藤　誠, 月ヶ瀬あずさ, 下　俊久, 谷澤秀美, *Polymer Preprint Japan*, **51**, 2293 (2002)
4) T. Takeichi, R. Zeidam, T. Agag, *Polymer*, **43**, 45 (2002)
5) G. Zhou, L. J. Lee, J. Castro, SPE ANTEC 2003 Proceedings, 2094 (2003)
6) O. Becker, R. Varley, G. Simon, *Polymer*, **43**, 4365 (2002)
7) W. Feng, A. Alt-Kadi, B. Riedl, *Polym. Eng. Sci.*, **42**, 1827 (2002)
8) 紺田哲史, 吉村　毅, 斉藤英一郎, 林　隆夫, 三輪晃嗣, ネットワークポリマー, **24**, 186 (2003)
9) 奥村浩史, 大越雅之, 長谷川喜一, 門多丈治, ネットワークポリマー, **24**, 104, 148 (2003)
10) 奥村浩史, 竹岡泰宏, 大越雅之, 長谷川喜一, 門多丈治, 日本接着学会誌, **39**, 377 (2003)
11) 奥村浩史, 竹岡泰宏, 大越雅之, 長谷川喜一, 門多丈治, ネットワークポリマー, **25**, 131 (2004)
12) K. Yano, A. Usuki, A. Okada, *J. Polym. Sci., Part A Polym. Chem.*, **35**, 2289 (1997)

2 エラストマー系ナノコンポジット

山田英介[*]

2.1 はじめに

ポリマー系ナノコンポジットは，特殊な製造方法を用いるにもかかわらず，急速に工業化段階に入っている。その多くはナイロン，PP，エポキシ樹脂等の樹脂をマトリクスとする系が主であり，エラストマーをマトリクスとする系の例はあまり多くないが，ゴムには古くからナノ粒子のカーボンブラックやシリカが補強性充てん剤として使用されているがナノコンポジットとは言わない。ナノコンポジットの調製方法には，$in\ situ$ 法，ゾル－ゲル法，超微粒子直接分散法及び無機層状化合物（有機化クレー）を用いた層間挿入法や剥離法等があり，ここでは，比較的研究例の多い有機化クレーを弾性体マトリクスに分散させたエラストマー系ナノコンポジットを中心に調製や構造と物性の関係について述べる。

2.2 $in\ situ$ 重合法を用いたナノコンポジット

過酸化物架橋水素添加アクリロニトリルブタジエンゴム（H-NBR）にメタクリル酸亜鉛（ZDMA）を配合し、ゴムの架橋を行なう工程で $in\ situ$ 重合させており、H-NBR 架橋体マトリクス中にポリメタクリル酸亜鉛粒子が微分散した高次構造を形成させている。この材料はカーボンブラック配合系と比べて更に引張り強さが高い超高強度材料であり，この材料の特徴はH-NBR 架橋時に ZDMA の重合と同時にポリマー分子にグラフト・アダクト反応し，ZDMA 微粒子がナノサイズで分散した微細構造が生成するとしている。透過型電子顕微鏡（TEM）写真から，20nm 程度の ZDMA 微粒子が均一に規則的に配列した高次構造を形成しており，この構造は高伸張下においても破壊すること無く，マトリクスと ZDMA 微粒子とは化学結合が介在する界面層を形成し，伸張によって異方性を示して超高強度を発現していると考えられる[1,2]。

2.3 ゾル－ゲル法を用いたナノコンポジット

金属アルコキサイドの加水分解・縮合反応、いわゆるゾル－ゲル反応でポリマー中に微粒子あるいは構造体を生成させてナノコンポジットを調製するもので，一般には，テトラエトキシシラン（TEOS）等を使用したシリカハイブリッド（無機－有機ハイブリッド）であり，マトリクスとしてシリコーンゴム[3,4]や各種ジエン系ゴムの架橋体中にシリカ微粒子を分散させた例がある。

汎用ゴムのスチレン－ブタジエン共重合ゴム（SBR）架橋体を TEOS 溶液に浸漬して膨潤させたのち，触媒を用いてゾル－ゲル反応を行なってシリカ分散 SBR 架橋体を調製し，補強効果

---

[*] Eisuke Yamada　愛知工業大学　工学部　応用化学科　応用化学専攻　教授

第2章 その他のナノコンポジット

を明らかにしている[5,6]。また，ブタジエンゴム（BR）架橋体では，ゾル−ゲル反応の条件の検討をしており，TEM写真観察から，それらはいずれも数十nmの球状シリカ粒子が連結することなく，均一に分散したモルホロジーであることを認めている[7]。シリカの粒子径は架橋体の網目鎖密度によって影響を受け，網目鎖密度が高くなると粒子径は小さくなるとしている。このとき架橋体のガラス化温度（Tg）はあまり変化せず，また動的機械分析（DMA）の$\tan\delta$温度分散曲線の挙動は，補強性充てん剤の湿式シリカを配合した架橋体とは大きく異なるとしている。

ポリウレタン（PU）をマトリクスとして金属アルコキシドのゾル−ゲル反応を行なうと，semi-IPN，IPN，ABCポリマー等の有機−無機ハイブリッドが簡単に得られ，PUの多様性から報告例も多い。

この方法で調製したシリカ/PU semi-IPN形の有機−無機ハイブリッドは，シリカゲルとPUマトリクスがシラノール基との水素結合等の相互作用で構造体を形成しており，それぞれが分子レベルで分散した無色透明なハイブリッドであるとしている[8]。

イソシアナート末端PUプレポリマーを架橋剤と反応させると同時に，水酸基末端ポリジメチルシロキサン（PDMS）とTEOSとのゾル−ゲル反応を行い，PU/シリコーンIPNを得ているが，この系は不安定であることから，相溶性の改良検討も行なっている[9]。更に，エーテル系PUとPDMSの組合せで調製したIPNは，水溶液中の安定性に優れており，医療用途への利用も検討している[10]。

IPNは基本的には独立したそれぞれの架橋体が相互に貫通した構造体であるが，それぞれの架橋体を共有結合で連結したものをABCポリマーと呼び，IPNと区別する場合があり，トリエトキシシリル基を主鎖中に有するPUオリゴマーとTEOSとを反応させ，PU網目とシリカ網目との間を共有結合で連結した透明なハイブリッドが得られており，PUオリゴマーの分子量が重要な要素であり，高分子量オリゴマーを用いるとエラストマーとしての引張物性が改良されるとしている[11]。

官能基数の異なるポリオキシテトラメチレングリコール（PTMG）に，イソシアナート基を有するトリメトキシシランを反応させたのち，チタニウムテトライソプロポキシドと混合，反応させてチタニア分散PUを得ている[12]。有機及び無機成分ドメインはナノオーダーでの系であり，これらのハイブリッドは淡黄色透明な皮革状であるが，チタニア成分の増加とともに動的機械分析（DMA）のゴム状領域の貯蔵弾性率は高くなり，更にその温度範囲が250℃以上にまで広がり，耐熱性が向上したとしている。

2.4 直接分散法を用いたナノコンポジット

ポリマー中に貴金属超微粒子を分散させた金属クラスターハイブリッドがあるが，ポリマーや

ガラス中に金属超微粒子を高速で分散させる手法（RAD 法）が提案され，各分野への応用展開を検討している。この技術を利用してクロロプレンゴム（CR）架橋体中に金超微粒子分散させたナノコンポジットを調製し，得られたナノコンポジット中の CR ゴム分子の運動性を，パルス法^{1}H-NMR の Solid Echo 法で測定して解析し，相構造と諸物性との関係を検討している[13～16]。硫黄変性タイプの CR に RAD 法で金超微粒子を分散させたポリエチレンオキサイド（PEO）を，ロールあるいは溶液ブレンドした CR 架橋体の NMR 解析している。CR 架橋体ではゴム分子のスピン - スピン緩和時間（T_2）から運動性が異なる 4 種の相に分離できるが，高温下において液体と同様な分子運動性となる分子末端鎖の相の運動性に着目している。溶液ブレンド調製ナノコンポジットでは，金を僅か 0.6phr 添加しただけで，分子末端相の運動性を抑制して液状化を防いでおり，同様の効果をカーボンブラック（CB）で得る為には 40phr も充てんする必要であり，CB の相互作用が系全体に及んでいるのに対して，金分散ナノコンポジット系では CR 分子末端のチオール基が選択的に金表面に反応して固定され，温度上昇による液相への転移を抑制するとしている。金微粒子の効果はブレンド量が少なく，分子末端での相互作用であるために，静的物性にはほとんど影響しないが，分子末端の運動性が影響する高温における動的疲労は，末端分子鎖の拘束効果によって大きく改良するとしている。

2.5 層状化合物を用いたナノコンポジット（有機化クレー系ナノコンポジット）

無機層状化合物を用いたポリマー系ナノコンポジットには二つのタイプがあり、一方はポリマー鎖が層状化合物の層間に挿入された挿入型であり，他方は層状化合物が単層まで剥離し，マトリクスポリマー中に分散した剥離型であるが，機械的物性は挿入型でも諸物性を充分に改良できる。マトリクスとして架橋系（ゴム）と熱可塑系エラストマー（TPE）がある。

2.5.1 架橋エラストマー系ナノコンポジット

一般にゴムといわれる範疇のものであり，ゴムには古くからカーボンブラック（CB）やシリカが補強性充てん剤として使用され，これらはナノ粒子の集合体であることから古くて新しい技術とも言える。ゴムには加工及び架橋剤を用いた架橋工程があるためコンポジットは得やすい。

エチレンとプロピレンの共重合系ゴム（EPM や EPDM）の無水マレイン酸処理物とステアリルアミン処理有機化クレー（C18-Mt）を 200℃の二軸押出機にて予備混合したのち，二本ロールで硫黄や促進剤を混練後，架橋してナノコンポジットを得ている[17]。架橋反応中に生成する促進剤ラジカルが EPDM 分子と反応すると極性が高くなり，クレー表面と相互作用が生じて層間に挿入され易くなると推測している。EPDM 系では，4wt％の配合で破断時の引張物性や貯蔵弾性率が 2 倍程度向上し，10wt％程度のブレンドで窒素ガス透過性が 1/2 近くに低減できるとしている。

第2章 その他のナノコンポジット

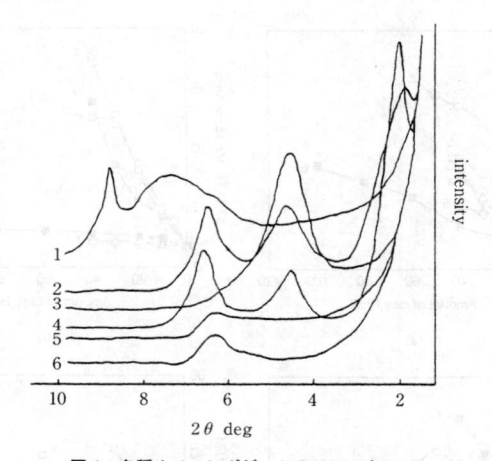

図1 各種ナノコンポジットの XRD パターン
1：クレー，2：有機化クレー，3：SBR/クレー（溶液法），4：BR/クレー，
5：SVBR/クレー，6：SBR/クレー（ラテックス法）

　多くの合成ゴムは，エマルション法（ラテックス）で合成されるため，水にクレーを分散させてブレンドするラテックスブレンド法は，有効なナノコンポジット調製法である。

　水分散クレーと SBR ラテックスを混合後，共沈凝固させ，乾燥，架橋してコンポジットを調製し，得られた SBR/クレー系ナノコンポジット中のクレーの分散構造と機械的物性の関係を検討している[18]。コンポジットのモルホロジーは，図1に示す XRD の 2θ から計算される 001 面の層間距離が，クレーでは 1.2nm から 1.46nm であるのに対して有機化クレーでは 1.9nm から 4.1nm に拡大し，更に，TEM 写真から 20phr ブレンドでは長さ 200-300nm，厚さ 4-10nm の層状クレーが分散し，40phr ブレンドでは更に層間が広がり，ゴム分子の挿入を認めている。引張物性は，充てん量が 40phr でシリカや SRF カーボンブラックより引張強さが高くなり，他の物性も改良されるとしている。また，物性は調製法によって影響され，XRD 及び TEM から溶液法や BR 系で 4.1nm に層間が開き，ラテックス法では 40phr 充てんでの引張物性が標準 CB 配合 SBR と遜色なく，分散状態も良好であり簡便な方法で効果も大きいとしている[19]。

　有機化クレー分散架橋天然ゴムでは，XRD 測定から（001）回折ピークが消失する剥離型ナノコンポジットを得ており[20]，引張物性を未変性クレーや CB（40phr）配合物と比較検討し，OMt を 10phr 添加した架橋物の引張弾性率は CB 配合と同等，引張強さは 1.5 倍程度を示すとしている。

　アクリロニトリルブタジエンゴム（NBR）では，まず，クレーを両末端アミノ基 NBR オリゴ

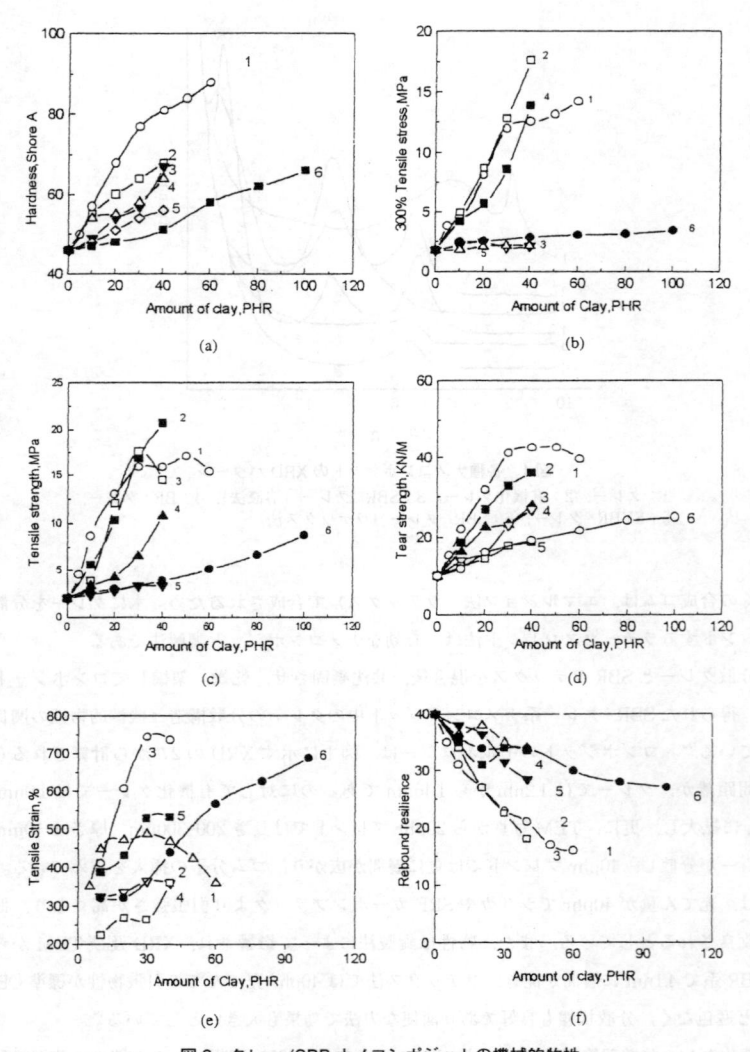

ポリマー系ナノコンポジットの新技術と用途展開

図2 クレー/SBRナノコンポジットの機械的物性
1：クレー/SBR（ラテックス法），2：HAF/SBR，3：シリカ/SBR，
4：SRF/SBR，5：クレー/SBR，6：TC/SBR

マーで変性したものを調製し，それをNBRにブレンドすると層間が0.5nm広がり，更に架橋剤をロール混練して架橋すると，クレー層間表面のオリゴマーとNBRとの共架橋によって，均一にクレーが分散したコンポジットが得られ，NBRオリゴマー変性クレーを3.9wt%ブレンドすると水素や水蒸気の透過性が70%程度に改良ができるとしている[21]。

2.5.2 熱可塑性エラストマー（TPE）系ナノコンポジット

昨今の環境負荷軽減材料としてTPEは注目されている。TPEには多くの種類があるが，オレフィン系を除いて基本的にはハードとソフトセグメントから成るトリあるいはマルチブロック共重合体であり，セグメントを構成するポリマー種やその分子量及び組成比等でミクロ相分離構造が変化し，諸物性に大きく影響することが知られている。TPEはゴムとプラスチックの中間的な特性をもち，これらのナノコンポジット化は力学的な物性の改良のみならず，相構造と物性の関係の研究対象として興味がもたれる。

変性クレーの調製に多段交換反応と分散重合を用いて，ポリブチルアクリレート（PBA）をクレー層間に挿入しており，各段階での層構造は図2に示すXRDパターンのように，クレー-DMSOでは層間が約1.1nm，クレー-グルタミン酸（GA）では約2.55nm，BAを重合させたクレー-PBAコンポジットではほとんど変化ないが複数の層間を持つとしている[22]。これらをスチレン系TPEの代表例であるスチレン-ブタジエン-スチレントリブロック共重合体（SBS）に直接溶融挿入法で分散させたナノコンポジットを得ている。図3に示したこれらのDMA測定結果から，SBSのポリブタジエンとポリスチレンドメインのそれぞれのガラス転移点（Tg）の他に，高温側にスチレンセグメントの一部が優先的に変性クレー層間に挿入した新たなTg_3（約157℃）が生じたとしている。これらの物性は変性クレー量とともに増加するが，0.8wt%以上のブレンドは不均質になり低下する。未変性クレーではこのような現象は確認できず，SBSの熱的特性が改良できるとしている。

SBSを水添したSEBSに有機化クレーを分散させた場合には，SEBSのミクロ相分離構造が制御でき，SEBSのスチレン含有量が30%程度ではシリンドリカルな相構造であるが，有機化クレーの導入によって層状構造（ラメラ）となり，クレー表面にスチレン層ができその隣にEB層が並ぶ構造であることがTEM写真から確認されている[23]。図4に示すようにクレー粒子表面とブロック共重合体の各成分の親和性が異なることによって，発現するミクロ相分離構造が変化することから，クレーに限らず他のナノレベル粒子の選択や化学修飾によって，相構造の制御による物性向上や機能付与の可能性を秘めているとしている。

著者らも，SBSやポリウレタンをマトリクスとする有機化モンモリロナイト（C18-Mt）分散ナノコンポジットのモルホロジーと物性の関係を検討している。SBSはポリブタジエン層に残存する二重結合のため，ロールを用いた過度な高温混合条件では劣化するため，130℃/3分程度

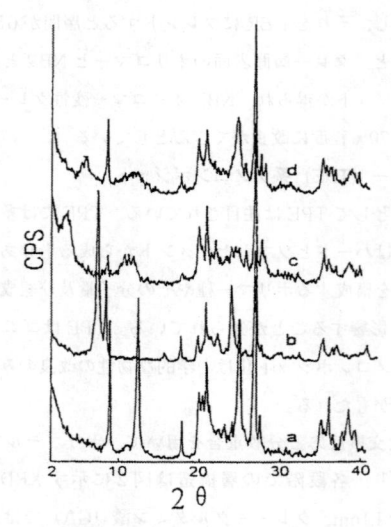

図3 調製したクレーのXRDパターン
(a)クレー, (b)クレー-DMSO, (C)クレー-GA, (d)クレー-PBA

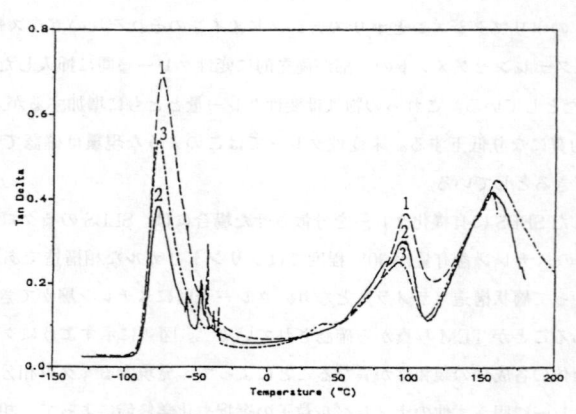

図4 SBS/クレー-PBA ナノコンポジットの DMA
(1) 99.5/0.5, (2) 98.5/1.5, (3) 98.0/2.0

のラボプラストミルによる溶融混練で行なった。図5に示したXRDパターンより,溶融混練ではC18-Mtに少量のSBSしか挿入できないが,THF溶液混合ではSBSの挿入量が多くなり,

第2章 その他のナノコンポジット

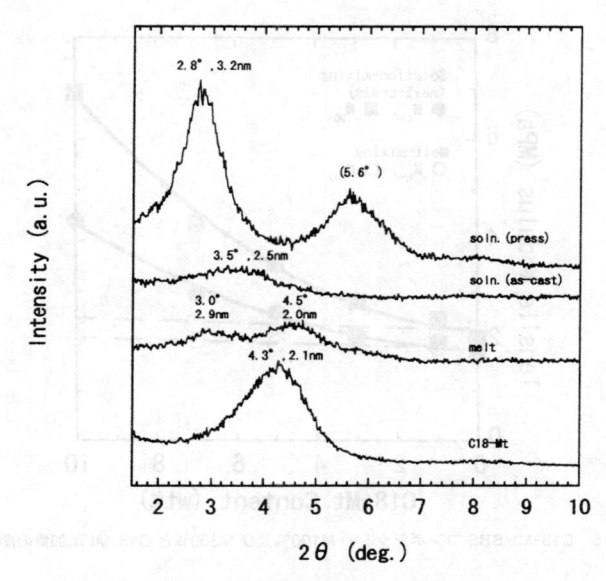

図5 C18-Mt (5wt%)/SBS コンポジットの XRD パターン

　層間が3nm程度に開き，FE-SEM写真から厚さ数十nm，長さ数百nmの微粒子が均一に分散する構造を確認した[24]。図6に示した溶液法における300％引張応力が10wt％添加で3倍程度向上したが，図7に示す破断時の物性は添加量とともに低下する傾向を示し，クレー層間へのSBSの挿入は引張応力を向上するが，高伸張下ではクレー表面からSBS分子の剥離が起こり，破壊起点となるボイドが生じると考えられ，更なるマトリクスポリマーとの密着性の改良が必要であることがわかった。そこで，工業的に有利な溶融混練法による分散性向上を目的とし，C18-Mtを更にステアリン酸で処理し，その処理量と物性の関係を検討した[25]。ステアリン酸処理C18-Mtを用いた場合には，ラボプラストミル中で130℃/3分の溶融混合でも簡単に分散物が得られ，図8に示すXRDパターンより層間は処理量を多くしてもほぼ溶液法と同じ3nm程度となった。図9に示した初期応力はステアリン酸処理量が5wt％で溶液混合と同程度の引張応力を示した。更に，図10及び11に示した破断時の物性は処理量が0.05を越えると低下を概ね抑えることができた。ステアリン酸処理量の増加（0.25）は分散状態を大きく改善し，SEM写真ではほとんど凝集塊が見られなくなるが，引張応力や引裂き強さが低下する傾向を示し，ステアリン酸処理量には最適値が存在した。
　熱可塑性ポリウレタン（TPU）では，PTMG/MDI/BD（1:2:1）系TPUをマトリクスする

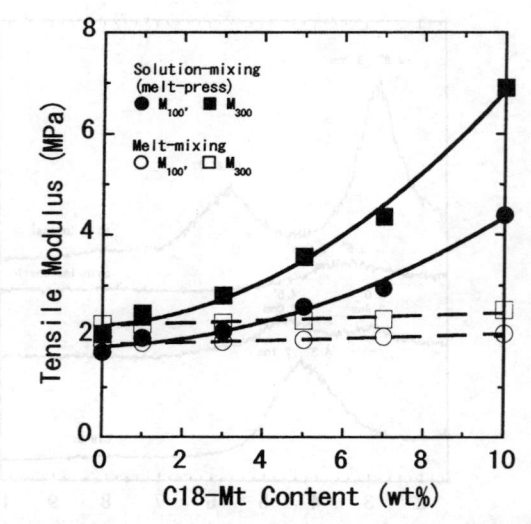

図6 C18-Mt/SBS コンポジットの M100% 及び M300% と C18-Mt 添加量の関係

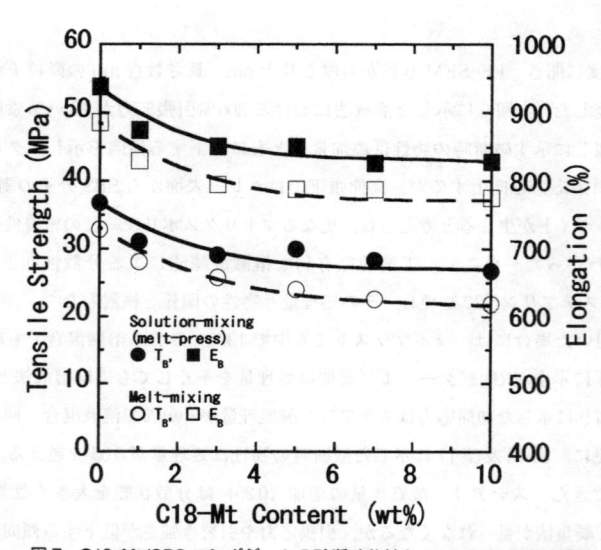

図7 C18-Mt/SBS コンポジットの破断時物性と C18-Mt 添加量の関係

第2章　その他のナノコンポジット

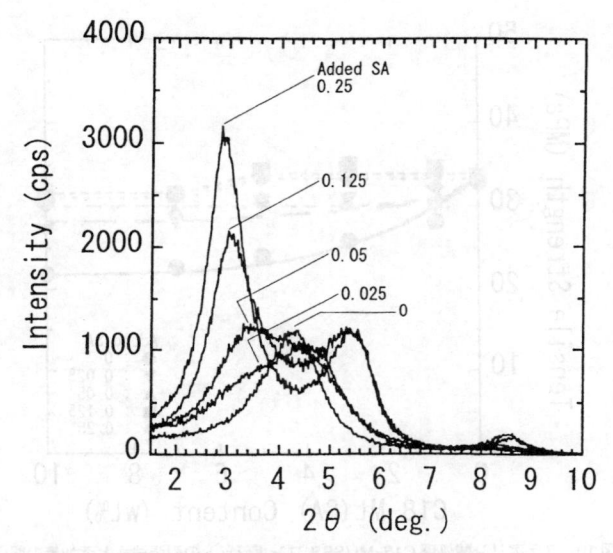

図8　ステアリン酸処理した C18Mt の XRD パターン

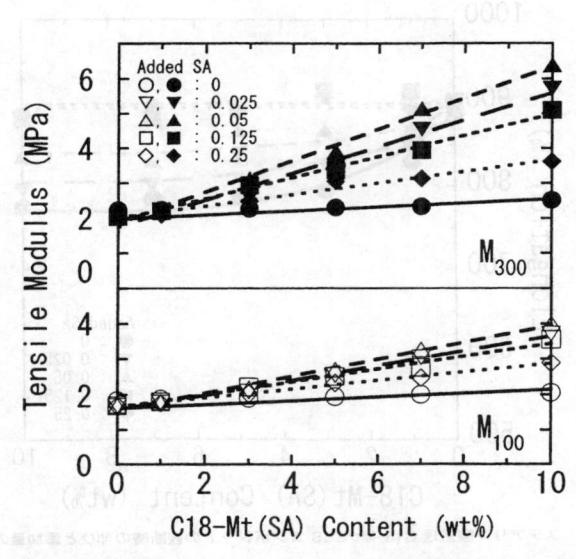

図9　ステアリン酸処理 C18-Mt/SBS コンポジットの M100%及び M300%と添加量の関係

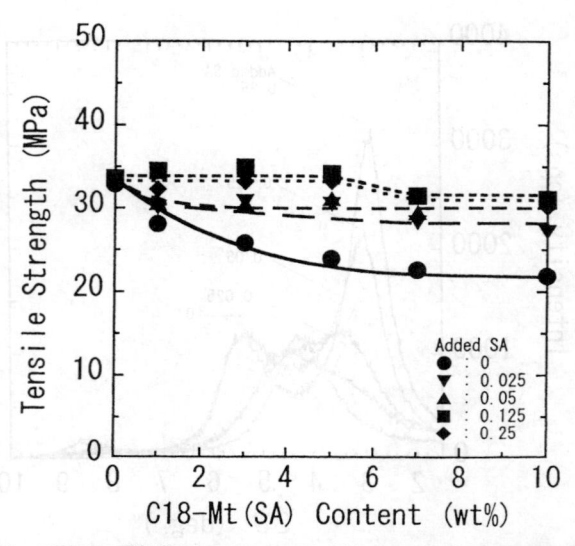

図10 ステアリン酸処理 C18-Mt/SBS コンポジットの引張強さと添加量の関係

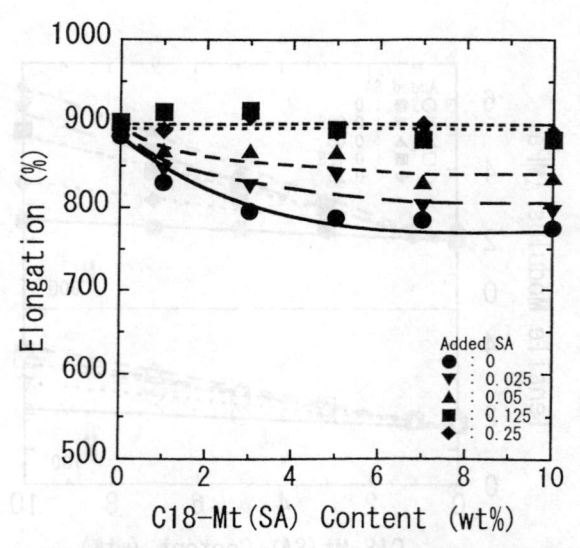

図11 ステアリン酸処理 C18-Mt/SBS コンポジットの破断時の伸びと添加量の関係

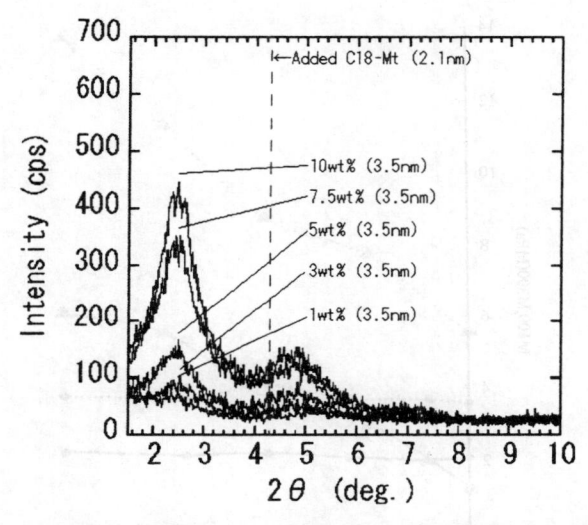

図12 熱ロール法で調製したC18-Mt/TPUコンポジットのXRDパターン

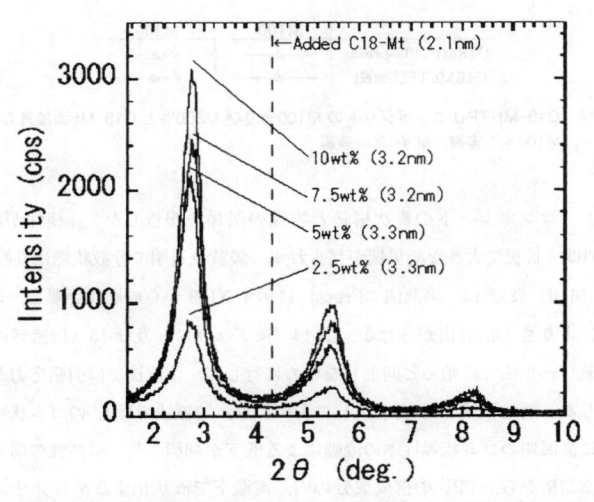

図13 溶液法で調製したC18-Mt/TPUコンポジットのXRDパターン

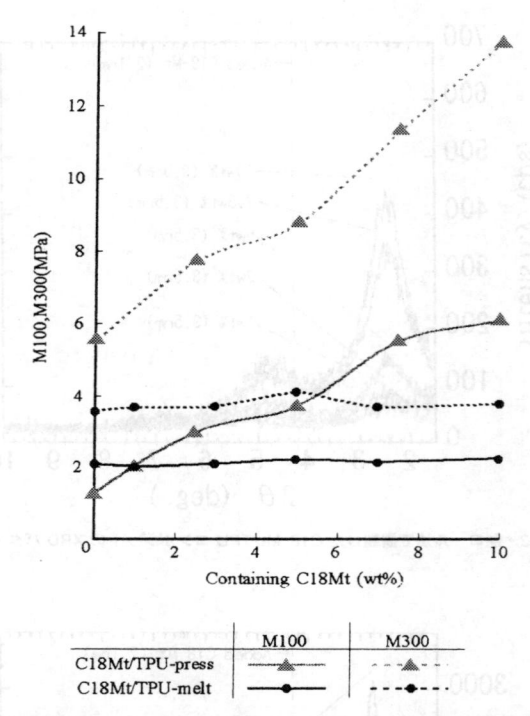

図14 C18-Mt/TPU コンポジットの M100％及び M300％と C18-Mt 添加量の関係
M100％：実線，M300％：破線

C18-Mt 分散ナノコンポジットの高次構造と物性の関係を報告した[26]。極性が高い TPU への C18-Mt の添加は，目視で大きな凝集塊が見られず，淡黄色透明で分散状態は良好である。図12（熱ロール法；Melt）及び13（溶液法；Press）に示す XRD からの層間距離は，いずれも 3.5nm 程度で C18-Mt よりも 1.4nm 広がったが，図14（モジュラス）及び15（破断時の物性）に示す引張物性では熱ロール法では殆んど向上しないのに対して，溶液法では引張応力が添加量とともに大きく向上した。動的機械分析（DMA）においても，溶液法では E' のゴム状プラトー領域の値が高く，更に高温側のゴム状弾性率の流動による低下が抑制され，耐熱性の向上を認めた。また，パルス法 NMR から，TPU の構成成分の内，高温下で液状化するダングリング鎖のように分子運動性が大きい成分が，溶液法では緩和時間（T2），成分分率（F）ともに大きく減少しており，微分散した C18-Mt 層表面に TPU 鎖末端の極性基が吸着固定され，液相への転移が抑制されたと考察した。このように熱特性に問題のあるポリウレタンに対して非常に興味ある改質法

第2章　その他のナノコンポジット

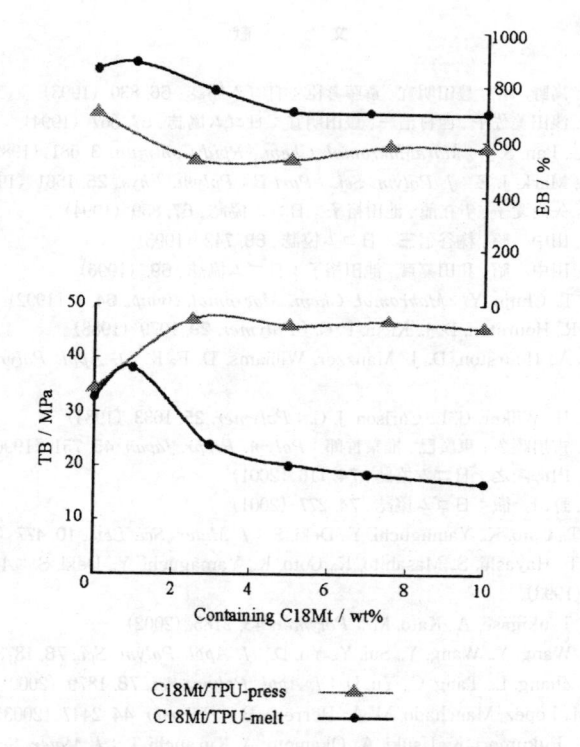

図15　C18-Mt/SBSコンポジットの破断時物性とC18-Mt添加量の関係
溶液法：黒，熱ロール法：グレー

であることが分かった。

　この他にも，無水マレイン酸変性SEBSをコンパティビライザーとして用いて溶融混練によって有機化クレーをSEBSに分散させた剥離ナノコンポジット[27]やスター型のSBSに溶液法で分散させた挿入形ナノコンポジットを調製し[28]，モルフロジーと諸物性の関係を検討している例がある。

　このように，有機化クレーを用いたナノコンポジットは既存のロールや押出し機を用いて調製が可能であり，条件の適正化を行なえばかなり諸物性の向上が期待でき，今後ますます開発研究が進むものと考えられる。

文　献

1) 野村顕正, 高野　仁, 豊田明宜, 斎藤考臣：日ゴム協誌, **66**, 830 (1993)
2) 斎藤考臣, 浅田美佐子, 西村浩一, 豊田明宜：日ゴム協誌, **67**, 867 (1994)
3) Mark, J. E., Pan, S. J.：*MarkMakromol. Chem., Rpid Commun.*, **3**, 681 (1982)
4) Sun, C. C., Mark, J. E.：*J. Polym. Sci.：Part B：Polym. Phys.*, **25**, 1561 (1987)
5) 鞠谷信三, 矢島愛子, 尹在龍, 池田裕子：日ゴム協誌, **67**, 859 (1994)
6) 池田裕子, 田中　昭, 鞠谷信三：日ゴム協誌, **68**, 742 (1995)
7) 鞠谷信三, 田中　昭, 和田嘉彦, 池田裕子：日ゴム協誌, **69**, (1996)
8) Saegusa, T., Chujo, Y.：*Makromol. Chem., Macromol. Symp.*, **64**, 1 (1992)
9) Ebdon, J. R., Hourston, D. J., Klein, P. G.：*Polymer*, **29**, 1079 (1988)
10) Ali, S. A. A., Hourston, D. J., Manzzer, Williams, D. F. K.：*J. Appl. Polym. Sci.*, **55**, 733 (1995)
11) Huang, H. H., Wilker, G. L., Carlson, J. G.：*Polymer*, **25**, 1633 (1984)
12) 森本邦王, 古川睦久, 東廣巳, 椎葉哲郎：*Polym. Prepr. Japan*, **45**, 751 (1996)
13) 野口　徹, 内海隆之：日ゴム協誌, **74**, 116 (2001)
14) 岩蕗　仁, 野口　徹：日ゴム協誌, **74**, 277 (2001)
15) Noguchi, T., Goto, K., Yamaguchi, Y., Deki, S.：*J. Mater. Sci. Lett.*, **10**, 477 (1991)
16) Noguchi, T., Hayashi, S., Masahito, K., Goto, K., Yamaguchi, Y., Deki, S.：*Appl. Phy. Lett.*, **50**, 1769 (1993)
17) Usuki, A., Tsukigase, A., Kato, M.：*Polymer*, **43**, 2185 (2002)
18) Zhang, L., Wang, Y., Wang, Y., Sui, Y., Yu, D.：*J. Appl. Polym. Sci.*, **78**, 1873 (2000)
19) Wang, Y., Zhang, L., Tang, C., Yu, D.：*J. Appl. Polym. Sci.*, **78**, 1879 (2000)
20) Arroyo, M., Lopez-Manchado, M. A., Herrero, B.：*Polymer*, **44**, 2447 (2003)
21) Kojima, Y., Fukumori, K., Usuki, A., Okamoto, A. Kurauchi T.：*J. Mater. Sci. Lett.*, **12**, 889 (1993)
22) Hasegawa, N.：*Seikei-kakou*, **14**, 234 (2002)
23) Chen, Z., Gong, K.：*J. Appl. Polym.* Sci., **84**, 1499 (2000)
24) 山口知宏, 山田英介：日ゴム協誌, **76**, 399 (2003)
25) 山口知宏, 山田英介：日ゴム協誌, **77**, 238 (2004)
26) 山口知宏, 山田英介：日ゴム協年次大会研究発表講演要旨集, 35 (2003)
27) Chang, Y-W., Shin, J-Y., Ryu, S. H.：*Polym. Int.*, **53**, 1047 (2003)
28) Liao, M., Zhe, J., Xu, H., Li, Y., Shan, W.：*J. Appl. Polym. Sci.*, **92**, 3430 (2004)

3 エポキシ樹脂系ナノハイブリッド材料

越智光一*

3.1 はじめに

近年,有機高分子材料の高性能化・高機能化を目的とした研究の一つとして有機高分子材料中に何らかの無機成分をナノあるいはサブミクロンオーダーで導入した有機/無機ナノ複合材料の創製が注目されている[1]。

このようなナノサイズの超微細組織を持つ有機/無機複合材料[2,3]は,従来の複合材料において予測される複合則からはずれる特性を持つ可能性がある。①非常に微細な物質が均一に分散されることにより,物質,量子,欠陥などの移動が効率よく促進あるいは阻害される効果(分散効果),②機能を持つ分散相が量子効果が現れるほどに小さくなるためにバルクとは異なる特性が現れる効果(サイズ効果),③界面領域にある原子,分子が非常に多くなるために界面において生じる機能を高密度に集積化できる効果(界面効果),などが指摘されている[1]。

このような超微細組織を持つ有機/無機ナノ複合材料を合成する方法の1つにゾル-ゲル法がある。ゾル-ゲル法は金属の有機および無機化合物の溶液をゲルとして固化し,ゲルの加熱によって酸化物の固体を作製する方法である[4]。当初は,在来の溶融法よりも低い温度でガラスやセラミックスを合成するための技術として研究された。しかし,ゾル-ゲル法の原料である金属アルコキシドが有機部分を持つことから有機物と無機物の相溶が比較的容易であり,さらに,穏和な条件でセラミックスを合成できるため熱に弱い有機物との複合化が可能となることから,近年,有機/無機ナノ複合材料の合成に応用されるようになった。

筆者ら[5~8]はエポキシ樹脂中でシランあるいはチタンアルコキサイドのゾル-ゲル反応を行うことによってエポキシ樹脂と遷移金属酸化物のナノ複合材料を創製し,その硬化物が耐熱性や誘電特性などに特異な性質を持つことを報告してきた。また,鎖状あるいはラダー状シロキサン骨格を持つエポキシ樹脂オリゴマーを合成し,それから調製したハイブリッド体ではガラス転移が消失し優れた耐熱性と難燃性を示す硬化物の得られることも報告した[9]。R. M. Laine ら[10~13]はシランアルコキサイドのゾル-ゲル反応によりキューブ状シリカオリゴマー(シルセスキオキサン)にエポキシ基やアミノ基などの官能基を導入した化合物を合成し,この化合物を単独あるいは金属アルコキサイドなどの無機源と一緒にエポキシ樹脂に加えることによって,耐熱性に優れた有機/無機ハイブリッド体が形成できることを報告している。J. D. Lichtenhan ら[14]は,キューブ状シリカオリゴマーを重合させることによって鎖状ポリマーの得られることを報告している。S. Kang ら[15]はアルコキシシランのゾル-ゲル反応を利用して400nm程度のシリカ粒子を合成

---

* Mitsukazu Ochi 関西大学 工学部 応用化学科 教授

し，その表面に種々の官能基を付加したナノフィラーをエポキシマトリックス中に添加することで，耐熱性，熱膨張係数を改善出来ることを報告している。Matejkaら[16]はT_gの低いエポキシ／アミン硬化系をTEOS（テトラエトキシシラン）／イソプロパノール中に膨潤し，有機ネットワーク内でTEOSのゾル－ゲル反応を行うことによりハイブリッドを調製し，その硬化物が良好な熱的性質を示すことを報告している。

エポキシ樹脂をマトリックスとする有機／無機ナノハイブリッド体としては上記のゾル－ゲル法を利用するもの以外にもいくつか報告がある。その代表的なものは，エポキシ樹脂を無機物結晶の隙間にインターカレーションさせることによってナノハイブリッド体を合成するものである[17, 18]。この複合体では無機結晶は層構造がばらけてエポキシ樹脂硬化物中にnmオーダーで分散し，いわゆるナノコンポジットを形成する。

ここでは，エポキシ樹脂系ナノハイブリッド体の一般的な合成方法について簡単に紹介した後，その硬化物の構造と熱的・力学的性質について述べ，特徴的な機能についても紹介することとしたい。

3.2 エポキシ樹脂系ナノハイブリッド体の調製

ゾル－ゲル反応を利用したエポキシ樹脂系ハイブリッド材料はエポキシ樹脂と金属アルコキシドを共通溶媒に溶かし，水と触媒を加えアルコキシドを加水分解重縮合させることによって調製される。このゾル－ゲル法の素反応は，下の反応式に示すように遷移金属アルコキシド（反応式ではシリケート化合物として表示）の加水分解と縮合反応である。最終的には遷移金属－酸素（反応式ではSi-O）結合を基本単位とする無機高分子ネットワークを低い温度で形成する。この無機高分子ネットワークの形成の際にエポキシ樹脂を共存させると，エポキシ樹脂系ナノハイブリッド体を合成することができる。

アルコキシシランのゾル－ゲル反応
◎加水分解反応
$$Si(OR)_n + nH_2O \longrightarrow Si(OH)_n + nROH$$
◎脱水縮合反応
$$Si(OH)_n \longrightarrow SiO_{n/2} + n/2H_2O$$
◎脱アルコール反応
$$Si(OR)_n + Si(OH)_n \longrightarrow SiO_{n/2} + nROH$$

このナノハイブリッド体の有機成分と無機成分の間に水素結合などの相互作用が働くと，両成

第2章 その他のナノコンポジット

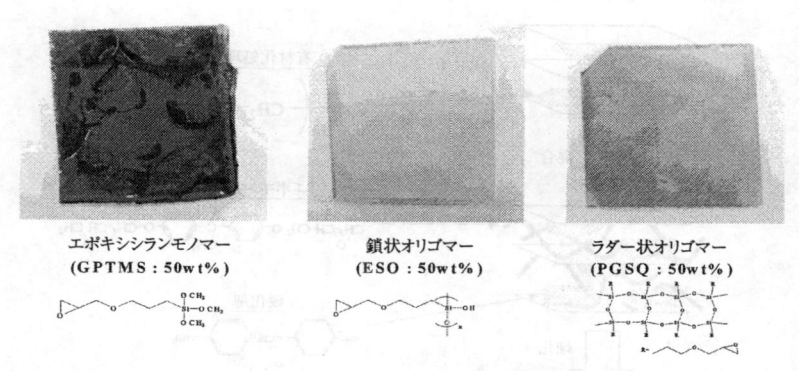

図1 エポキシ／シリカハイブリッド体の外観図

（左）エポキシシランモノマー（GPTMS：50wt%）
（中）鎖状オリゴマー（ESO：50wt%）
（右）ラダー状オリゴマー（PGSQ：50wt%）

分は分子オーダーで混合し透明な複合体が得られる[19, 20]。筆者ら[6]は，エポキシ／シランハイブリッドの形成にはエポキシ基の開環によって生じた水酸基と，シランアルコキシドの加水分解によって生じた水酸基とのエーテル交換反応による共有結合の形成が重要であることを報告している。硬化過程で水酸基を形成し難い三級アミン硬化系や，酸無水物硬化系では透明なハイブリッド体を形成するのが難しいことを確認している。また，チタンアルコキシドによるハイブリッド形成では，反応系にできるだけ水を加えないようにしてアルコキシドの加水分解を抑制し，エポキシ基の開環によって生じた水酸基とアルコキシドのエーテル交換反応を促進することによってハイブリッド体が形成できることも報告した[21]。P. Cardiano ら[22, 23]はエポキシシラン（3-glycidoxy-propyltrimethoxysilane, 3-GPTMS）あるいはビスフェノール A 型エポキシ樹脂とアミノシラン（3-amino-propyltrimethoxysilane, 3-APTMS）とを反応させ，エポキシ樹脂ネットワークとシランネットワークを同時に形成させることによってハイブリッド体を調製している。この場合はシランアルコキシド中のエポキシ基やアミノ基が反応することによる，共有結合の形成が有機成分と無機成分の相溶にたいするドライヴィングフォースとなっている。

しかし，上に述べたエポキシ樹脂系ハイブリッド体の調製では，いずれもエポキシ樹脂ネットワークの形成とアルコキシドのゾル-ゲル反応が同時に進行するため，ゾル-ゲル反応の副生成物であるアルコールや水により硬化物中にボイドが生じやすく均質な硬化物を得ることが難しい。そこで，筆者ら[9, 24]はエポキシシランのゾル-ゲル反応をあらかじめ溶媒中で行い，エポキシ基を官能基とする鎖状あるいはラダー状シロキサンオリゴマーを合成し，これを単独あるいはエポキシ樹脂と混合してアミンで硬化することによりハイブリッド体の調製できることを報告した。その硬化物の外観を図1に示す。このシロキサンオリゴマーを無機源とするハイブリッド体

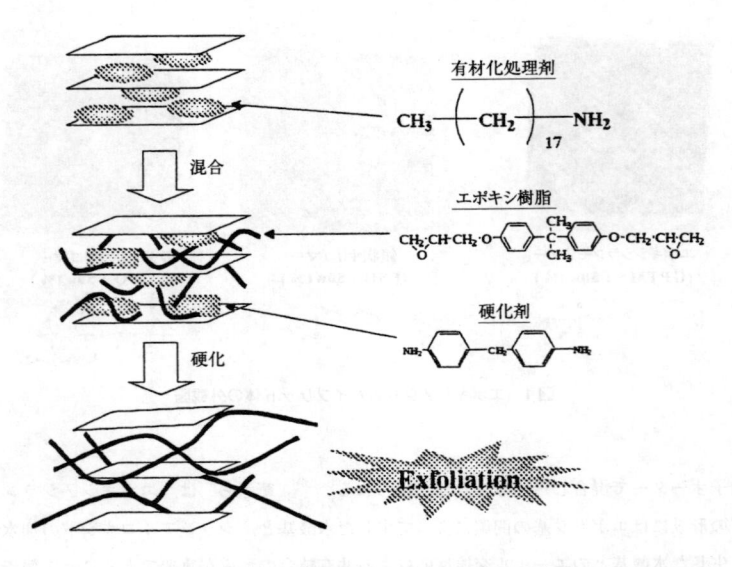

図2　エポキシ/層状粘土鉱物ナノ複合体の調整方法

の調製ではゾル-ゲル反応の副生成物がほとんど発生しないため，通常のエポキシ樹脂の硬化と同様の幅広い方法と条件で均質なハイブリッド体を得ることができる。

エポキシ樹脂系ナノハイブリッド体としては上記のゾル-ゲル法を利用するものの他にも，層状無機物を利用したインターカレーション法があることはすでに述べた。この合成過程の一例を図2に示す。まずモンモリナイトなどの層状粘土鉱物を有機化処理し，4級アンモニウム塩などを層間にインターカレートする。この処理によって広がった粘土鉱物の層間にエポキシ樹脂と硬化剤をインターカレートし，せん断力をかけて粘土鉱物を層間で剥離させた後，加熱硬化することによって剥離した層状粘土鉱物がエポキシ樹脂硬化物中に数 nm オーダーの厚みで分散したエポキシ樹脂系ナノハイブリッド体，いわゆるナノコンポジットを調製する。

3.3　エポキシ樹脂系ナノハイブリッド体の熱的・力学的性質
3.3.1　ゾル-ゲル法によるハイブリッド体の特性

液状ビスフェノール A 型エポキシ樹脂中にエポキシシラン（GPTMS）を添加し，エポキシ樹脂の硬化過程で GPTMS を in-situ 重合することによって調製したエポキシ樹脂系ナノハイブリッド体の動的粘弾性特性を図3に示す。未変性のエポキシ樹脂硬化物（シリカ含有量：0wt%）の弾性率はガラス転移温度付近で急激に低下するのに対して，シリカをハイブリッド化

第2章　その他のナノコンポジット

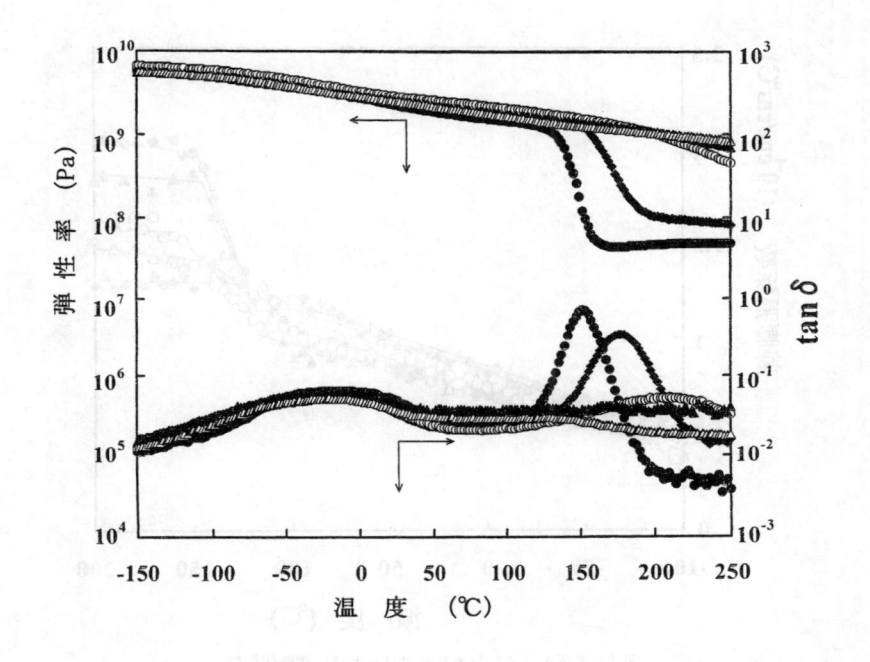

図3　エポキシ/シリカハイブリッド体の動的粘弾性挙動
シリカ含有量：（●）0，（◆）2，（○）4，（▲）6，（△）10wt%

した硬化系では，シリカ含有量の増加に伴い弾性率の低下が小さくなり，$\tan \delta$ のピーク強度も減少している。シリカを12wt%以上含有する系では，ガラス転移領域における弾性率の低下や $\tan \delta$ のピークはほとんど消失している。これは，シリカとのハイブリッド化によって有機ネットワークのミクロブラウン運動がほぼ完全に抑制されたことを表している。これと同程度の量のシリカ粒子を充填しても弾性率や $\tan \delta$ がほとんど影響を受けないことはよく知られている通りである。従って，ハイブリッド体ではシリカネットワークが分子オーダーに近いほど微細にエポキシ樹脂中に分散するため，エポキシ樹脂網目の運動が強く拘束されガラス転移現象が消失したものと考えられる。即ち，シリカの微細化にともなう界面効果の影響が動的粘弾性特性に大きく現れていたものと考えられ，エポキシ樹脂硬化物の耐熱性はシリカネットワークとのハイブリッド化によって大幅に向上できるものと考えられる。

このハイブリッド体の室温および高温領域での線膨張係数を図4に示す。シリカネットワークとのハイブリッド化が進むのにともなって高温領域の膨張係数は急速に低下しているが，室温で

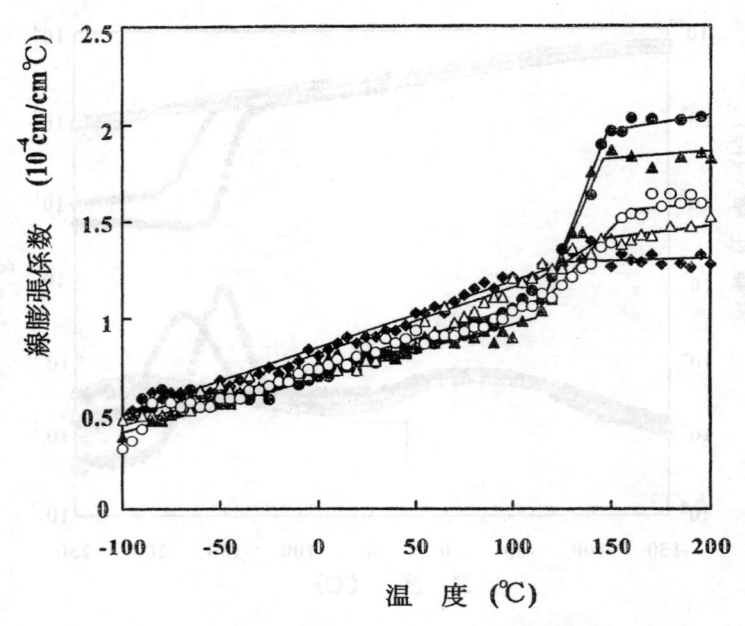

図4 エポキシ／シリカハイブリッド体の線膨張係数
シリカ含有量：(●)0，(▲)2，(○)4，(△)6，(◆)10wt%

の膨張係数はわずかに増加の傾向を示している。これは，シリカネットワークとのハイブリッド化によってエポキシ樹脂のミクロブラウン運動は大幅に抑制されるが，室温領域では自由体積が大きくなるため膨張係数がわずかに増加したものと考えられる。

一方，GPTMSを溶媒中で触媒を用いて重合させると鎖状あるいはラダー状SiO_2を骨格とする多官能エポキシ樹脂オリゴマーが得られることは前節で述べた。これらのシリコーンオリゴマーの構造は，FT-IR，^{1}Hおよび^{29}Si-NMR，GPCにより同定され，分子内にエポキシ基を持ち鎖状あるいはラダー状のシロキサン骨格を持つことが確認されている。このうち^{29}Si-NMR測定の結果を図5に示す。

エポキシシラン（GPTMS）はSi原子が他のSi原子と結合を持たないT^0構造を持ち，鎖状オリゴマーでは2つのSi原子と結合したT^2構造，ラダー状オリゴマーでは3つのSi原子と結合したT^3構造が観察された。このオリゴマーを無機源として配合・硬化することによってもエポキシ樹脂系ハイブリッド体が調製できることを前節で述べた。この鎖状あるいはラダー状オリゴマーから調製したハイブリッド体でも先のエポキシシランモノマーから調製したハイブリッド体

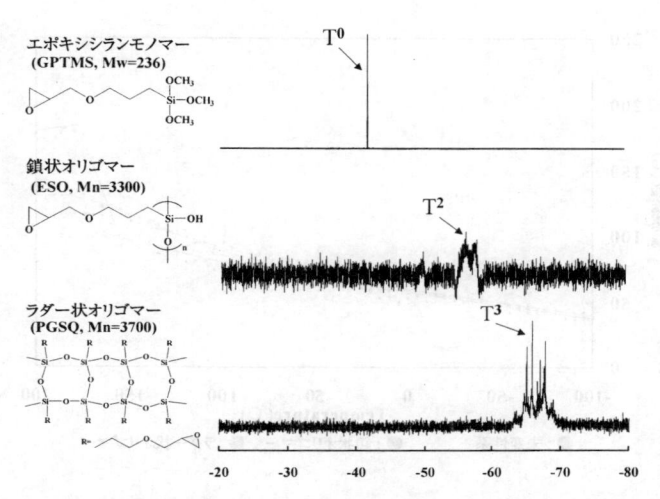

第2章 その他のナノコンポジット

図5 エポキシシランモノマー，鎖状およびラダー状オリゴマーの ^{29}Si-NMR スペクトル

と同様にガラス転移の消失と著しい熱時強度の増加が観察された。同じ二種のオリゴマーから調製したハイブリッド体の線膨張係数の温度依存性を図6に示す。先（図4）のエポキシシランモノマーからのハイブリッド体と同様にガラス転移による膨張係数の増加がほぼ消失し，高温域で非常に小さな膨張係数を示している。これらのオリゴマーを用いたハイブリッド体でも有機（エポキシ）ネットワークのミクロブラウン運動が強く抑制されることがわかる。これに対して室温のガラス状領域では通常のエポキシ樹脂硬化物に比較して若干大きな膨張係数が見られる。これらのハイブリッド体でもガラス状領域では分子鎖のパッキングはハイブリッド化によって阻害されるものと推測される。

このエポキシシランモノマーおよび二種のオリゴマーから調製したエポキシ樹脂系ハイブリッド体の微細構造を透過型電子顕微鏡（TEM）を用いて観察したところ，エポキシ樹脂マトリックス中にシリカ濃度の高い領域が斑に分布しているのが観察され，シリカ含有量が増加するのに伴ってこのシリカ濃度の高い領域が試料全体に広がるのがが観察された。ハイブリッド体中のシリカは完全に相溶しているのではなく，エポキシ樹脂にナノメーターオーダーで分散していることが示された。

R. Laine ら[13]のキューブ状シルセスキオキサンオリゴマーを無機源とするハイブリッド体においても，最近，ガラス転移のほぼ消失した硬化物の得られることが報告されている。P. T. Mather ら[25]は，同じキューブ状オリゴマーをジアミノジフェニルスルフォン（DDS）で硬化し

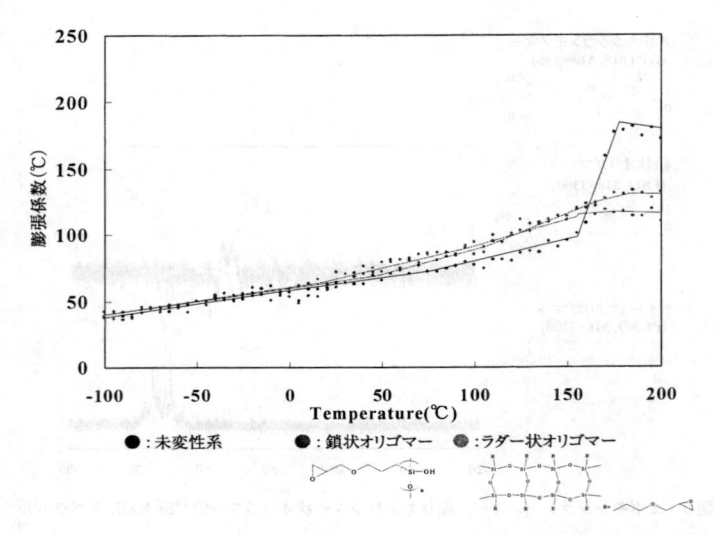

ポリマー系ナノコンポジットの新技術と用途展開

図6 エポキシ/シリカハイブリッド体の膨張係数

た系において数 nm 直径のシリカドメインが分散したハイブリッド体が得られ，ガラス転移が不明瞭になることを報告している。

即ち，ゾル-ゲル法を利用したエポキシ/シリカハイブリッド体ではシリカ成分はナノオーダーのドメインを形成して系内に均一に分散し，エポキシネットワークのミクロブラウン運動を強く抑制することがわかる。このため，硬化物の耐熱性は飛躍的に改善されるが，通常，硬化物は脆化する。

この他，アミノシランのアミノ基をケトン類で保護する過程で生じる副生成物の水を利用してシランアルコキサイド基を重合することによりケチミンシランの鎖状重合体を合成できることが報告されている[26]。このケチミンシランオリゴマーを硬化剤とすることにより，一液型のエポキシ/シランハイブリッドが得られ，硬化物は優れた耐熱性を示すことが報告されている。シリカ以外の遷移金属酸化物としては，チタニアとエポキシ樹脂とのハイブリッド体が報告されている。我々[21]は，エポキシ樹脂を脂肪族アミンで硬化する際に無水条件下でチタンアルコキサイドを添加し，エポキシ基の開環によって生じた水酸基とチタンアルコキサイドが脱アルコール縮合することによってエポキシ/チタニアハイブリッド体の得られることを明らかにした。このハイブリッド体では硬化物中の水酸基濃度が減少し，同時に硬化物の橋かけ密度が増加する。この橋かけ密度の増加に伴ってガラス転移温度は300℃以上に達する。一方，水酸基濃度の低下に

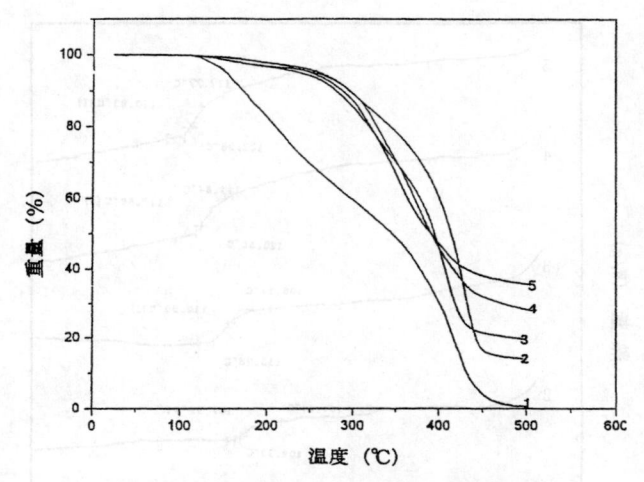

図7a　エポキシ/モンモリナイトナノ複合体の熱重量分析
モンモリナイト添加量 (phr) (1)0, (2)10, (3)20, (4)30, (5)40

よって硬化物の極性基濃度が低下し，誘電率が2.8程度まで低下する。これはチタンアルコキシドがシランアルコキシドに比べて加水分解性が高いため，エポキシ網目中の水酸基と反応してエーテル結合を形成しやすいためと考えられる。

3.3.2 層状粘土鉱物へのインターカレーションを利用したハイブリッド材料の特性

エポキシ樹脂を層状粘土鉱物の層間にインターカレートしたエポキシ系ナノコンポジットについても，最近，多くの研究が報告されている[17, 18, 27, 28]。D. C. Lee ら[18]はモンモリナイトの存在下にエマルジョン型エポキシプレポリマーをビスフェノールAと反応させることによって，水溶液中でエポキシ樹脂をインターカレートしたナノコンポジットを調製している。出発物のエポキシ樹脂やモンモリナイト，インターカレートした複合体，硬化物などのIR測定の結果からエポキシ/モンモリナイトナノコンポジット体が得られたことが示され，硬化物のDSCや熱重量分析の結果（図7）からインターカレーションによって硬化物の耐熱性の向上することが示されている。筆者ら[29]は，有機化処理したモンモリナイトをエポキシ樹脂と撹拌・混合後，加熱硬化することによってエポキシ/モンモリナイトナノコンポジット体を調製した。硬化物の耐熱性の向上は見られなかったが，破壊靭性値の増加と難燃性の向上が観察された。これは亀裂の進展が層状の粘土鉱物によって阻害される，あるいは可燃性ガスの拡散が阻害されることによって現れる現象と考えられる。

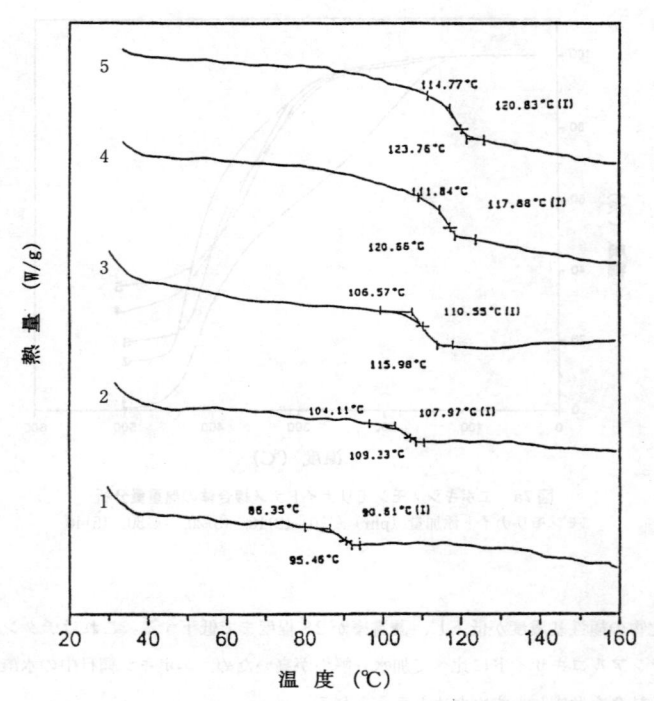

図7b エポキシ/モンモリナイトナノ複合体のDSC曲線
モンモリナイト添加量（phr）(1)0，(2)10，(3)20，(4)30，(5)40

A. Yasminら[27]は層状粘土鉱物の層間を剥離させるのに三本ロールを用いることにより，無溶剤で効率的な層剥離を達成している。このナノコンポジット体では，弾性率の向上が認められているが，破断強度・伸びともに低下することが報告されている。J. Frohlichら[28]はエポキシ樹脂中に親油性層状シリケート（フッ素化ヘクトライト）を層剥離・分散させてナノコンポジットを調製する際に，多分岐エラストマーで変性した系では高い耐熱性を維持しながら破断強度が改善されるとしている。

層状粘土鉱物へのインターカレーションを利用したハイブリッド材料では，エポキシ樹脂硬化物の耐熱性の改善を示す報告は認められず，弾性率の向上と強靭性の改善を報告するものがかなり認められる。しかし，まだすべての研究者によって物性の改善に一定の方向性が認められているわけではなく，試料の調製条件によって異なった結果が得られている状態と思われる。今後の研究が待たれる研究分野である。

3.4 おわりに

　エポキシ系ナノハイブリッド材料は新しい機能性エポキシ樹脂の開発において，現在，最も期待される研究分野の一つであり，非常に多くの報告がみられる。これは，このハイブリッド体が既存の物質から簡便な方法で効率よく作り出せることに一因があるであろう。しかも，上述のようにこのナノハイブリッド体では少量の無機物の添加で耐熱性や表面硬度などにこれまでのエポキシ樹脂硬化物にみられない特異な性質を得ることが出来る。近い将来，耐熱性コーティング材や表面保護被膜，積層板のマトリックス材料などへの応用が期待される。

文　　献

1) 矢野彰一郎，"有機・無機ハイブリッド材料の現状と将来展望"，新化学発展協会（1997）．
2) C. J. T. Landry, B. K. Coltrain, M. R. Landry, and V. K. Long, *Macromolecules*, **26**, 3702 (1993)
3) 山崎信助，化学技術研究所報告，**87**, 245 (1992)．
4) 作花　済夫，"ゾルゲル法の科学"，アグネ承風社（1988）．
5) 髙橋龍史，脇田麻奈美，越智光一，高分子論文集，**57**, 220, (2000)．
6) M. Ochi, R. Takahashi, *J. Polym. Sci.：. Part B：Polym. Phys.*, **39** (11), 1071-1084 (2001)
7) M. Ochi, R. Takahashi, A. Terauchi, *Polymer*, **42** (12), 5151-5158 (2001)．
8) T. Matsumura, T. Nagata, M. Ochi, *J. Appl. Polym. Sci.*, **90** (7) 1980-1984 (2003)．
9) M. Ochi, T. Matsumura, *J. Polym. Sci.：. Part B：Polym. Phys.*, In press.
10) C. Zhang, R. M. Laine, *J. Organometallic Chem.*, **521**, 199 (1996)．
11) A. Sellinger, R. M. Laine, *Chem. Mater.*, **8**, 1592 (1996)．
12) A. Sellinger, R. M. Laine, *Macromolecules*, **29**, 2327 (1996)．
13) J. Choi, S. G. Kim, R. M. Laine, *Macromolecules*, **37**, 99 (2004)．
14) J. D. Lichtenhan, N. Q. Vu, J. A. Carter, *Macromolecules*, **26**, 2141 (1993)．
15) S. Kang, S. Hong, C. Choe, M. Park, S. Rim, J. Kim, *Polymer*, **42**, 879, (2000)
16) L. Matejka, O. Dukh, J. Kolarik, *Polymer*, **41**, 1449, (2000)：L. Matejka, J. Plestil, Macromol. Symp., 122, 191 (1997)．
17) Z. Wang, T. Lan, T. J. Pinnavaia, *Chem. Mater*, **8**, 2200 (1996)．
18) D. C. Lee L. W. Jang, *J. Appl. Polym. Sci.*, **68**, 1997 (1998)．
19) T. Saegusa, Y. Chujo, *J. Macromol. Sci., Chem.*, **A27**, 1603 (1990)．
20) Y. Chujo, E. Ihara, S. Kure, T. Saegusa, *Macromolecules*, **26**, 5681 (1993)．
21) 越智光一，若尾和美，幸嶋健一，日本接着学会誌，**39**, 89, (2003)．
22) P. Cardiano, S. Sergi, M. Lazzari, P. Piraino, *Polymer*, **43**, 6635 (2002)．
23) P. Cardiano, P. Mineo, S. Sergi, R. C. Ponterio, M. Triscari, P. Piraino, *Polymer*, **44**, 4435 (2003)．

24) M. Ochi, T. Matsumura, H. Ishikawa, *Proceedings of the 8th japan international SAMPE symposium*, page 645-648, Tokyo, Japan, November 18-21 (2003).
25) G. M. Kim, H. Qin, X. Fang, F. C. Sun, P. T. Mather, *J. Polym. Sci.：. Part B：Polym. Phys.*, **41**, 3299 (2003).
26) H. Okuhira, H. Jyo, M. Ochi and H. Takeyama, *J. Polym. Sci. Part B：Polym. Phys.*, Submitted.
27) A. Yasmin, J. L. Abot, I. M. Daniel, *Scripta Mater.*, **49**, 81 (2003).
28) J. Frohlich, R. Thomann, OGryshchuk, J. K-Kocsis, R. Mulhupt, *J. Appl. Polym. Sci.*, **92**, 3088 (2004).
29) 越智光一, 鳥居智之, 浜口和泉, ネットワークポリマー, 印刷中

4 補強用ナノカーボン調製のためのポリマーブレンド技術

大谷朝男[*]

4.1 はじめに

コンポジットの分野にもナノ化の波が着実に押し寄せている。ナノサイズのフィラーを用いたナノ複合組織の構築であり，ナノコンポジットの開発にナノフィラーの存在は不可欠である。筆者らのグループは，ポリマーブレンドの技術（ポリマーブレンド法）を活用してナノカーボンのデザイニングを研究している[1～3]。しかし，必ずしもナノコンポジット用フィラーとしての利用を念頭において研究してきたわけではなく，むしろこの手法を用いてどの程度まで微細で，かつ複雑なナノカーボンをデザインできるかに関心があった。

カーボン材はカーボンファイバに代表されるように，その優れた力学的特性に基づいて現在ではもっとも重要なコンポジット用フィラーの1つになっている。コンポジットの特性は，フィラーサイズの微細化によって向上することはあっても低下しないのが一般的であるし，ナノコンポジットからは，通常のコンポジットにはみられない特性や機能の発現も期待できる。カーボンフィラーのナノ化は当然の方向と言える。

ところで，肝心の"ナノカーボン"の定義は厳密でない。数100nm程度のものをナノカーボンと称してよいか否か筆者には定かでないが，とにかくポリマーブレンド法で作られるカーボンは数10nm～数100nm程度のサイズのものが多い。話の展開上，これらをナノカーボンの範疇に含めざるをえないことを予めご了承願いたい。また，本書の主題はコンポジットである。筆者らがポリマーブレンド法を用いてこれまでにデザインしたナノカーボンの中から，フィラーとして取り分け重要な一次元ナノカーボン，具体的に言えばカーボンナノファイバ（CNF）とカーボンナノチューブ（CNT）に的を絞って記述する。他のナノカーボンに関しては引用文献を参照して頂きたい[4,5]。

4.2 ポリマーブレンド法によるデザイニングの考え方

CNFとCNTのザイニングのスキームを図1に示した。ポリマーブレンド法では，2種のポリマーを原料に用いて構造をデザインする。1つは加熱によって分解消失するポリマー（TDP：Thermally Decomposable Polymer），他はカーボンを残存するポリマー（CPP：Carbon Precursor Polymer）である。ポリマーブレンド法のポイントは，構造制御の容易なポリマーの段階でナノカーボンの前駆体構造をデザインすることにある。CNFの調製においては，TDPマトリックス中に微細なCPP粒子が分散したポリマーブレンドをデザインした後，溶融紡糸によ

---

[*] Asao Oya　群馬大学　大学院工学研究科　教授

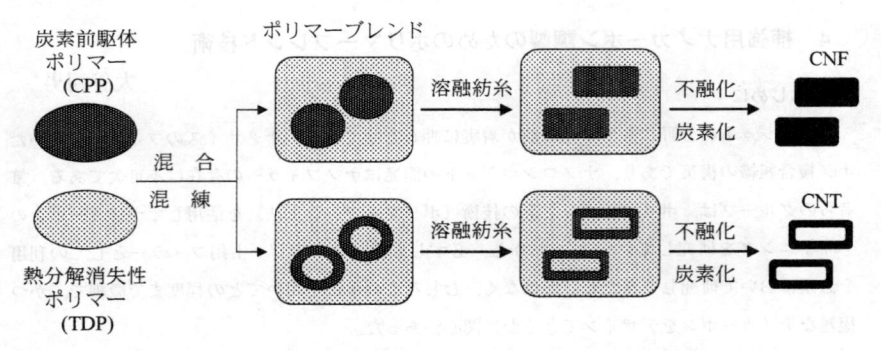

図1 ポリマーブレンド法によるカーボンナノファイバ（CNF）および
カーボンナノチューブ（CNT）のデザイニングの模式図

り一次元に延伸する。

しかし，延伸試料をそのまま不活性雰囲気中で熱処理（炭素化）すると，延伸されたCPPが溶融して構造が崩壊する。CPPの重縮合を進めて溶融しないようにする必要がある。この処理を不融化あるいは安定化と呼び，通常は空気中で軽く酸化する方法が用いられる[6]。重縮合の進行しにくいポリマーに対しては，オゾン酸化あるいは電子線や γ 線の照射も用いられる。最後に不融化試料を炭素化するとTDPマトリックスが消失し，その後にCPPから誘導されたCNFが残る仕組みである。

CNTの場合も，原料のCPP粒子の構造が異なるだけで，調製プロセスはまったく同じである。CNTは中空状のCNFとみることができる。中空構造が生じるような前駆体構造をデザインすればよい。それは，CPP粒子の中心にTDPのコアを組み込んだ構造，即ちTDPコアとCPPシェルとからなるコア―シェル型ポリマー粒子である。この例からも分かるように，ポリマーブレンド法を用いたデザイニングにおけるTDPの役割は2つある。1つはナノカーボン間の融着防止であり，他はCNTの中空構造のように，細孔形成剤としての役割である。

4.3 カーボンナノファイバ

4.3.1 非晶質カーボンナノファイバ

図1のプロセスで調製された非晶質CNFから紹介することにしよう[7]。筆者らが，最初に使用したCPP粒子はノボラック型のフェノール樹脂である。数 μm 以下のフェノール樹脂の微粒子がポリエチレン中に分散したポリマーブレンドを，噴霧法を用いて調製した。ついで，通常の連続溶融紡糸，酸溶液による不融化処理を施した後に600℃で炭素化した。図1のスキームから

第2章 その他のナノコンポジット

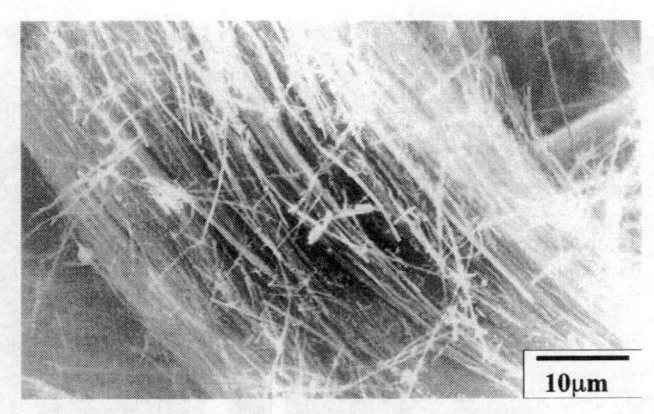

写真1　600℃で処理したフェノール樹脂系カーボンナノファイバ

は CNF 束の生成が示唆される。写真1が生成物の SEM 写真である。予想に違わず CNF の束が得られた。CNF 間の融着はなく，この束は軽く触れるだけで簡単にばらける。若干のバラツキはあるが，繊維径はほぼ 100～300nm である。

　CNF の調製には，TDP の海（マトリックス）中に CPP の小さな島が分散した"海島構造"型のポリマーブレンドのデザイニングが必要なことは上述した。CNF の収率を上げるためには，海島構造が逆にならない範囲内で，できるだけ CPP 粒子の混合割合を増さなければならない。混合割合が逆転すると，繊維軸に沿って細長く伸びた"蓮根型"細孔を内包した多孔性カーボンファイバが生成することになる[4]。

　熱硬化性樹脂は，低結晶性の炭素（難黒鉛化性炭素）を与えることが知られている。難黒鉛化性のカーボンファイバは，高結晶性（易黒鉛化性炭素）のものに比べて機械的特性において劣り，電気伝導率や熱伝導率も低い。写真1の CNF を 900℃および 3000℃で熱処理した試料を写真2に示した。900℃処理 CNF の表面は激しい凹凸状を呈し，右側の拡大写真から非晶質炭素であることが分かる。3000℃で高温処理しても，結晶性は余り向上せず，難黒鉛化性炭素に特有な"リボン構造"が観察される[8]。表面の凹凸構造も改善されない。この構造からは高い機械的特性は期待できない。しかし，ナノコンポジット用フィラーとして使用する場合，表面の凹凸構造が"アンカー効果"を発現することは考えられる。

4.3.2　高結晶性カーボンナノファイバ

　高結晶性の CNF を調製するために，CPP をフェノール樹脂から AR ピッチに代えた[9]。AR ピッチは，超強酸触媒を用いたナフタレンの重合で調製される"メソフェーズピッチ"である。

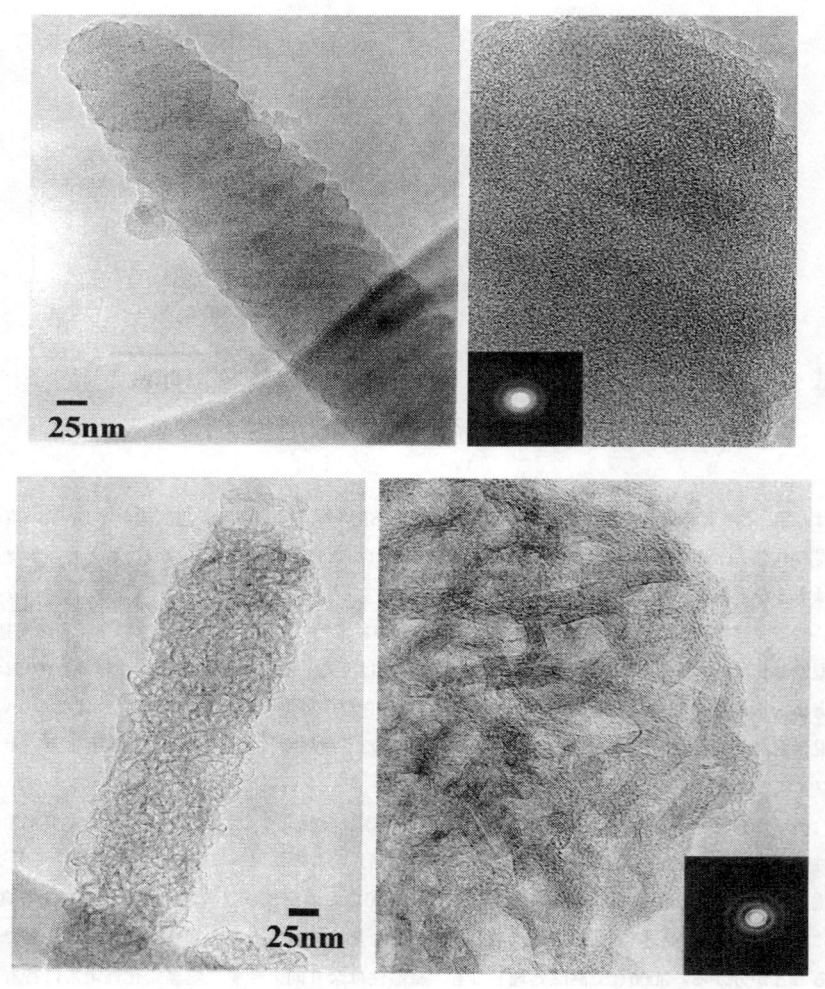

写真2 フェノール樹脂系カーボンナノファイバ
上:900℃処理, 下:3000℃処理

ピッチを構成する分子の平面性が高いために，分子間が相互に配向した一種の液晶状のピッチで，典型的な易黒鉛化性炭素の原料として知られている。

調製プロセスを図2に示した。TDPとしてポリメチルペンテン（PMP）を使用した。ARピッ

第2章　その他のナノコンポジット

```
┌─────────────────────────────────────────────────────────┐
│  ARピッチ      ┐      混　合         紡　糸              │
│  ポリメチルペンテン ┘ →  遊星型ボールミル → メルトブロー        │
│                                        360℃            │
│                                          ↓             │
│   高結晶性   ←  黒鉛化    ←  炭素化   ←  不融化          │
│    CNF        アルゴン中     窒素中      酸素中          │
│              3000℃, 1h    900℃, 1h   160℃, 24h        │
└─────────────────────────────────────────────────────────┘
```

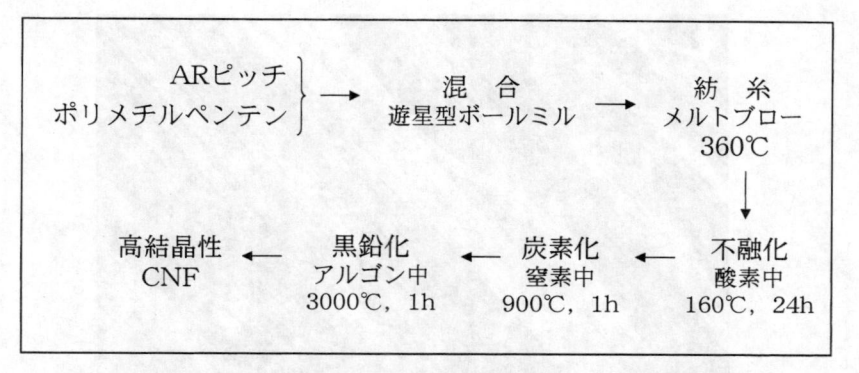

図2　メソフェーズピッチ（ARピッチ）系高結晶性カーボンナノファイバの調整プロセス

チ：PMP＝2：8の割合で秤量した後に遊星型ボールミルで混合，混合試料をさらにニーダーにより混練した。混練操作はポリマーブレンドの構造を均一にすると同時に，試料中の空気を除くことで紡糸性を向上させる効果がある。ついでメルトブロー装置を用いて紡糸した。この装置は，軟化溶融したポリマーブレンドを高圧によりノズルから押し出し，さらに高速の加熱空気で延伸する機構になっている。通常の溶融紡糸で調製される繊維径が10μm程度であるのに対し，1μm以下の繊維を容易に紡糸できる。その結果，調製されるCNFが細くなり，それだけ不融化も容易になる。紡糸繊維のその後の処理工程は，図2に示した通りである。

900℃で処理したCNFを写真3に示した。ほぼ100nmの，比較的径の揃ったCNFの束である。写真4は，3000℃で処理したCNFのTEM写真と電子線回折パターンである。CNFの高い結晶性は，写真から一目瞭然である。ちなみにこの結晶子の積層厚さは57nm，層面間隔は0.338nmである。気相法で作られたCNFと同等あるいはそれ以上に高結晶性のCNFである[10,11]。ナノコンポジット用フィラーとしての使用が期待される。このように，細くて高結晶性のCNFを調製できた要因はつぎの2つである。1つは高配向性のARピッチを使用したことであり，もう1つはメルトブローによって1μm程度の細い繊維を紡糸できたことである。

4.4　カーボンナノチューブ

図1（下）に示したように，TDPコアとCPPシェルとからなるコア－シェル型ポリマー粒子を用いればCNTを調製出来る。ポリメタクリル酸メチル（PMMA）をコア，ポリアクリロニトリル（PAN）をシェルとするコア－シェル粒子の調製プロセスを図3に示した。二段階ソープフリー重合法と呼ばれる合成法で，手法自体は極めて簡単である[12]。

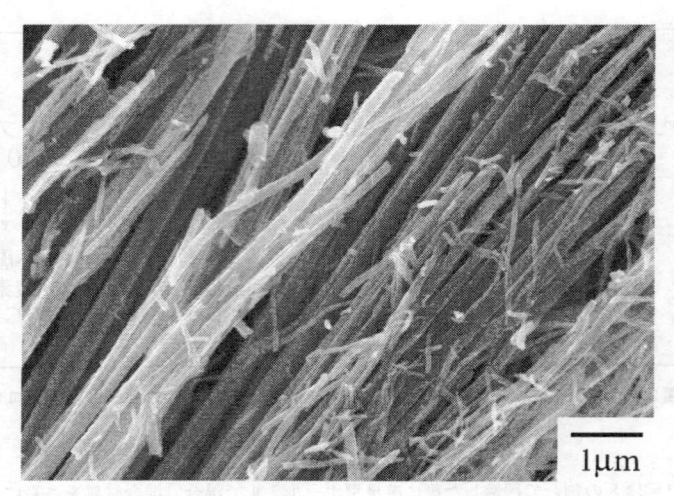

写真3 900℃で処理したメソフェーズピッチ系高結晶性カーボンナノファイバ

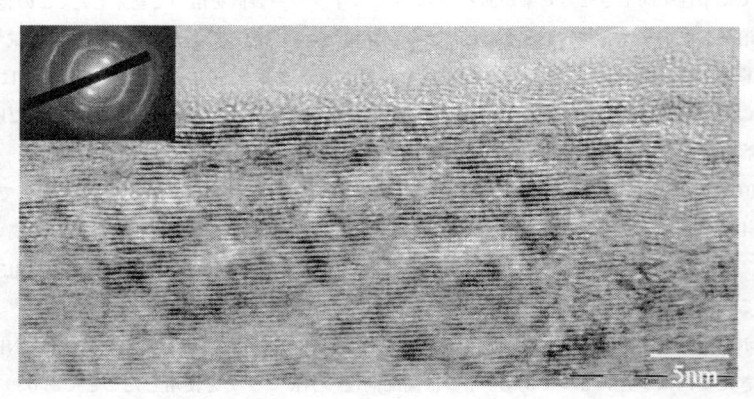

写真4 3000℃で処理したメソフェーズピッチ系高結晶性カーボンナノファイバ
(左上は電子線回折パターン)

　コア-シェル粒子のみを溶融紡糸すると，当然のことながらシェル同士が融着する。当初は，別途に調製したPMMA粒子中にコア-シェル粒子を分散させて融着を抑制した。しかし，この方法ではCPPの割合が少ないのでカーボン収率が低い。そこで，コア-シェル粒子の表面に，さらにPAAMをもう1層薄く被覆して3層コア-シェル粒子を調製した。図3に示したプロセ

第2章 その他のナノコンポジット

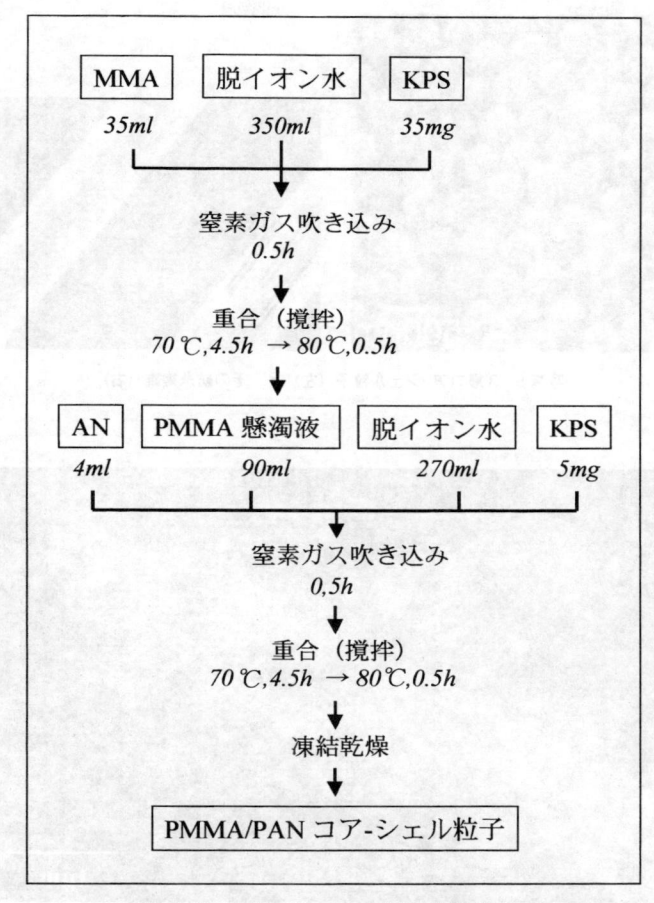

```
┌─────────────────────────────────────────────┐
│     ┌─────┐   ┌──────────┐   ┌─────┐        │
│     │ MMA │   │ 脱イオン水 │   │ KPS │        │
│     └─────┘   └──────────┘   └─────┘        │
│      35ml        350ml         35mg         │
│        └───────────┼─────────────┘          │
│                    ▼                        │
│            窒素ガス吹き込み                  │
│                 0.5h                        │
│                    ▼                        │
│             重合(撹拌)                      │
│        70℃,4.5h → 80℃,0.5h                │
│                    ▼                        │
│   ┌────┐ ┌──────────┐ ┌──────────┐ ┌─────┐ │
│   │ AN │ │PMMA懸濁液 │ │ 脱イオン水 │ │ KPS │ │
│   └────┘ └──────────┘ └──────────┘ └─────┘ │
│    4ml      90ml         270ml      5mg    │
│      └─────────┼────────────┼────────┘     │
│                ▼                            │
│         窒素ガス吹き込み                     │
│              0.5h                           │
│                ▼                            │
│           重合(撹拌)                        │
│       70℃,4.5h → 80℃,0.5h                 │
│                ▼                            │
│            凍結乾燥                         │
│                ▼                            │
│      ┌────────────────────────┐            │
│      │ PMMA/PAN コア-シェル粒子 │            │
│      └────────────────────────┘            │
└─────────────────────────────────────────────┘
```

図3 MMA/PAN コア/シェル粒子の調整プロセス

スに，MMA の重合プロセスをもう1つ加えればよい。

　写真5(左)が3層構造コアーシェル粒子の SEM 写真である。直径500nm の極めて均一な粒子である。写真5(右)は，3層コアーシェル粒子を通常の装置で溶融紡糸した繊維である。写真中にメジャーが表示されていないが，繊維径は数 $10\mu m$ である。プロセスが図1のスキーム通りに進行したとすれば，写真5(右)のように，繊維軸に沿って配向した延伸コアーシェル粒子が生成し，不融化，炭素化後には CNT の束がえられるはずである。

写真5　3層コア-シェル粒子（左）と，その紡糸繊維（右）

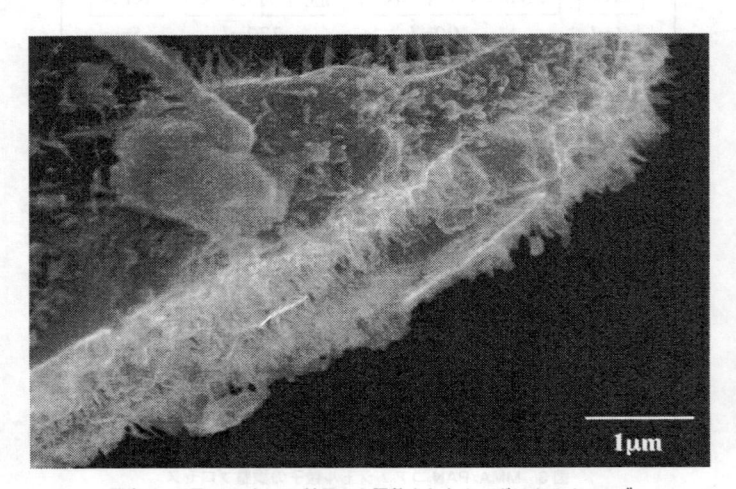

写真6　3層コア-シェル粒子から調整されたカーボンナノチューブ

　ところが，結果は異なった。写真6は1000℃で炭素化した試料のSEM写真である。大きなカーボンブロック上に多数のCNTが生成している。しかし，こうしたCNTは稀に観察されるだけで，試料の大部分はブロック状のカーボンであった。原因を探るために，紡糸繊維をTHFに浸漬してPMMAを溶解し，不溶成分（PAN）を回収してTEM観察を行った。結果を写真7に示した。大部分は右の写真のような構造で，延伸試料は稀にしか観察されなかった。溶融紡糸の段階で粒子の3層構造が崩壊し，相分離したことが分かる。延伸粒子は，たまたま最適条件下で生成され

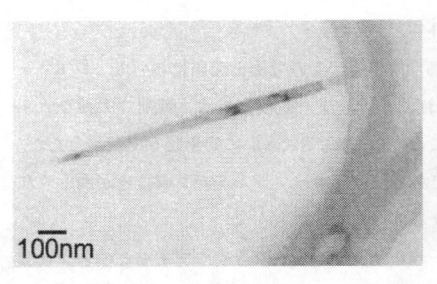

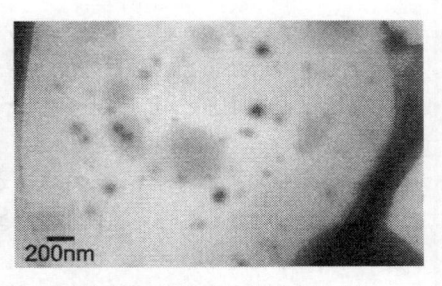

第2章 その他のナノコンポジット

写真7 3層コア/シェル粒子からの紡糸繊維をTHFで溶解処理した後に回収された不溶成分

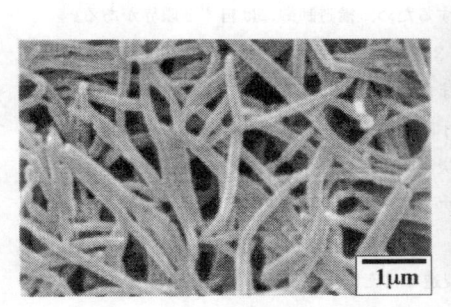

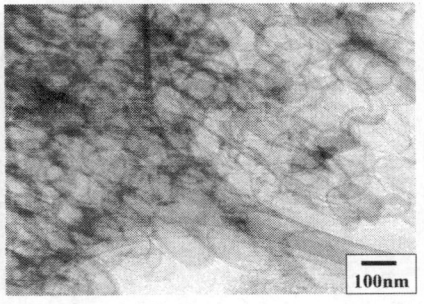

写真8 ポバール溶解後に回収された延伸コア-シェル粒子（左）と，
炭素化後にえられたカーボンナノバルーン（右）

たようである。溶融状態でも相分離しないコア－シェル粒子の開発，あるいは相分離せずに紡糸できる新規な紡糸法の開発が課題となった。

実用的観点からは極めて稚拙であるが，コア－シェル粒子を確実に延伸できる方法がある。コア－シェル粒子をポバール溶液に懸濁させてからフィルム化し，そのフィルムを機械的に延伸することで内部のコア－シェル粒子を引き延ばす方法である。フィルムを延伸後，ポバールを水で溶解除去し，不溶な延伸コア－シェル粒子を回収，不融化，最後に炭素化する。写真8（左）のように，コア－シェル粒子は延伸されている。しかし，炭素化後には楕円状のカーボンナノバルーンが生成している。応力下にある延伸コア－シェル粒子の不融化が不充分であったために，加熱プロセスで若干元の形状に戻ったようである。ナノバルーンは互いに融着し，かつ無定形炭素であった。しかし注目して欲しいのは，生成物が楕円状のカーボンナノバルーンのみで構成され，それ以外の不純物炭素が一切生成していない点である。ポリマーブレンド法による高純度CNT調製の可能性を強く示唆している。

4.5 ポリマーブレンド法のメリットとデメリット

現在のCNFやCNTの主要製法は気相法である[10, 11, 13, 14]。この方法を念頭において、ポリマーブレンド法のメリットとデメリットを整理しておこう。メリットの第1は、繊細で広範なナノカーボンのデザイニングが可能なことである。ここではCNTとCNFに的を絞って記述したが、他の様々なナノカーボンのデザイニングが可能である。ポリマーブレンドの制御技術が向上すれば、格段に繊細で複雑なナノカーボンを調製できるようになるだろう[4]。

第2は、ナノ構造を制御しやすいことである。ポリマーブレンドの合成や紡糸などの各プロセスで、"step by step"にナノ構造を制御出来るからである。例えば、壁の薄いCNTが必要ならば、コア-シェル粒子のシェルを薄くすればよく、モノマー原料の仕込み量や重合条件により容易に制御できる。気相法では瞬時に反応が完結するため、構造制御には自ずと限界がある。

高純度ナノカーボンの調製が可能なことを第3のメリットとして挙げておく。CNTに関して言えば、現状の製品純度は極めて低い。本法がまだ開発途上にあるためである。図1のスキームから高純度ナノカーボンの調製の可能なことが示唆されるし、写真8もこのことを端的に示している。一方、気相法では球状炭素などの不純物炭素の生成は避けられない。金属触媒の残存もデメリットである。不純物を取り除いて高純度のナノカーボンを調製することは容易でなく、結果的にコスト高に繋がる。

第4は量産化しやすいことである。CNTの製造で言えば、要素技術はコア-シェル粒子の調製、溶融紡糸、不融化、炭素化である。いずれも量産技術として既に工業化されている。技術上の深刻な問題はない。気相法に比べて反応物質の濃度が圧倒的に高いことも量産には有利である。

そして最後は、他のナノ材料のデザイニングにも適応しうることである。炭化ケイ素ナノファイバはすでに調製されている[15]。内壁がカーボン、外壁が耐酸化性の高い炭化ケイ素でできた二層構造NTなどの調製も可能になるだろう。

逆にもっとも深刻なデメリットはポリマーの組み合わせが制約されることである。フェノール樹脂とポリエチレン、ARピッチとポリメチルペンテン、PANとPMMAの組み合わせを使用した。炭素残存の有無の他に両者の軟化点の近いこと、厳密に言えば紡糸時における両者の溶融粘度の近いことが、紡糸性を上げるために必要である。一般的に、ポリマーブレンドのような不均質構造の紡糸性は低い。この他に、両ポリマーが反応しないことも要求される。とりわけ、反応によって構成ポリマーの熱分解挙動が変化してしまうと、デザイニングそのものの考え方が根底から崩れる。こうした条件をすべて満たすCPPとTDPの組み合わせを選択することは、そう簡単ではない。

ポリマーブレンドの不融化の難しさもデメリットの1つである。空気酸化による不融化が一般

的に行われると述べた。このためには CPP と酸素の接触が必要不可欠である。ポリマーブレンド試料では，CPP が TDP マトリックス中に埋没している。マトリックス中を酸素が拡散して CPP と反応しなければならず，それだけ不融化が難しくなる。ナノカーボン材の微小化の限界についても一抹の懸念がある。TDP 中に分散された CPP 粒子を紡糸延伸するとしよう。径の大きな粒子ほど大きな剪断力が掛かって伸びる。粒子が小さいと剪断力も小さくなって延伸されにくくなる。

4.6 おわりに

ポリマーブレンド法による CNF と CNT の調製について紹介した。これまでの研究では，あくまでも CNF や CNT そのものの調製が目的であって，ナノコンポジット用フィラーを念頭においていたわけではない。もしナノコンポジットの開発を目標に据えるとすれば，あるいは図1とは別のスキームも考えられるだろう。ポリマーブレンド法は，既存のナノカーボンの調製法に比べて，多様性に富んだ方法である。それぞれの要求に対してフィットしたスキームを構築できるはずである。

未解決な問題も多々存在することはお察しのとおりである。しかし，原理的にみて，ポリマーブレンド法がナノカーボンの繊細なデザイニングや量産法として高いポテンシャリティーを有していることは間違いない。本法でデザイニングされたナノカーボンの上市が夢である。

フィルム延伸法を用いたカーボンナノバルーンの写真は，㈱三菱化学科学技術研究センターの山本昌樹，白谷俊史両氏から借用したものである。ここに記して謝意を表します。

文　　献

1) 大谷朝男，炭素，2004 [No.213] 151
2) 大谷朝男，MRS-J NEWS, **16**, 4 (2004)
3) D. Hulicova and A. Oya, *Carbon*, **41**, 1443 (2003)
4) N. Patel, K. Okabe and A. Oya, *Carbon*, **40**, 315 (2002)
5) 山本将弘，大谷朝男，第30回炭素材料学会年会要旨集，千葉，2003. 12. 4-6, 1B10
6) S. Otani, *Carbon*, **3**, 31 (1965)
7) A. Oya and N. Kasahara, *Carbon*, **38**, 1141 (2000)
8) N. Kasahara, S. Shiraishi and A. Oya, *Carbon*, **41**, 1654 (2002)
9) 小野尚由，大谷朝男，第30回炭素材料学会年会要旨集，千葉，2003. 12. 4-6, 1B09
10) M. Endo, *Chemtech*, **18**, 568 (1988)

11) 昭和電工㈱気相成長炭素繊維（VGCF.）のカタログ
12) D. Hulicova, K. Hosoi, S. Kuroda, H. Abe and A. Oya, *Adv. Mater.*, **14**, 452 (2001)
13) K. Mukhopadhyay, A. Koshio, T. Sugai *et al.*, *Chem. Phys. Lett.*, **303**, 117 (1999)
14) S. Cui, C. Z. Lu, Y. L. Qiao and L. Cui, *Carbon*, **37**, 2070 (1999)
15) N. Patel, R. Kawai and A. Oya, *J. Mater. Sci.*, **39**, 691 (2004)

第2編　応用編
－製品と機能－

第2編　応用編
―薬品と機器―

第1章　耐熱，長期耐久性ポリ乳酸ナノコンポジット

上田一恵*

1　はじめに

　PLA（ポリ乳酸）は，その原料として，植物が大気中の二酸化炭素から光合成により作り出すでんぷんを用いることができる。でんぷんから乳酸を発酵法で合成し，この乳酸を重合してPLAが製造される。原料に，枯渇が心配される石油資源を使用せず，環境中の二酸化炭素を循環利用することで，PLAの製造，使用，廃棄に際して，大気中に放出される二酸化炭素量が，他の石油系樹脂に比べて少ない[1]など，PLAは地球環境にますます負荷が少ない樹脂である。原料のとうもろこしとしては，飼料にも使えない低品質品が使えるほか，最近では実を収穫した残渣から原料を取り出す研究や，生ごみからでんぷんやモノマーを回収するなどの検討も進んでおり，食料を使っているという考え方はもはやそぐわなくなってきている。

　PLAは，植物から作られるプラスチックの中では，その物性は非常にバランスが取れている。融点が170℃前後（異性体の少ない系）と比較的高く，透明性にも優れ，さらに溶融粘度が比較的低く，フィルム，シート，ファイバー，スパンボンドなどへの成形も容易で，すでに幅広い用途で，商品が実用化され，上市されている[2〜5]。

　しかしながら，PLAのガラス転移温度（Tg）は58℃と低く，さらに樹脂本来の持つ結晶化速度が遅い。このため，ファイバーやフィルムなど延伸によって結晶化を促進させる場合は比較的耐熱性を付与しやすいが，射出成形や無延伸で用いるシートなどでは，結晶化が進まず，耐熱性はTgに支配されて，耐熱性の低いものしか得られなかった。さらに，もともと生分解するという特徴があり，通常の石油から作られるプラスチックに比べると分解が起こりやすいという性質を持つ。特にTg以上の温度で，水分が存在するとエステル結合が加水分解され，低分子量化が加速度的に進行する。コンポストにおいて，PLAの分解が速いのは，この加水分解が比較的短時間に進んでいくためで，低分子量化した後，菌によって二酸化炭素と水にまで分解される。このことからもわかるように，PLAは，これまで自動車用途・家電筐体・食器など耐熱性・耐久性が要求される用途には全く用いることができなかった。

　著者らは，前記のPLAの欠点に着目し，耐熱性を有し[6,7]，さらに耐久性にも優れたPLA射

＊　Kazue Ueda　ユニチカ㈱　中央研究所　開発2グループ　グループ長

出成形用樹脂を開発したので報告する。

2 PLAへの耐熱性の付与

　プラスチックスの耐熱性を決定する最も基本となるものは，化学構造（一次構造）であるが，結晶化するか否かの高次構造も大きく関係する。結晶化しない非晶性高分子の耐熱性はその高分子のTgに支配されるが，結晶性高分子はその結晶化度や融点（Tm）とも関係し，Tgよりもかなり高い温度領域まで使用することが可能である場合が多い。すなわち，結晶性高分子の場合は，その成形加工工程で結晶化すれば耐熱性が向上するが，結晶化が起こらなければ耐熱性はTgにより決定され，結果的に耐熱性が低いものになることになる。

　PLAは結晶化速度が遅く，射出成形時に結晶化せず，したがって，せっかく170℃前後の高い融点を持っているにもかかわらず，Tg付近の55℃前後の耐熱性しかなかった。結晶化速度の向上には，種々の方法がある。例えば，無機フィラーや有機フィラーなどの結晶核剤の添加や，成形工程においては最も結晶化速度の速い温度での成形など工夫がなされている。筆者らは，先にPLAのナノコンポジット化により，結晶化速度が大幅に速くなることを報告している[6, 7]。さらに，ナノレベルでの分子設計・添加剤配合技術などを組み合わせることにより，射出成形時に十分結晶化して，高い耐熱性を有するPLA樹脂の開発に成功した。表1に，上市グレードの物性表を示す。表中の各物性値は，金型温度をPLAの結晶化速度が最も速い110℃になるよう設定し，100秒保持して作製した試験片で測定している。PLA単体では，金型温度をPLAの結晶化速度が最も速い110℃としても，結晶化速度が遅いために結晶化（固化）しないため，10分以上保持しても試験片を取り出すことができない。そのため，PLA単体のみは金型温度は25℃と低い温度である。その結果，PLA単体の荷重たわみ温度（0.45MPa）が58℃であるのに対し，高耐熱グレード品は110～120℃と非常に高い値を示しており，PEやPSといった汎用プラスチックよりも耐熱性に優り，PPやABSといったやや耐熱性のある樹脂に匹敵する耐熱性を保持していることがわかる。

3 PLAへの耐久性の付与

　PLAは，生分解性プラスチックとして分類されるが，通常の使用条件ではほとんど分解が起こらず，コンポストへ投入すると，すみやかに分解が起こるという特徴をもつ。この性質を利用して，コンポストバッグやマルチフィルムなどへの応用がはかられている。PLAの分解は，第一段階で加水分解が起こり，その後，低分子量化したオリゴマーを，菌が二酸化炭素と水にまで

第1章 耐熱, 長期耐久性ポリ乳酸ナノコンポジット

表1 PLA 耐熱・耐久グレードの物性（ユニチカ㈱テラマック[R]）

特性		測定条件	試験法(ISO番号)	単位	TE-8210 高耐熱 耐久性高剛性	TE-7307 高耐熱 高剛性	TE-7000 高耐熱 低比重	PLA単体
物理的	密度	—	1183	g/cm³	1.42	1.42	1.27	1.25
	吸水率	23℃×50%RH 平衡	62	%	0.19	0.19	0.25	0.25
機械的	引張破壊応力	—	527	MPa	50	54	70	57
	引張破壊歪	—	527	%	2	2	3	4
	曲げ強さ	—	178	MPa	90	85	110	106
	曲げ弾性率	—	178	GPa	6.8	7.5	4.6	4.3
	シャルピー衝撃強さ	ノッチ付き	179	kJ/m²	4.0	2.5	2.0	1.6
耐熱	荷重たわみ温度	0.45MPa	75	℃	120	120	110	58
		1.82MPa	75	℃	65	65	60	56
その他	成形収縮率	t3mm	—	%	1.0～1.2	1.0～1.2	1.3～1.5	0.3～0.5
	光線透過率/ヘイズ	t3mm	—	%	不透明	不透明	不透明	88/30
	MFR	190℃×2.16kg	1133	g/10min	1～3	1～3	1～3	10～15

分解する二段階で起こるとされている[8]。通常の使用では，ほとんど劣化，分解が起こらないPLAではあるが，耐久性が要求される自動車用途・家電筐体・食器などに使用するには，耐久性が不足している。このような用途へ使用するためには，まず第一段階の加水分解を抑制することが大切である。加水分解を長期にわたって起こさせないようにするには，加工時の水分制御，加工温度の制御，樹脂中の残存触媒やモノマー，オリゴマーの制御，アルカリ性化合物の制御，末端官能基の制御，結晶化度の制御等が重要である。筆者らはこれらの項目についてナノメートルオーダーの分子設計・制御，成形性改良のための配合・設計技術などを総合的に駆使し，高い耐久性と耐熱性を併せ持つ樹脂の開発に成功した。そのグレードが表1中のTE-8210である。物性的には耐熱グレードのTE-7307などと同等でありながら，十分な耐久性を付与することができた。

各樹脂の耐久性は，50℃・95%RH もしくは，60℃・95%RH という高温・高湿下において，強度をどの程度保持するかという指標で検証した。結果を図1（50℃・95%RH），図2（60℃・95%RH）に示す。図から明らかなように，50℃においてもPLA単体では200時間経過しない

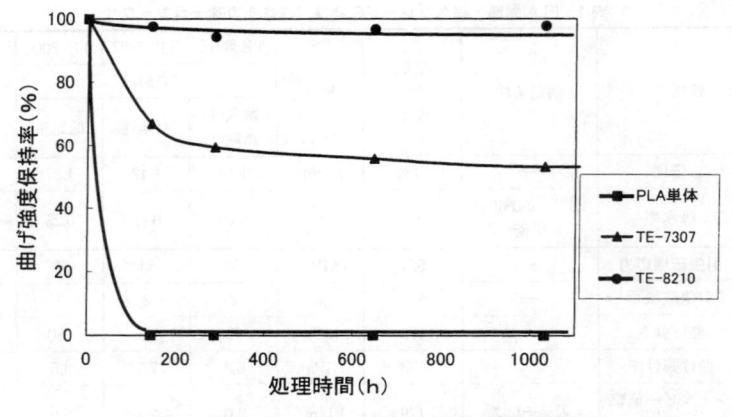

図1　各種 PLA の 50℃×95%RH での曲げ強度保持率

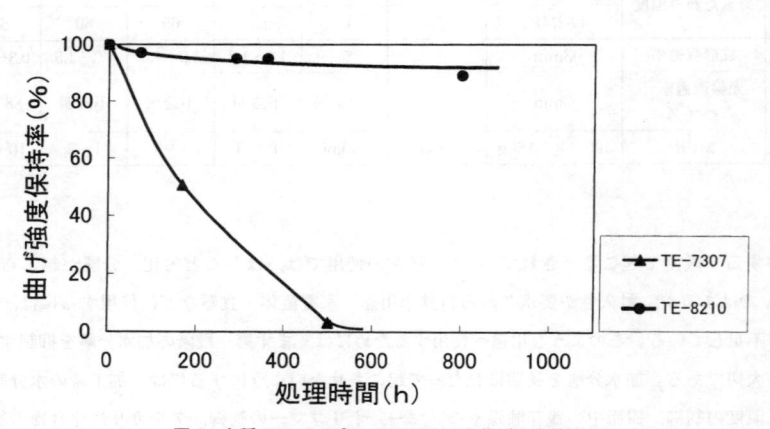

図2　各種 PLA の 60℃×95%RH での曲げ強度保持率

間に強度は0になってしまい，全く使いものにならない。これに対し耐熱グレードの TE-7307 では，強度低下速度が遅く，より分解しにくくなっており，さらに耐久・耐熱グレードの TE-8210 では，1000時間経過しても強度低下率は10%以下であり，十分な強度を保持している。処理温度が60℃になると，PLA の Tg よりも高い温度であるため，PLA 単体ではグラフにできないほどあっという間に強度が低下する。耐熱性はあるが耐久グレードではない TE-7307 でも，500時間の経過で強度がなくなってしまう。これに対し，耐久・耐熱グレードの TE-8210 では

第1章 耐熱,長期耐久性ポリ乳酸ナノコンポジット

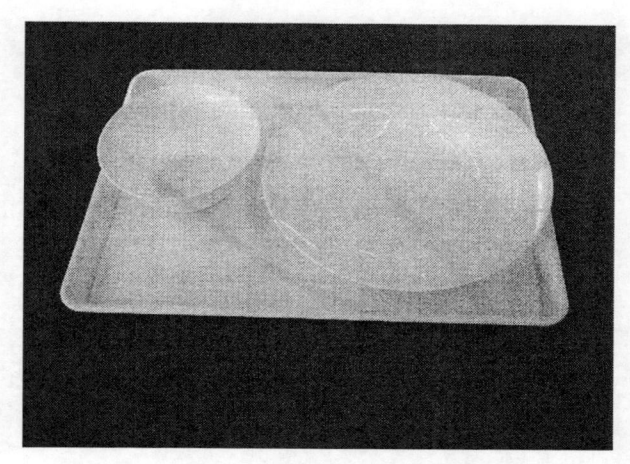

図3 耐熱・耐久性グレード PLA 樹脂で作製された食器類の写真

800時間経過しても強度保持率は90％もあり，2000時間経過後も強度保持率80％以上であることを確認している。

一方，食器などに使用する場合を想定すると，プラスチック製の食器は，落としても割れない，軽量であるという特徴のほか，食器洗浄器などでアルカリ性洗剤を使っての洗浄が可能で，さらに高温水による洗浄，高温乾燥で十分な除菌ができるという性能も要求される。PLA のエステル結合は，アルカリ条件下で切れやすく，アルカリ性洗剤と高温水（80℃程度）による洗浄，高温乾燥（80～90℃）が繰り返される通常の洗浄条件では，1週間程度で割れが生じてしまう。しかしながら，耐久処理を施した TE-8210 では，前記条件での洗浄で6か月間（1日1回），割れ，ひびなど一切なく，通常の使用に十分耐えることがわかっている。実際に耐熱，耐久グレードのTE-8210 を用いて成形した食器類の写真を図3に示す。非常に光沢のある高級感のある成形品ができた。6か月の食器洗浄器の使用後も，全く外観は変わらず，強度などにも変化はほとんど見られなかった。

以上のように，本来分解しやすい PLA にも，耐久性を付与する処理をおこなうことで，高温，アルカリ性洗剤使用といった過酷な条件でも，十分な強度を保持することができるようになった。今後，電子機器筐体や自動車部品など，従来は考えられなかった用途への展開が期待できる。

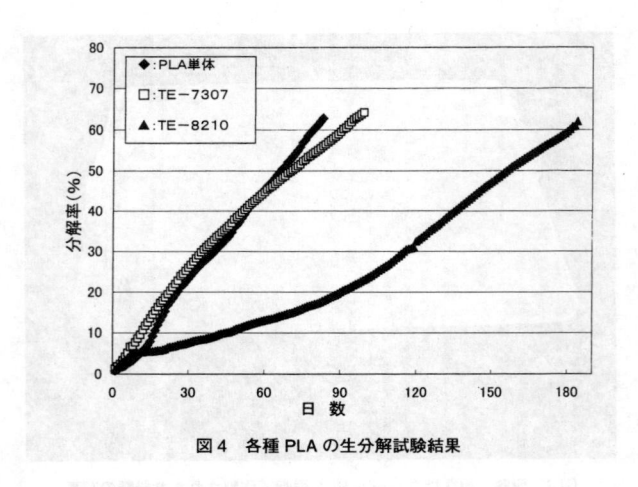

図4 各種PLAの生分解試験結果

4 耐久グレードPLAの生分解性

耐熱，耐久性が付与されたPLAの，生分解性について検討した。結果を図4に示す。コンポスト条件は，ISO14855（JISK6953）に準拠し，牛糞と生ゴミ由来の完熟コンポストを用い，通気量0.3l/min，60℃の設定にて，好気性生分解試験をおこなった。生分解度は，分散赤外吸収方式の二酸化炭素分析計にて二酸化炭素濃度を測定し，実際に二酸化炭素にまで分解した割合を算出した。

試験は食器などの実際の射出成形品を想定して，曲げ試験に用いる試験片を作製する場合と同条件で射出成形した試験片を，約 $1 \times 1 \times 0.3$ cm という比較的大きなサンプル形状に切断して試験をおこなった。図から明らかなように，PLA単体ならびに耐久処理をしていないTE-7307では，80〜90日で分解率が60%を越えたが，耐久処理をしたTE-8210は，ちょうど180日で分解率が60%となった。このように，耐久グレードは，分解速度が極端に遅くなるものの，PLAが本来持っている生分解性は維持しており，特にコンポストという特殊条件下においては，生分解がゆっくりではあるが進行することがわかった。以上のように，通常の使用では，劣化，分解なく使用することができ，不要となった際にはコンポスト処理で，水と二酸化炭素にまで分解できるという，非常に都合の良い樹脂を作製することができた。

5 おわりに

生分解性を特徴とするPLAは，その生分解性を生かした用途で使われ始めたが，カーボン

第1章 耐熱，長期耐久性ポリ乳酸ナノコンポジット

ニュートラルであるという環境適合樹脂である面から，生分解性のいらない，もしくは，生分解しない用途へ使いたいというニーズが広がってきた。この要望に応えるべく，PLA をナノメートルオーダーの分子レベルで分子設計，制御することで，60℃×95% RH という厳しい条件下でも 1000 時間以上劣化しない耐熱，耐久 PLA を開発することができた。この樹脂をベースにして実際にコンピュータ部品への搭載が始まっている。今後，さらに電子機器筐体や自動車部品，食器洗浄器を使うことを前提とした食器用途など，これまで使われていなかった用途へ PLA が広く使われていくことを期待している。

文　献

1) E. T. H. Vink *etc.*, *Polym. Degradation and Stability*, **80**, 403 (2003)
2) 望月政嗣，「生分解性ケミカルスとプラスチック」，冨田耕右監修，シーエムシー出版 (2000), p.145
3) 望月政嗣，工業材料, **49** (10), 36 (2001)
4) 西村弘ら，*WEB Journal*, **39**, 1 (2001)
5) 望月政嗣，科学と工業, **76** (6), 278 (2002)
6) 大濱二三夫ら，プラスチックス, **53**, 10 (2002)
7) 上田一恵，「ポリマー系ナノコンポジットの製品開発」，中條澄編，フロンティア出版 (2004), p.138
8) J. Lunt, *Polym. Degradation and Stability*, **59**, 145 (1998)

第2章　籠型シルセスキオキサン変性PPE

池田正紀*

1　はじめに

　本章では，籠型シルセスキオキサンの特異なサイズ・形状効果を利用することにより，従来実現できなかったポリフェニレンエーテル樹脂（PPE）の成型加工性と難燃性の同時改良技術を開発したので紹介する。

　従来，シリコーンポリマーやポリシルセスキオキサン(*1)等の有機ケイ素系材料によるポリマーの改質が幅広く検討されてきた。その例としては，例えば，シリコーンポリマーの添加によるポリマーの離型性や摺動性の改善，あるいは，シリコーンやポリシルセスキオキサンの添加によるポリマーの難燃性の改善等が挙げられる。

　各種のケイ素系材料によるポリマー改質技術の中でも，特に，ポリマーの難燃化技術は，従来のハロゲン系難燃剤やりん系難燃剤に替わる環境に優しい難燃化技術として近年精力的に検討されてきた[1,2]。しかしながら，これらの組成物では，難燃性改善効果が不十分であったり，難燃性は向上するものの成型加工性や機械的特性が不十分であったりする場合が多く，さらなる改善が求められていた。

　一方，籠型シルセスキオキサン(*2)は図1から明らかなように，従来から使用されてきた有機ケイ素系材料とは異なる特異なサイズ・形状をした有機ケイ素系ナノマテリアルであり，その特性を活用することにより従来技術の限界を破る新規なポリマー改質技術の開拓が期待される。

---

*1，*2：シルセスキオキサンとは，ケイ素原子に1個の有機基と3個の酸素原子が結合した三価基（Tユニット：$RSiO_{3/2}$と表記される）のみからなるケイ素系縮合体の総称である。シルセスキオキサンの中でも，3次元的にネットワークが広がった無定形ポリマーやラダー状ポリマーのような高重合体は「ポリシルセスキオキサン」と呼ばれており，8〜12個程度の数のTユニットが縮合して籠型構造を取るものを本稿では「籠型シルセスキオキサン」と呼ぶ。

＊　Masanori Ikeda　旭化成㈱　研究開発本部　チーフ・サイエンティスト

第 2 章　籠型シルセスキオキサン変性 PPE

<シリコーン>　　　<ポリシルセスキオキサン*>　　　<籠型シルセスキオキサン>
　　　　　　　　　　*ラダー構造の例

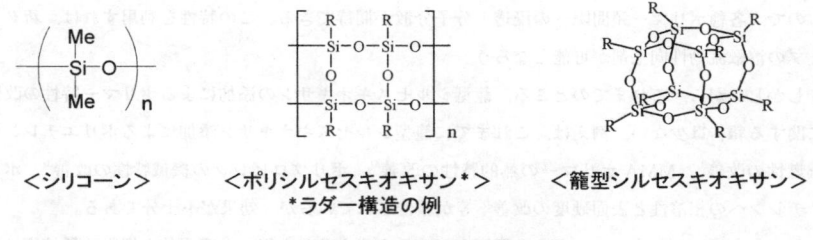

図 1　各種有機ケイ素系材料の構造比較

例:オクタイソブチル置換体

コンパクトな籠型構造
（分子径:1〜3nm）
・分子間の絡み合い無し
・各種樹脂との相溶性
→ 樹脂の溶融流動性向上

難燃性、耐熱性骨格
→ 新タイプSi系難燃剤

有機残基の選択による樹脂との親和性コントロール

図 2　籠型シルセスキオキサンに期待される樹脂特性改善効果

2　籠型シルセスキオキサンの構造と期待特性

　籠型シルセスキオキサンの空間充填モデルとその構造から期待される樹脂特性改善効果を図 2 に示す。

(1)　図 2 の空間充填モデルから明らかなように，籠型シルセスキオキサンは，中心部は耐熱性・難燃性の無機骨格から構成されているが，その周囲は有機基で覆われている。したがって，籠型シルセスキオキサンは，その有機基の構造を選択することにより各種高分子材料との親和性を容易にコントロールできるのが分子設計面での大きなメリットである。したがって，この特性を利用すれば，従来にない新コンセプトのケイ素系難燃剤の開発が期待できる。

(2)　籠型シルセスキオキサンは，籠型構造をしているために，リニアー構造ポリマーとは異なり，

各種ポリマーとの分子間の絡み合いが無い。また，ナノサイズの籠型形状でコンパクト構造なので，各種ポリマー鎖間隙への浸透・分子分散が期待できる。この特性を利用すれば，新タイプの溶融流動性向上剤が可能となろう。

しかしながら，これまでのところ，籠型シルセスキオキサンの添加によるポリマー特性の改質に関する報告は少ない。例えば，これまでに籠型シルセスキオキサン添加によるポリエチレンの難燃性の改善[3]，MMAポリマーの熱的特性の改善[4]，ポリプロピレンの機械特性の改善[3]，ポリスチレンへの相溶性と表面硬度の改善[3] 等が報告されているが，効果が不十分である。

このように，これまでのところ，籠型シルセスキオキサンを用いた実用的な樹脂改質技術は見出されていないが，図2で説明したような籠型シルセスキオキサンのユニークなサイズ・形状効果を利用すれば高性能の樹脂改質技術が期待できる。そこで，筆者らは，各種のポリマー材料と広範な構造の籠型シルセスキオキサンの組み合わせで，その樹脂改質効果を検討した。その結果，籠型シルセスキオキサンは決して万能の樹脂改質剤ではないが，ポリマー構造と籠型シルセスキオキサン構造の組み合わせを選択することにより顕著な樹脂特性改質効果が発現することが分かった。本稿では，その中でも特に実用的な価値が高いPPEの改質技術について紹介する。

3 籠型シルセスキオキサンによるポリフェニレンエーテル（PPE）の改質

3.1 背景

ポリフェニレンエーテル（PPE）は，図3に示されている構造の芳香族系ポリエーテルであり，耐熱性に優れ，難燃性も備えている。しかしながら，PPEは溶融流動性が低いために成型加工が困難であるので，PPEの溶融流動性を改善するために図3のようにポリスチレンを添加したPPE/ポリスチレン系ポリマーアロイがエンジニアリングプラスチックスとして商品化されている。ただし，このポリマーアロイでは，PPEの本来の特長である耐熱性と難燃性が犠牲になっているので，PPEの耐熱性を維持したまま溶融流動性を改善し，さらに難燃性も向上させる改質技術が求められていた。

PPEの難燃性向上剤としては，環境に害を及ぼさないケイ素系材料が好ましい。この観点から，これまで様々な変性シリコーン化合物によるPPE難燃化技術が報告されている[1]が，これらの系におけるPPEの流動性改善効果は報告されていない。また，ポリシルセスキオキサン系材料は各種のポリマーの難燃化に有効であると報告されている[2]が，筆者らの検討によると，ポリシルセスキオキサンはPPEに対しては難燃性改善効果も溶融流動性改善効果も示さなかった。以上のようにリニアー構造のシリコーン系ポリマーや不定形材料であるポリシルセスキオキサンはPPEに対して十分な改質効果を示さない。ところが，筆者らは少量の籠状シルセスキオキサ

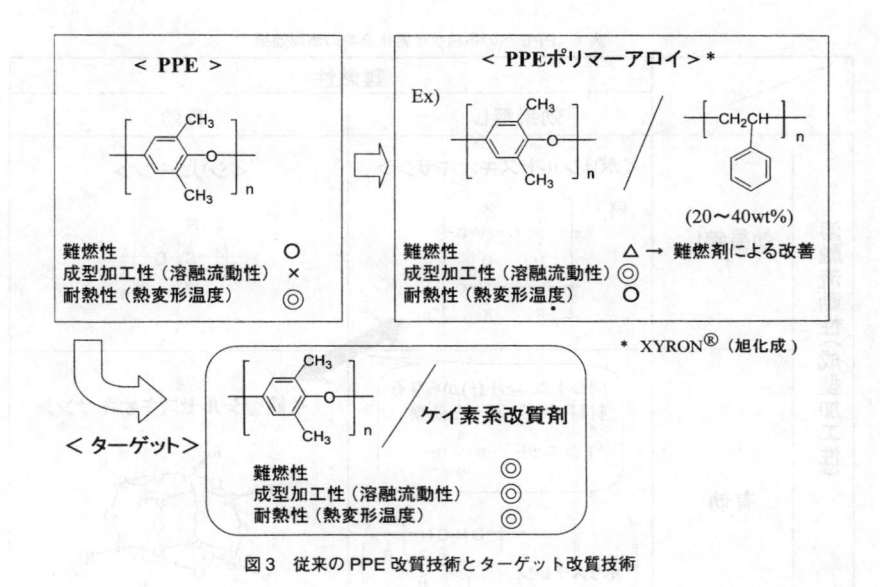

第2章 籠型シルセスキオキサン変性 PPE

図3 従来の PPE 改質技術とターゲット改質技術

ンを PPE に添加すると，PPE の耐熱性を維持したまま難燃性と溶融流動性が同時に飛躍的に改善されることを見出した。これらの結果は，まとめて表1に示されている。この結果の中で，特に注目すべきは，同じ T ユニットのみからなる有機ケイ素系材料でも不定形ポリシルセスキオキサンと籠型シルセスキオキサンでは，全く対照的な PPE 改質効果を示すことである。

このように，籠型シルセスキオキサンは従来のケイ素系材料による PPE 改質技術の限界を破る新規改質技術を可能にしたものである。以下に，籠型シルセスキオキサンによる PPE 改質効果とその作用機構について説明する。

3.2 籠型シルセスキオキサンによる PPE の改質効果

筆者らは，各種ポリマー材料に対する籠型シルセスキオキサンの難燃性改善効果を幅広く検討してきた。その結果，籠型シルセスキオキサンは，ポリエチレン，ポリアミド，ポリエステル等の多くの工業ポリマー材料に対しては難燃性改善効果を示さないが，PPE に代表される特定のポリマーに対してのみ特異的に優れた難燃性改善効果を示すことが分かった。一方，ポリシルセスキオキサンは，前述のように PPE に対しては全く難燃性改善効果を示さなかった。

PPE の改質剤としては，様々な構造の籠型シルセスキオキサンが有効である。図4に示されているように，トリシラノール型籠型シルセスキオキサンからは，多様なオープンケージ型およ

表1 PPEへの各種ケイ素化合物の添加効果

		難燃性	
		効果無し	有効
溶融流動性（成型加工性）	効果無し	＜ポリシルセスキオキサン＞	＜シリコーン＞
	有効	同じTユニット(*)からなる材料でも全く違った効果 *Tユニット ポリスチレン	＜籠型シルセスキオキサン＞

図4 トリシラノールから誘導される籠型シルセスキオキサンの例

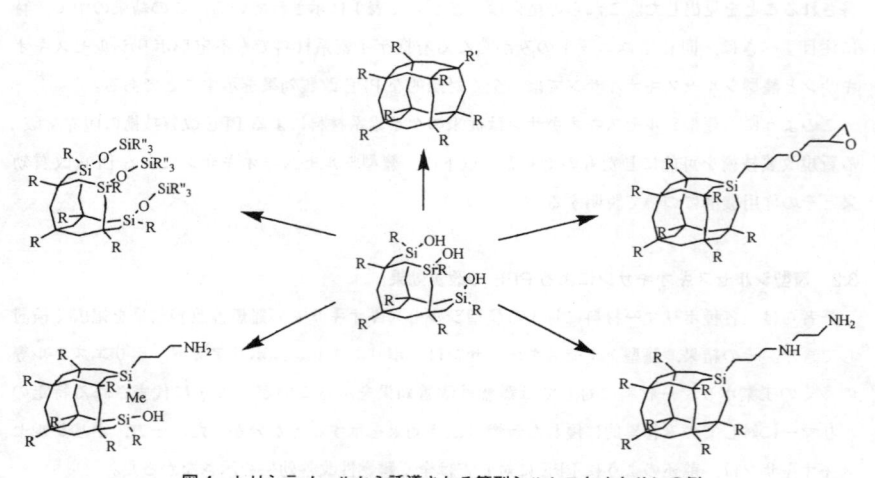

第2章 籠型シルセスキオキサン変性 PPE

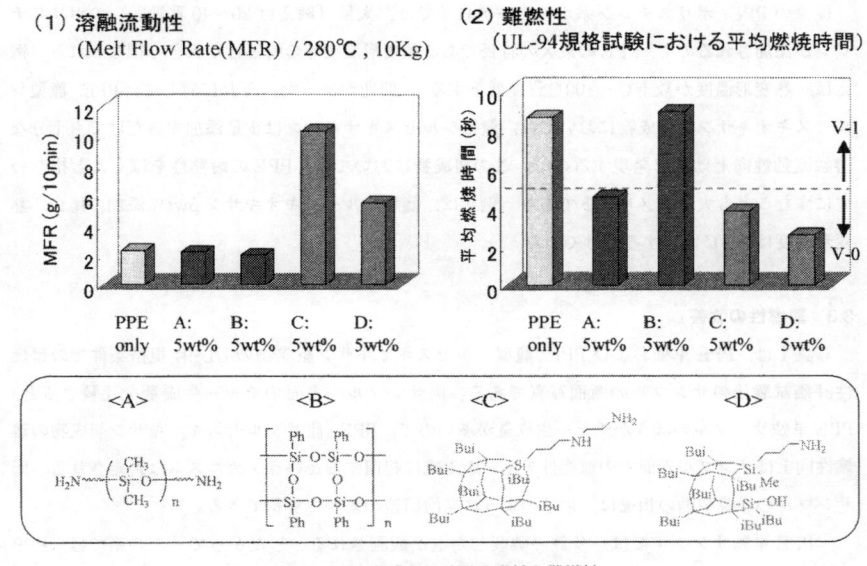

(1) 溶融流動性
(Melt Flow Rate(MFR) / 280℃, 10Kg)

(2) 難燃性
(UL-94規格試験における平均燃焼時間)

図5 PPE 組成物の溶融流動性と難燃性

びクローズドケージ型の籠型シルセスキオキサンが合成できるが，PPE の改質には，これらのいずれのタイプの籠型シルセスキオキサンも有効である．なお，PPE の改質効果には籠型シルセスキオキサンの置換基の種類が大きく影響する．各種の置換基の中でも，特にアミノ基やエポキシ基等の極性置換基を有する籠型シルセスキオキサンが有効である．

図5には，PPE に対する各種のケイ素系材料の添加効果がまとめて示されている．図5の(1)には，PPE 単独および PPE/ケイ素系材料組成物の溶融流動性が示されている．この図から明らかなように，アミノ基含有シリコーンおよびポリシルセスキオキサンは PPE の溶融流動性に対しては全く効果を示さない．一方，アミノ基含有籠型シルセスキオキサンは，クローズドケージ型およびオープンケージ型のいずれの場合も顕著な PPE の溶融流動性改善効果を示す．図5の(2)には，PPE に対する難燃性改善効果が示されている．アミノ基含有シリコーンは，PPE の難燃性を改善するが，ポリシルセスキオキサンは全く難燃性改善効果を示さない．一方，アミノ基含有籠型シルセスキオキサンは，クローズドケージ型およびオープンケージ型のいずれの場合も顕著な PPE の難燃性改善効果を示す．以上のように，各種のケイ素化合物の中でも籠型シルセスキオキサンの添加の場合にのみ，PPE の溶融流動性と難燃性を同時に改善出来ることが確認された．

従来のPPE/ポリスチレン系ポリマーアロイでは，大量（例えば20〜40重量％）のポリスチレンが添加されるので，PPEの最大の特長である熱変形温度等の耐熱性が大きく損なわれる（例えば，熱変形温度が数十℃〜100℃程度低下する。）問題があった。それに対して，PPE/籠型シルセスキオキサン系組成物においては，籠型シルセスキオキサンは少量添加するだけでも十分な溶融流動性向上効果を発現するので，この組成物においては，PPEの耐熱性をほとんど損なわずにすむことも大きなメリットである。例えば，籠型シルセスキオキサン5wt％添加の場合，熱変形温度は約5℃低下するだけである。

3.3 難燃性の改善

写真1は，PPE単独およびPPE/籠型シルセスキオキサン組成物のUL-94規格条件での難燃性評価試験後のサンプルの断面写真である。両サンプルの表面のチャー生成量を比較すると，PPE単独サンプルのほうがチャー生成量が多いので，PPE/籠型シルセスキオキサン組成物の難燃性向上はサンプル表面での難燃性チャーの生成に起因するというメカニズムは否定される。両サンプルの燃焼挙動の相違は，以下のように発泡構造の差から解釈できる。

・PPE単独サンプルでは，多数の破裂した泡が観測される。したがって，この系では，PPEの燃焼・熱分解時にPPE分解ガスによりポリマーが発泡し，次いでその泡が破裂して可燃性ガスが放出されるので燃焼が加速されると考えられる。

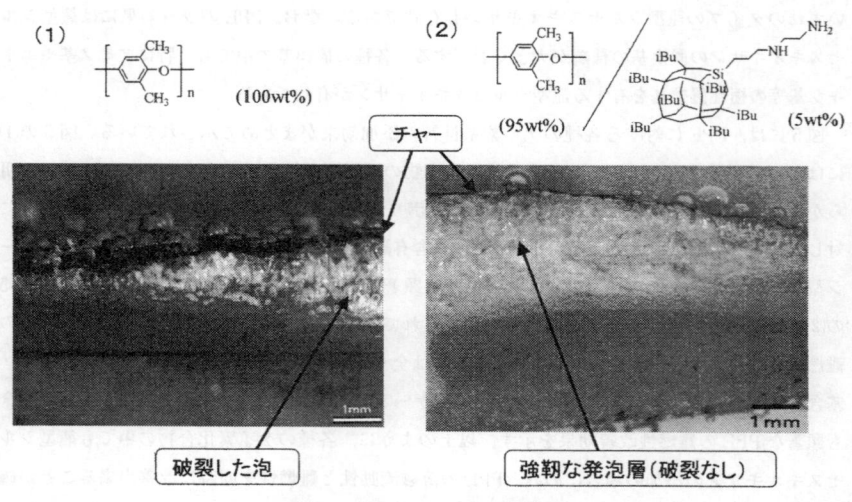

写真1　燃焼テストピースの断面写真

第 2 章　籠型シルセスキオキサン変性 PPE

・一方，PPE/籠状シルセスキオキサン組成物サンプルでは，多数の泡が観測されるものの，それぞれの泡は破裂しておらず独立気泡を形成している。したがって，この組成物では，燃焼・熱分解時に強靭な発泡層が形成され，その気泡が破裂しないために，この発泡層が断熱層として作用して燃焼を抑制するものと考えられる。

3.4　溶融流動性の改善

籠状シルセスキオキサンに結合する置換基の構造が PPE の溶融流動性改善効果に与える影響を検討したところ，以下のような予想外の現象が確認された。

・置換基がすべてアルキル基あるいは非芳香族基である籠状シルセスキオキサンの場合には，程度の差はあれ大部分が PPE に対して良好な溶融流動性改善効果を示す。
・一方，籠状シルセスキオキサンの置換基として PPE 主鎖骨格と類似構造のフェニル基を導入すると，フェニル基は，籠状シルセスキオキサンの溶融流動性向上効果を抑制する。

すなわち，図 6 に示されるように，籠状シルセスキオキサンによる PPE の溶融流動性改善効果は，籠状シルセスキオキサン中のフェニル基含量の増大とともに低減される。

一般に，ポリマーの溶融流動性向上剤は，ポリマーと相溶化して溶融粘度を低下させることを目的として，ポリマーと類似構造の材料から選択される。したがって，上記のような籠状シルセ

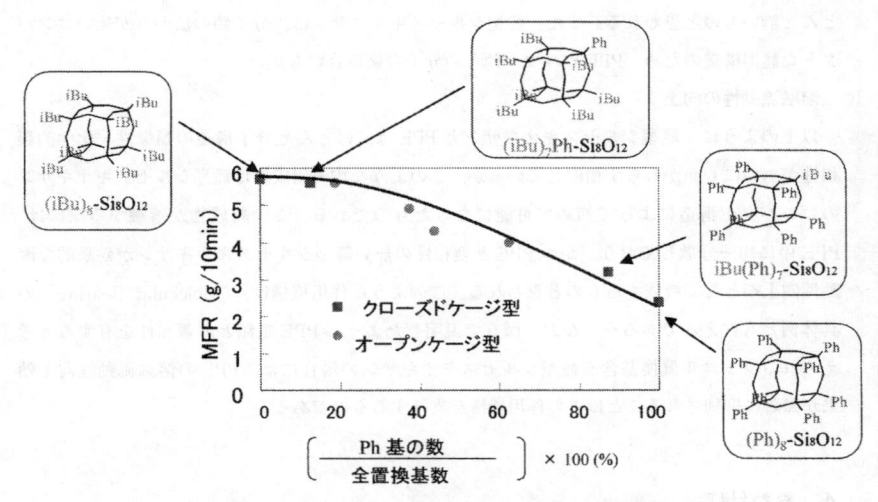

図 6　籠型シルセスキオキサン中のフェニル基含量と溶融流動性の関係
PPE/籠型シルセスキオキサン = 95g/5g
溶融流動性 MFR(g/10min)/280℃，10kg

スキオキサンへのフェニル基導入による PPE の溶融流動性向上効果の抑制は，従来の溶融流動性改質剤の概念からは全く予想できないものであり，PPE/籠状シルセスキオキサン系では，従来の改質剤とは異なる作用機構が発現しているものと考えられる。

図5に記載されている PPE/アミノ基含有シリコーン（A）組成物の溶融混練・熱プレス成型サンプルは褐色濁状であり均一混合していない。一方，図5に記載されている PPE/アミノ基含有籠型シルセスキオキサン（C）組成物の溶融混練・熱プレス成型サンプルは淡黄色透明であり均一混合している。この組成物の電子顕微鏡写真では粒子径が 10nm 以上の粒子は観測されず，PPE 中に籠型シルセスキオキサンが分子レベルで微分散していることが確認された。このように，芳香核主鎖構造を有する PPE 中に芳香核を全く有さない籠型シルセスキオキサンが分子レベルで微分散することは，従来の知見からは全く予期できなかったことである。

これまでに得られた知見より，以下のような籠型シルセスキオキサンによる PPE の溶融流動性向上メカニズムが推測される。

(a) **籠型シルセスキオキサンと PPE の良好な相溶性発現**

籠型シルセスキオキサンはナノサイズでかつコンパクトな籠型構造のため，非芳香族系外殻構造でも，PPE ポリマー鎖の分子間空隙へ浸透する。

(b) **籠型シルセスキオキサンと PPE の親和性ミニマム**

非芳香族系外殻構造の籠型シルセスキオキサンは，PPE との化学的親和性・相互作用はほとんど無いものと思われる。また，籠型シルセスキオキサンは，分子鎖の広がりが無いコンパクトな籠型構造のため，PPE ポリマー鎖との分子の絡み合いも無い。

(c) **溶融流動性の向上**

以上のように，籠型シルセスキオキサンと PPE は，ほとんど分子構造の類似性・化学的親和性が無いにもかかわらず相溶しているが，このような均一組成物は籠型シルセスキオキサンのコンパクト構造によって初めて可能になったものである。この組成物が溶融する際には，PPE 中に均一分散しており，かつ PPE と親和性の無い籠型シルセスキオキサンが効果的な流動性向上剤として機能するものと思われる。このような作用機構は，"Molecular Bearing" の具体例とも言えるであろう。なお，図6で説明したように PPE 主鎖との親和性を有すると考えられるフェニル置換基含有籠型シルセスキオキサンの場合には，PPE の溶融流動性向上効果が顕著に抑制されることはこの作用機構を支持するものである。

4　おわりに

本稿で紹介したように，籠型シルセスキオキサンは従来材料の概念からは予期できない様々な

第 2 章　籠型シルセスキオキサン変性 PPE

特異な挙動を示すが，それは籠型シルセスキオキサンのユニークな構造（サイズ，形状，有機・無機複合構造）に起因するものである。このような籠型シルセスキオキサンのユニークな特徴をうまく利用すれば，籠型シルセスキオキサンでしか出来ない新しいマテリアルサイエンスの展開が可能となるであろう。

最後に，本研究は旭化成ケミカルズ株式会社樹脂研究センターザイロン技術開発部の協力を得て実施されたものである。ここに感謝の意を表します。

文　献

1) a) K. M. Sow *et al.*, 米国特許広報 5, 169, 887 号 (1992)
   b) M. L. Blohm *et al.*, 米国特許広報 5, 385, 984 号 (1995)
2) a) A. G. Moody *et al.*, 米国特許広報 4, 265, 801 (1981)
   b) 中西鉄雄，木崎弘明，宝田充弘，津村寛，特開平 6-128, 434 (1994)
   c) 芹沢慎，位地正年，特開平 10-139, 964 (1998)
3) NANOCOMPOSITES 2001 Proc., Executive Conference Management (2001)
4) T. S. Haddad, J. D. Lichtenhan, *Polymer Preprints*, **36**, 511 (1995)

第3章 Fire retardancy based on polymer layered silicate nanocomposites

Bernhard Schartel*

1 Introduction

Nanotechnology is expected to become a key technology, not only because of the trend towards "simple" further miniaturization into the nano-scale, but also because of the exploitation of new effects that arise from nanostructured materials. Of all the groups these materials include, polymer nanocomposites appear to offer the best potential for industrial application at this time, since they are made available with established and thus economical preparation tools such as extrusion and injection moulding. Nanocomposites based on thermoplastics and modified layered silicate, for instance, have been prepared by melt blending and have been proposed for mechanical reinforcement for over fifteen years now.[1~3] In recent years, layered silicate polymer nanocomposites have received increasing consideration in terms of fire retardancy.[4~7] In comparison to established flame retardants, layered silicate is competitive due to its ecologically friendly character and its positive impact on mechanical properties. It is discussed as a halogen-free flame retardant for thermoplastics and thermosettings. In fact, today layered silicate polymer nanocomposites are on the verge of commercialization for the field of flame retarded polymeric materials, which means that first products have already been launched on the market successfully.[8,9] It should be noted that this application entails industrial mass production and shows a clear nanoscience character. The fire retardancy is caused by the nano-scaled structure. Analogous microcomposites show no comparable property improvement whatsoever.

Therefore it is not surprising that layered silicate polymer nanocomposites have been proposed as an up-and-coming approach to improve the fire retardancy of polymers.[10] However, in contrast to this point of view, the performance of polymer nanocomposites in some fire tests raises the question as to whether layered silicates should be called flame retardants at all. The reason for this discrepancy is the fact that there is no simple property

---

* Federal Institute for Materials Research and Testing (BAM)

fire retardancy, but fire retardancy in terms of ignition, flammability, flame spread and total heat evolved. The efficiency of a flame retardant may be quite different in different fire scenarios and fire tests, respectively. Unfortunately, most sources on the fire behaviour of polymer nanocomposites do not communicate this transparently. Hence, it is the aim of this chapter to give a comprehensive understanding of the different fire retardancy mechanisms active in layered silicate nanocomposites. This chapter sketches potential future directions in the field rather than giving a comprehensive overview of what has happened so far.

2 The influence of morphology

Different studies on layered silicate nanocomposite show the strong influence of morphology on fire behaviour.[11, 12] Figure 1 displays the typical results on the heat release rate and total heat release during a cone calorimeter test for a thermoplastic, non-charring polymer and two corresponding, rather well exfoliated, nanocomposites. The materials were compounded using a twin-screw extruder (Rheomex TW 100, Haake, Germany). A different quality of exfoliation was obtained by using two different modified clays, both based on montmorillonite modified by ammonium ions. Cloisite 20A (Southern Clay Products, USA) is a montmorillonite modified with dimethyl dehydrogenated tallow ammonium, abbreviated as A in the following. Cloisite 30B (Southern Clay Products, USA) is a montmorillonite modified with methyl tallow bis-2-hydroxyethyl ammonium, abbreviated below as B. Polypropylene-graft-maleic anhydride (Aldrich Chemical Company, USA), PP-g-MA, was used as a model for a thermoplastic polymer matrix, since it is very suitable for obtaining good nanocomposites. For both nanocomposites the clay content was 5 wt.-%. Forced flaming combustion in the cone calorimeter results in two important characteristics of fire risk. The total heat evolved indicates the total fire load of the specimen, and the peak of heat release rate corresponds to the flame spread in a fire.

The shape of the heat release rate curve for PP-g-MA was typical for a thermoplastic, non-charring material. The characteristics changed to plateau-like behaviour for the nanocomposites with increasing quality of exfoliation. The peak of heat release rate is clearly reduced for the nanocomposites, which are also characterized by increasing burning times. Microcomposites showed no significant change in the heat release rate curve. The results indicate that, for every system, the preparation and optimization of the materials, such as

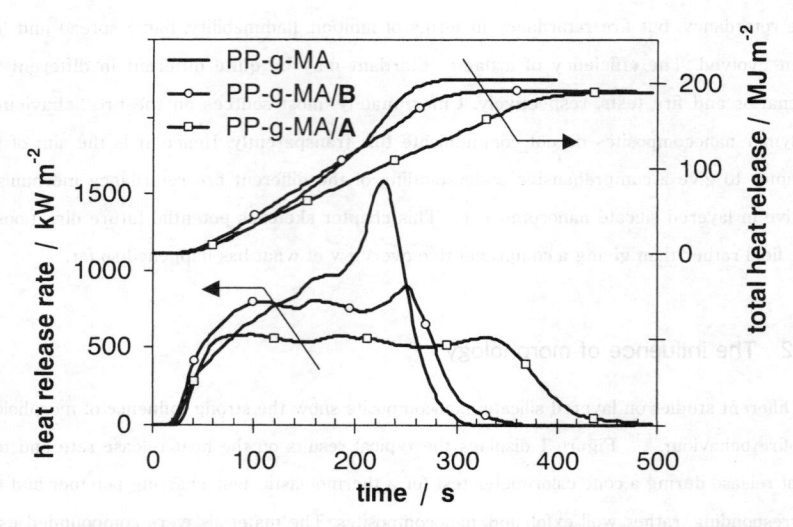

Figure 1. Heat release rate and total heat release monitored in cone calorimeter experiments (irradiance=70 kW m^{-2}) for PP-g-MA and the nanocomposites PP-g-MA/5 wt.% A and PP-g-MA/5 wt.% B.

choosing a suitable organic modifier for the layered silicate, are crucial to obtain an advantageous nanocomposite in terms of burning behaviour.

The quality of exfoliation is influenced by the components used for the nanocomposite and their characteristics, such as the molecular weight of the polymer, the polarity of the polymer, the kind of clay modification and the number of ions. Furthermore, the morphology is influenced by the preparation of the nanocomposite in terms of parameters like shear rate, temperature and resident time during a melt blending process. Detailed studies of the influence of preparation parameters such as processing temperature, shear stress and residence time can be found in the literature.[13,14] Results similar in principle to the ones shown in Figure 1 were obtained by varying the preparation procedure, proving that the quality of the nano-scaled structure significantly determines the magnitude of the fire retardancy effect. It should be noted that the assessment of the degree of nanocomposite formation is quite a challenge. The oversimplifying models for different morphology, communicated by the terms microcomposite, intercalated nanocomposite and exfoliated nanocomposite, fail to give a satisfactory description. Delamination, mixing and distribution mechanisms interact in a quite

第3章 Fire retardancy based on polymer layered silicate nanocomposites

complex manner during preparation and hardly end up in a thermodynamically stable state or perfect homogenous samples.[15] The predominant methods used to observe the nanocomposite formation are X-ray diffraction and TEM.[15, 16] The disappearance and the shifting of the Bragg peak in X-ray diffraction are interpreted as indications of exfoliation or intercalation, respectively. However, strictly speaking, the disturbed periodicity monitored by X-ray is due mainly to the delamination of silicate layers, whereas the quality of distribution is not monitored. The Bragg peak in X-ray characterization is not a direct measure for exfoliation and is especially insufficient when rather good nanocomposites are compared to each other.[17] TEM investigations of nanocomposites revealed the absence of large, undisturbed clay particles for only a small and often unrepresentative area, despite the fact that they deliver very illustrating micrographs. Hence TEM investigation is not suitable for quantitative evaluation of delamination and exfoliation. Only a few very recent sources have reported promising approaches to tackling the problem of quantitative characterization of delamination and exfoliation, for instance the use of NMR techniques[18, 19] or rheology[20, 21]. For the example presented in Figure 1, for instance, a clear correspondence was found between the peak of heat release and the melt viscosity for low shear rates and temperatures, since both are controlled by the quality of nanocomposite formation of the residue.[12]

3 Fire retardancy mechanisms based on layered silicate

3.1 Inert filler and char formation

Organically modified silicate clays typically showed a decomposition mass loss of about 15-30 wt.-% in thermogravimetric measurements, corresponding to their content of organic compounds. The silicate does not decompose at temperatures relevant for its use or during the burning of polymeric materials. In conclusion, the modified clay functioned in part as inert filler. The inorganic residue was obtained not only in thermogravimetric experiments, but also in fire experiments. Despite the inorganic residue, using layered silicate in non-charring polymers such as polypropylene and polystyrene leads to almost no relevant additional carbonic char. Hence, the reduction of the total heat release was of the same order of magnitude as the replacement of polymer with layered silicate in the PP-g-MA model system for a non-charring thermoplastic used in Figure 1. This influence was investigated on PP-g-MA/A nanocomposites, for instance, using additions of 0, 2.5, 5, 7.5 and 10 wt.-% (Figure 2,

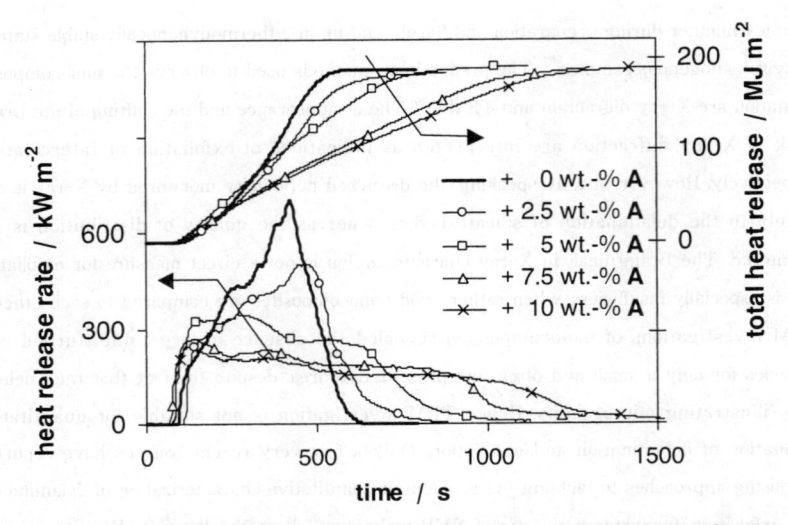

Figure 2. Heat release rate and total heat release monitored in cone calorimeter experiments for PP-g-MA/A nanocomposites (irradiance=30 kW m^{-2}), varying the filler content between 0 and 10 wt.-%.

Figure 3).[12]

There was no significant difference between different montmorillonite nanocomposites in terms of total heat evolved. The total heat evolved decreased linearly according to the increasing replacement of the polymer. The unchanged effective heat of combustion proved the absence of a relevant gas-phase mechanism. The increase in residues corresponded to the amount of A used, which indicated an absence of significant additional char formation due to the polymer. Silicate acted as inert filler. Since only amounts of around 5 wt.-% are of interest in this context, the flame retardancy effect due to the inert filler characteristic remained of the same order of magnitude as the error of the data.

$Al_2(OH)_3$ and $Mg(OH)_2$ are widespread flame retardants[22] and are discussed as inert fillers. In contrast to layered silicate, they provide an additional significant heat-sink mechanism, since they show endothermic decomposition into an inorganic residue accompanied by the release of water. Water is an effective cooling agent and dilutes the fuel gases. Hence, it may be advantageous to use hydrotalcite instead of montmorillonite. However, metal hydroxides are typically used in amounts of 40 wt.-% up to 65 wt.-% in polymers. The general conclusion

第3章 Fire retardancy based on polymer layered silicate nanocomposites

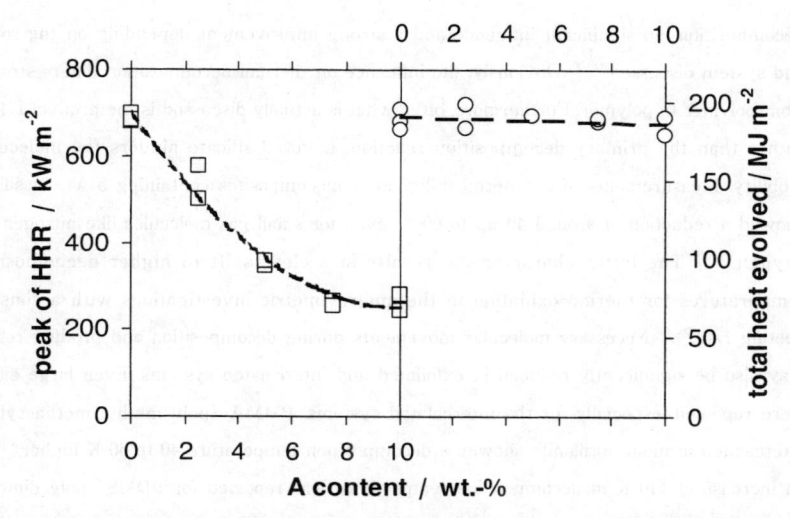

Figure 3. Peak of heat release rate (squares) and total heat evolved (circles) and monitored in cone calorimeter experiments for PP-g-MA/A nanocomposites (irradiance=30 kW m^{-2}), varying the filler content between 0 and 10 wt.-%.

is that small amounts of inert fillers fail to make a crucial impact on the total heat evolved. Nevertheless, the formation of inorganic residue can result in a kind of barrier, thus influencing other important characteristics such as the heat release rate (Figure 2 and Figure 3). Such effects are discussed in section 3. 4. Small amounts of additives can only improve the total heat evolved by reducing the effective heat of combustion in the gas phase, or by increasing the char formation. For both mechanisms a chemical interaction with the polymer or decomposition products of the polymer is a prerequisite. Unfortunately, in most of the polymer nanocomposite systems, layered silicate acts mainly through physical effects. The heat of combustion is rarely influenced significantly and the char formation increase is mostly on a scale between 0 and 10 wt.-%. Promising systems that show a crucial increase in carbonic char formation are quite rare.

3.2 Thermal stability

The reported results on the thermal stability of layered silicate nanocomposites are too diffuse to allow consistent interpretation. The conclusions differ between enhanced decomposition, no significant influence and a strong improvement depending on the source and system discussed.[23~26] Obviously, the influence on thermal decomposition differs strongly from polymer to polymer. Furthermore, often what is actually discussed is the product release rather than the primary decomposition reaction. Layered silicate hinders the molecules' mobility. Measurements of gas permeability for nanocomposites containing 5 wt.-% silicate showed a reduction of around 40 up to 60 % even for small gas molecules like nitrogen and oxygen.[27, 28] The latter characteristic results in a clear shift to higher decomposition temperatures for thermo-oxidation in thermogravimetric investigations with a constant heating rate.[26, 29] Necessary molecular movements during decomposition and product release may also be significantly reduced in exfoliated and intercalated systems. Even large effects were reported, especially for the intercalated systems. PMMA (poly methyl methacrylate) intercalated in montmorillonite showed a decomposition temperature 40 to 50 K higher,[30] and an increase of 140 K in decomposition temperature was reported for PDMS (poly dimethyl siloxane) intercalated in montmorillonite.[25] For both systems the restricted thermal motion of segments or decomposition products was concluded to be the main mechanism that contributed to higher thermal stability. Adding clay also changes the water content of the systems, may act as an acid buffer, and can even catalyse chemical reactions. Decomposition of the organic modifier may trigger decomposition. Summarizing the different effects makes clear that the influence on the thermal decomposition is determined by the possible interactions with the polymer decomposition pathway. A change in thermal decomposition is not a general mechanism for layered silicate nanocomposites. Hence it does not cause the main fire retardancy mechanism in terms of flame spread, which generally has been discussed for the fire behaviour of layered silicate nanocomposites in the literature so far. Indeed, for most layered silicate polymer nanocomposites, the changes reported for thermal decomposition are of minor importance for fire behaviour. The simple shifting of the onset of decomposition or maximum temperatures typically around 5-25 K may influence the time to ignition slightly, but is less capable of improving the UL 94 flammability classification. For instance, both the PDMS and the PDMS nanocomposites failed to achieve an UL 94 V0 classification, despite a thermal stability 140 K higher. The change in the distribution of decomposition products, for instance, the ratio between monomers and oligomers for polystyrene,[31] may influence the smoke formation rather than resulting in a significant change in the heat of combustion. In conclusion, only a few systems harbour the potential of essential fire behaviour improvements

第3章 Fire retardancy based on polymer layered silicate nanocomposites

due to change in their thermal decomposition. The most promising effect in terms of thermal decomposition is an essential decrease of fuel production due to increased char formation by the polymer. Unfortunately, for most of the nanocomposite systems only a negligible or a small increase in char formation by the polymer is observed. Promising systems that show a crucial increase in residue are rather rare. However, remarkable effects were reported for epoxy systems, where adding layered silicates transformed a three-step decomposition into a two-step decomposition.[32] The presence of the layered silicate changes the decomposition pathway due to chemical interaction. Such effects open the potential for an essential improvement of fire behaviour.

3.3 Viscosity

Not only the chemical reactions of decomposition and interaction with oxygen determine fire behaviour, but also physical characteristics such as heat capacity, thermal conductivity and melt viscosity. The latter is very important for the dripping behaviour, which is crucial in many fire scenarios. Layered silicate polymer nanocomposites showed a strong increase in viscosity for low shear rates and temperatures near the melting point. Nanocomposites showed strongly reduced melt dripping. This change can be good or bad, depending on the fire test and scenario in question. Some fire tests like the glow wire test can be passed with suitably high melt flows. In such cases layered silicate nanocomposite may show a worse performance. For instance, the UL 94 vertical burning tests resulted in a classification of V2 for the model PP-g-MA material, but only HB for the nanocomposites PP-g-MA/5 wt.-% A and PP-g-MA/5 wt.-% B.[12] The PP-g-MA extinguished through dripping, whereas more combustible material remained in the original location attacked by fire due to the nanocomposites' decreased propensity for dripping. However, in other scenarios and corresponding fire tests the prevention of dripping can be improved through the use of nanocomposite. It should be noted that a consistent structure-property relationship exists, not only between nanocomposite morphology and fire retardancy, but also between nanocomposite morphology and rheological characteristics.

Layered silicate significantly changes not only the polymeric melt viscosity, but also the viscosity of the liquid decomposition products. Hence, some nanocomposites showed a significantly changed char formation or deformation during burning. Relevant influences can be expected, especially on intumescent systems in which viscosity is one of the main parameters controlling the formation of the multicellular structure. A synergistic effect was reported for the use of layered silicate nanocomposite in intumescent systems based on a mechanical stabilization of char.[33]

3.4 Barrier formation

Cone calorimeter data on the peak of heat release rate are used in most sources that propose layered silicate as a promising approach for the fire retardancy of polymers. The cone calorimeter is used as a forced flaming combustion experiment. The maximum of the heat release rate corresponds to the flame spread of the specimen in a fire. Typical results are shown in Figure 1, Figure 2 and Figure 3, and show impressive effects of reductions up to 75 % in the peak of heat release rate and an increased burning time. The shape of the heat release curves was more plateau-like than that of PP-g-MA, with increasing layered silicate amount and improved nanocomposite formation, respectively. Barrier effects became obvious as the main fire retardancy effects of silicate layered nanocomposites.[12, 34] Such obvious physical effects, without any significant chemical impact on burning behaviour, correspond to the conclusion that the silicate layers act mainly as inert filler. The most likely origin for this mechanism is an accumulation of silicate layers at the surface of the condensed phase. The accumulation seems to be rather complex and is not well understood. Increasing clay content considerably reduced the peak of heat release rate (Figure 2 and Figure 3), but the decrease was not proportional to the amount of clay added. The data on the peak of heat release rate converged to a limiting value. This result corresponds to the observation that it was impossible to achieve a closed barrier layer in the system studied. Cracks in the residue layer were observed, resulting in an incomplete prevention of the release of pyrolysis gases. Intense flaming occurred for all samples because these cracks were not closed by increased addition of layered silicate. The enrichment in layered silicates on the surface seems to be much more complex than statistical precipitation or migration. As a consequence of the non-linear behaviour, it is concluded that an arbitrarily high amount of clay makes no sense in terms of barrier formation. Approaches to explain barrier formation have been described in the literature.[35] Most likely a combination of different mechanisms causes the enrichment of clay particles at the sample surface, including the optimization of the free energy on the surface, bubbling, demixing and reorganization of clay particles due to intermolecular forces. However, adding clay of 5-7.5 wt.-% seems to be sufficient to prepare nanocomposites with improved

第3章 Fire retardancy based on polymer layered silicate nanocomposites

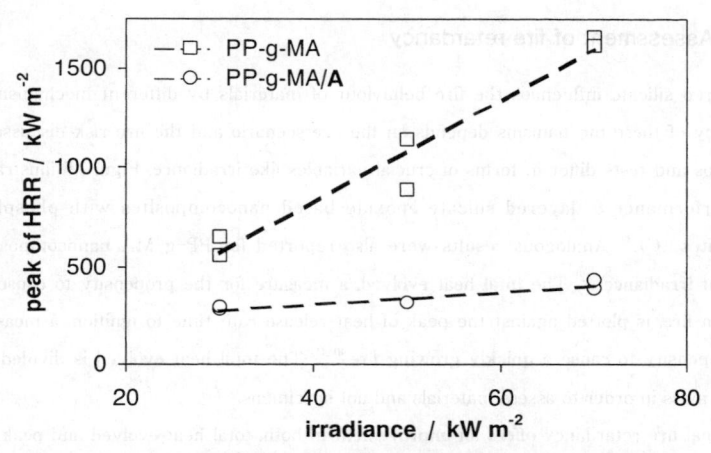

Figure 4. Peak of heat release rate (peak of HRR) of PP-g-MA and PP-g-MA/5 wt.-% A nanocomposite plotted against irradiance in the cone calorimeter experiment.

flame retardancy in terms of peak of heat release rate.

The variation of irradiance (external heat flux) further illuminated typical characteristics of active barrier mechanisms.[36] With higher irradiance, polymers showed decreased time to ignition, decreased burning time, and enhanced decomposition and heat release rate (since the energy impact per unit of time was increased). If physical barrier properties dominate, this influence of irradiance change becomes less pronounced. In this case the peak of heat release rate was less dependent of irradiance. The flame retardancy effect increased with increasing irradiance of up to 75 % at 70 kW m^{-2} in terms of peak of heat release rate (Figure 4) and the flame retardancy effect vanished for lower irradiance. Flammability tests like UL 94 and LOI may not be influenced at all. The strong influence of the fire scenario investigated on the fire retardancy effect was also reported for the thickness of the specimen and the thermal conductivity to the surroundings. The fire retardancy effect was reported to vanish for thermally thin samples,[37] since the peak of heat release rate becomes dependent on the total heat evolved, which is not significantly changed for the nanocomposites. Cone calorimeter studies using a thermally conductive sample holder setup delivered a significantly smaller fire retardancy effect, since the peak of heat release of non-charring polymers consists of thermal feedback when the pyrolysis zone reaches the back of a well-insulated specimen.[38]

4 Assessment of fire retardancy

Layered silicate influences the fire behaviour of materials by different mechanisms. The efficiency of these mechanisms depends on the fire scenario and the fire risk discussed. Fire scenarios and tests differ in terms of crucial variables like irradiance. Figure 5 illustrates the fire performance of layered silicate epoxide-based nanocomposites with phosphonium bentonites (C).[39] Analogous results were also reported for PP-g-MA nanocomposites for different irradiances.[12] The total heat evolved, a measure for the propensity to cause a long duration fire, is plotted against the peak of heat release rate/time to ignition, a measure for the propensity to cause a quickly growing fire.[40, 41] The total heat evolved is divided by the sample mass in order to assess materials and not specimens.

Optimal fire retardancy offers an improvement in both, total heat evolved and peak of heat release rate/time to ignition. Compared with this, the possibilities and limits of silicate layered polymer nanocomposites become obvious. A strong decrease in flame spread can be achieved, particularly for high irradiances, whereas the total heat evolved remains almost unchanged. Nano-dispersed layered silicate provided considerable fire retardancy in terms of reducing flame propagation, but not in terms of reducing the fire load of a polymer material. But this limitation must not remain unchallenged. Some promising approaches have been discussed. The combination of layered silicate with established flame retardants,[9, 42] not only show physical barrier mechanisms but also enhance the char formation of the polymer.[43]

The fire retardancy efficiency was strongly dependent on irradiance (Figure 5), so that the fire retardancy provided by nanocomposites diminished with decreasing irradiance. The results of extrapolation to small irradiances correspond to flammability scenarios such as limiting oxygen index and UL 94 tests.[44] The comprehensive cone calorimeter results presented in figure 5 indicate that no significant improvement may be expected for nanocomposites in terms of flammability tests. This conclusion was confirmed in a previous study.[12, 39] Furthermore, absolute maxima (heat release rates >150 kW m^{-2} for an irradiance $=30$ kW m^{-2}) indicated that the nanocomposites would not show self-extinguishing behaviour. The minimum oxygen concentration supporting flaming combustion (LOI) measured did not significantly differ between PP-g-MA, PP-g-MA/5 wt.-% A and PP-g-MA/5 wt.-% B nanocomposites.[12] However, a less intensive burning was observed in the LOI setup for the nanocomposite, corresponding to the barrier properties. Similar results were

第 3 章 Fire retardancy based on polymer layered silicate nanocomposites

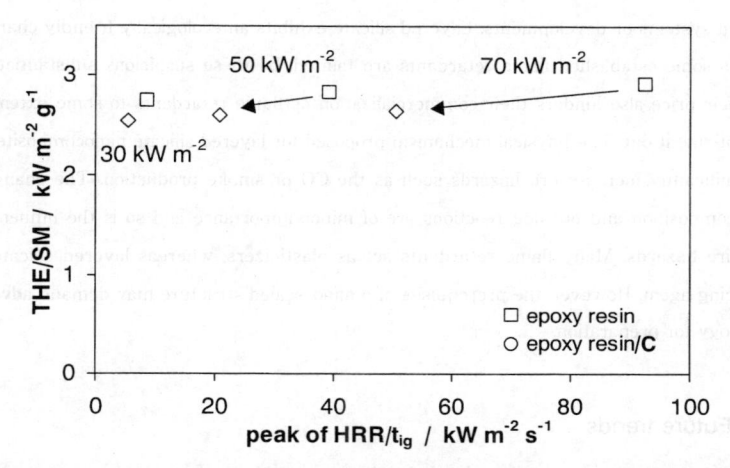

Figure 5. Total heat evolved/sample mass (THE/SM), a measure for the propensity to cause a long duration fire, plotted against the peak of heat release rate/time to ignition (peak of HRR/t_{ig}), a measure for the propensity to cause a quickly growing fire. Results are shown for an epoxy resin and epoxy resin/5 wt.-% C nanocomposite at different irradiances (30, 50, and 70 kW m^{-2}).

achieved in the UL 94, where the velocity of the flame front in the horizontal burning test was reduced, but no improvement of classification was reached in the vertical test.[12] The inorganic residue of layered silicate built up a surface crust capable of reducing the heat release rate, but not of extinguishing the fire.

For most of the systems the influence of layered silicate on the decomposition of the polymer is of minor importance. Hence, the time to ignition is not much improved. Neither is the initial increase of heat release rate typically improved for nanocomposites. The minor effect on ignition is a quite common characteristic for barrier forming systems, since fire retardancy effects start to increase with preceding burning after the ignition of the material. In many nanocomposite systems, the time to ignition is even decreased-probably due to decomposition of the organic modifier or changed heat absorption in comparison to the pure polymeric material. It was concluded that nano-dispersed layered silicate provided considerable fire retardancy in terms of flame spread, but not in terms of preventing or delaying the onset of a fire.

Layered silicate nanocomposites show some remarkable advantages over other flame

253

retarded systems or developments. Layered silicate exhibits an ecologically friendly character, whereas some established flame retardants are tainted, be these suspicions substantiated or not. Their price also hinders their commercialization as flame retardants to some extent, but does not rule it out. The physical mechanism proposed for layered silicate nanocomposite does not significantly increase fire hazards such as the CO or smoke production. The changes in the decomposition and burning reactions are of minor importance and so is the influence on these fire hazards. Many flame retardants act as plasticizers, whereas layered silicate is a reinforcing agent. However, the prerequisite of a nano-scaled structure may demand advanced technology for preparation.

5　Future trends

In the previous paragraphs of this chapter the fire behaviour of layered silicate nanocomposites was illuminated comprehensively and a detailed assessment of their potential was summarized. The two dominant mechanisms are typically an accumulation of layered silicate at the surface of the condensed phase, and the change in melt viscosity. The latter results in a prevention of dripping, whereas the silicate crust works as a barrier for pyrolysis gases and heat. A convincing potential was reported for forced flaming conditions in terms of flame spread, whereas other important fire characteristics are not influenced in any relevant way.

Layered silicates alone are not convincing flame retardants since the physical barrier properties are not sufficient to pass some of the important fire tests for polymeric materials. This may be changed when further effects like additional char formation are taken into account. Unfortunately, for the systems discussed so far such effects are only significant but hardly relevant in terms of fire behaviour. The development of nanocomposites in which the layered silicate is also chemically active is a further challenge. Different concepts have been proposed such as using silicate layers as catalysts,[43] changing reaction circumstances (for instance, influencing the pH value), or using layered structures as micro reactors.

The fire behaviour of nanocomposites shows a strong structure-property relationship. Therefore, the preparation of layered silicate nanocomposites is very important and its optimization is a challenge for the future. Even though the main mechanisms controlling morphology seem to be known, it will remain an important task to develop suitable solutions

第3章　Fire retardancy based on polymer layered silicate nanocomposites

for the distinct systems.

For the time being, industrial research and development scientists do not consider layered silicates to harbour potential as viable stand-alone flame retardants. So far they have been used successfully only as a synergist in some polymers in combination with established flame retardants. Indeed, in such systems they are on the verge of commercialization.[8] The countless possible combinations with other flame retardants are and will be under future consideration. Some of them have shown already remarkable synergisms. Different flame retardants containing phosphorus[45] have been proposed in combination with layered silicate, such as triphenylphosphate (TPP),[34] and ammonium polyphosphate.[42, 46] Extraordinary effects were reported, such as the transformation of the gas-phase action of TPP into a condensed-phase action, especially when remarkable chemical interactions occur. Combinations of layered silicate with established halogenated flame retardants[34, 42, 47] and with metal hydroxides[8, 34, 42] were reported. For both kinds of mixtures it was possible not only to replace the flame retardant, but to decrease the necessary additive content overall. Synergistic systems were also reported for combinations with melamine salts[34, 42] and intumescent systems.[33, 42]

Acknowledgement

The examples used in this chapter are based on studies performed in the author's research group and are mainly part of M. Bartholmai's PhD thesis. Parts of this thesis have been published before, as it is indicated by the references.

References

1) Kojima Y, Usuki A, Kawasumi M, Okada A, Fukushima Y, Karauchi T, Kamigaito O. *J. Polym. Sci. Part A : Polym. Chem.* 1993 ; **31** : 983-986.
2) Kojima Y, Usuki A, Kawasumi M, Fukushima Y, Okada A, Karauchi T, Kamigaito O. *J. Mater. Res.* 1993 ; **8** : 1185-1189.
3) LeBaron P C, Wang Z, Pinnavaia T J. *Appl. Clay Sci.* 1999 ; **15** : 11-29.
4) Gilman J W, Kashiwagi T, Giannelis E P, Manias E, Lomakin S, Lichtenham J D, Jones P. In *Fire Retardancy of Polymers : The use of Intumescence*, Le Bras M, Camino G, Bourbigot S, Delobel R (eds). Royal Society of Chemistry : London, 1998 ; 203-221.
5) Gilman J W. *Appl. Clay Sci.* 1999 ; **15** : 31-49.

6) Zanetti M, Camino G, Mülhaupt R. *Polym. Degrad. Stabil.* 2001；**74**：413-417.
7) Alexandre M, Beyer G, Henrist C, Cloots R, Rulmont A, Jerome R, Dubois P. *Macromol. Rapid Comm.* 2001；**22**：643-646.
8) Schall N, Engelhardt T, Simmler-Hübenthal H, Beyer G. DE 199 21 472 A 1. 2000.
9) Beyer G. *Fire Mater.* 2001；**25**：193-197.
10) Gilman J W, Kashiwagi T, Lichtenhan J D. *SAMPE J.* 1997；**33**：40-46.
11) Duquesne S, Jama C, Le Bras M, Delobel R, Recourt P, Gloaguen J M. *Compos. Sci. Technol.* 2003；**63**：1141-1148.
12) Bartholmai M, Schartel B. *Polym. Adv. Technol.* 2004；**15**：355-364.
13) Dennis H R, Hunter D L, Chang D, Kim S, White J L, Cho J W, Paul D R. *Polymer* 2001；**42**：9513-9522.
14) Fornes T D, Yoon P J, Keskkula H, Paul D R. *Polymer* 2001；**42**：9929-9940.
15) Vaia R A. In *Polymer-Clay Nanocomposites*, Pinnavaia T J, Beall G W (eds). John Wiley & Sons：Chichester, 2000；chap. 12, 229-266.
16) Alexandre M, Dubois P. *Mater. Sci. Engin.* 2000；**28**：1-63.
17) Morgan A B, Gilman J W. *J. Appl. Polym. Sci.* 2003；**87**：1329-1338.
18) VanderHart D L, Asano A, Gilman J W. *Chem. Mater.* 2001；**13**：3796-3809.
19) VanderHart D L, Asano A, Gilman J W. *Macromolecules* 2001；**34**：3819-3822.
20) Wagener R, Reisinger T J G. *Polymer* 2003；**44**：7513-7518.
21) Krishnamoorti R, Ren J X, Silva A S. *J. Chem. Phys.* 2001；**114**：4968-4973.
22) Horn W E. In *Fire retardant materials*, Horrocks A R, Price D (eds). Woodhead Publishing Ltd.：Cambridge, 2001；chap. 9, 285-352.
23) Zanetti M, Camino G, Reichert P, Mülhaupt R. *Macromol. Rapid Commun.* 2001；**22**：176-180.
24) Bourbigot S, Gilman J W, Wilkie C A. *Polym. Degrad. Stabil.* 2004；**84**：483-492.
25) Burnside S D, Giannelis E P. *Chem. Mater* 1995；**7**：1597-1600.
26) Tidjani A, Wald O, Pohl M-M, Hentschel M P, Schartel B. *Polym. Degrad. Stabil.* 2003；**82**：133-140.
27) Lan T, Kaviratna P D, Pinnavaia T J. *Chem. Mater* 1994；**6**：573-577.
28) Messesmith P B, Giannelis E P. *J. Polym. Sci. Part A：Polym. Chem.* 1995；**33**：1047-1057.
29) Zanetti M, Camino G, Thomann R, Mülhaupt R. *Polymer* 2001；**42**：4501-4507.
30) Blumstein A. *J. Polym. Sci. Part A Polym. Chem.* 1965；**3**：2665-2673.
31) Su S P, Wilkie C A. *Polym. Degrad. Stabil.* 2004；**83**：347-362.
32) Hartwig A, Sebald M,. *Eur. Polym. J.* 2003；**39**：1975-1981.
33) Bourbigot S, Le Bras M, Duquesne S, Rochery M. *Macromol. Mater. Eng.* 2004；**289**：499-511.
34) Papazoglou E S. In *Handbook of Materials in Fire Protection*, Harper CA, (ed). McGraw-Hill Handbooks：New York, 2004；chap. 4, 4. 1-4. 88.
35) Lewin M. *Fire Mater.* 2003；**27**：1-7.

第 3 章　Fire retardancy based on polymer layered silicate nanocomposites

36) Schartel B, Braun U. *e-Polymers* 2003 ; art. no. 13.
37) Kashiwagi T, Shields J R, Harris R H, Jr., Awad W H Jr. In *Recent Advances in Flame Retardancy of Polymers*, **14**, Lewin M (ed). Business Communications Co. Inc. : Norwalk, 2003 ; 14-26.
38) Schartel B, Bartholmai M, Knoll U. *Polym. Degrad. Stabil.* 2004 ; submitted in October 2004.
39) Hartwig A, Pütz D, Schartel B, Bartholmai M, Wendschuh-Josties M. *Macromol. Chem. Phys.* 2003 ; **204** : 2247-2257.
40) Petrella, R. V. : *J. Fire Sci.* 1994, **12**, 14-43.
41) Babrauskas V. In *Fire retardancy of polymeric materials*, Grand A F, Wilkie C A (eds). Marcel Dekker Inc. : New York, 2000 ; chap. 3, 81-113.
42) Gilman J W, Kashiwagi T. In *Polymer-Clay Nanocomposites*, Pinnavaia T J, Beall G W (eds). John Wiley & Sons : Chichester, 2000 ; chap. 10, 193-206.
43) Zanetti M, Kashiwagi T, Falqui L, Camino G. *Chem. Mater.* 2002 ; **14** : 881-887.
44) Lyon R E. In : *Recent Advances in Flame Retardancy of Polymers*, Lewin M (ed). Business Communications Co Inc. : Norwalk, 2002 ; **13**, 14-25.
45) Chigwada G, Wilkie C A. *Polym. Degrad. Stabil.* 2003 ; **81** : 551-557.
46) Le Bras M, Bourbigot S. *Fire Mater.* 1996 ; **20** : 39-49.
47) Zanetti M, Camino G, Canadese D, Morgan A B, Lamelas F J, Wilkie C A. *Chem. Mater.* 2002 ; **14** : 189-193.

第4章　コンポセラン

合田秀樹*

1　ゾル-ゲルハイブリッド

　壊れ難くて軽いプラスチックと，硬くて熱に強いセラミックの両方の性質を持つ材料を開発することが，複合材料開発の大きな目標の1つであった。しかしプラスチックとセラミックは化学的に大きく異なった性質を持っており，混ぜ合わせることは簡単な技術ではない。近年，ゾル-ゲルハイブリッド法と呼ばれる方法で，プラスチック等とセラミックの中間材料が出来ることが注目を集めている。これらの材料は，層間挿入法やナノフィラー分散法によるナノコンポジット作製と共にナノテクノロジーブームの中核を成し，研究開発が盛んに行われるようになった[1~3]。

　ゾル-ゲル法とは，図1にあるように，アルコキシシラン［TMOS（テトラメトキシシラン）やTEOS（テトラエトキシシラン）］に代表される金属アルコキシドを硬化して金属酸化物の薄膜を作製する方法である。このゾル-ゲル硬化反応を特定の溶融ポリマー或いはポリマー溶液中で行った場合，ゾル-ゲル硬化によるシリカの成長をポリマーが阻害し，微細なシリカがポリマー中に分散した硬化物が得られ，これをゾル-ゲルハイブリッドと呼ぶ。主には，ゾル-ゲル硬化の過程で生成する途中に生じるシラノール基（Si-OH）とポリマー中の水素結合基との相互作用を利用して，シリカ等の金属酸化物の成長を妨げられナノスケールシリカを作る。したがって，対象となるポリマー材料は水素結合性で，アルコールや水可溶性のものが多い[1, 2]。

　上記ゾル-ゲル法を応用した複合材料は，シリカ等のセラミック粒子の分散粒子径が可視光波

加水分解
$$Si(OR)_4 + H_2O \longrightarrow (RO)_3SiOH + ROH$$
縮合
$$\equiv SiOH + HOSi\equiv \longrightarrow \equiv SiOSi\equiv + H_2O$$

図1　ゾル-ゲル硬化反応

---

*　Hideki Goda　荒川化学工業㈱　新事業企画開発部　ハイブリッドG
　テクニカルチームリーダー

長領域より充分に小さいために，材料は完全に透明であり，一見して異種の混合材料という印象は持たない。そのため，コンポジットよりハイブリッドという言葉が用いられる。

複合材料において，マトリックスのポリマー材料に分散するセラミック粒子の粒子径が小さくなると，両材料の界面は反比例的に増え，複合材料物性に及ぼす分散粒子の効果が大きくなることは容易に理解できる。本題の複合材料の場合にも，少ないシリカ含有率で効率的に目標物性を達成する事が理想的であり，シリカをより微細に分散する方向に志向は進んでいく。我々がゾル－ゲル法ハイブリッドに着目し，ポリマー鎖長より小さいシリカを分散させた分子ハイブリッドに目標を定めて開発を進める理由はここにある。

2　分子ハイブリッドの分子設計

ゾル－ゲルハイブリッド法はポリマー材料にシリカに起因する長所をもたらす一方で，脆さなどの短所をも付与する結果となりがちである。また生成するシリカと強い相互作用を生むポリマー材料に使用が限定される。更にはゾル－ゲル硬化反応が溶剤の蒸発やポリマーの硬化反応と競争して起こるため，溶剤の種類，硬化条件，硬化膜の膜厚などの環境変化に，ハイブリッドにおけるシリカの分散状態が強く影響され，安定してハイブリッド材料を得るに困難を生じる。ゾル－ゲルハイブリッドが世の中の注目度が高い割に実用化された例が少ない理由は，これらの問題点にあると我々は考察している[1,4]。

我々の研究は，ポリマーとシリカとの相加平均的材料を創ろうという考えに基づくものではなく，用途を鑑み，長所を寄せ集めた新材料の誕生を目指すものである。また幅広いポリマー材料に応用でき，かつ，誰がどの様に硬化しても安定してシリカのナノ分散が得られる工業化可能な新技術であることを理想とした。

我々の開発した位置選択的分子ハイブリッド手法において，シリカ粒子はポリマー鎖長より充分に小さく，またシリカが効率的に作用する様に，一方でポリマー材料の長所を打ち消さない様に，シリカを欲するポリマーの特定の位置にシリカ粒子を形成させるようハイブリッド材料の分子設計を行う（図2）。これは，高分子学者がモノマーの種類と配列を設計してバルク物性を調整するのに似て，ゾル－ゲル硬化で生成するシリカを一種のモノマーに見立て，バルク物性がニーズに合うようにシリカの位置を決めていく。

図3にあるように，位置選択的分子ハイブリッド手法では，アルコキシシラン化合物を重合し，グリシジル基などの官能基を持ったポリアルコキシシロキサンとした後，その官能基を使って，ポリマーの特定の部位にアルコキシシラン部位を導入し，アルコキシシラン変性ポリマーとする[5]。このアルコキシシランオリゴマー部位は，モノマー同様のゾル－ゲル硬化反応しシリカを形成す

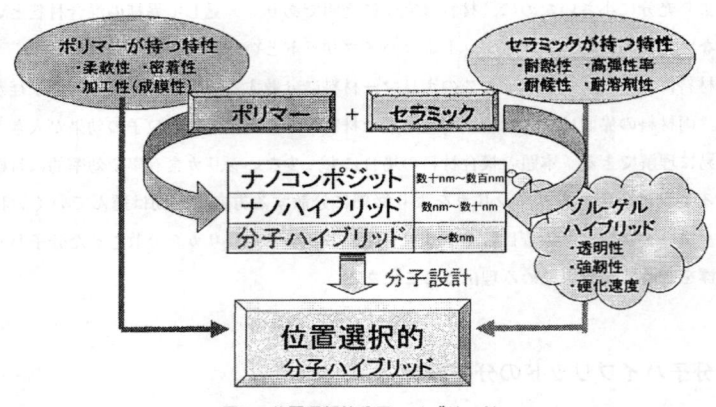

ポリマー系ナノコンポジットの新技術と用途展開

図2 位置選択的分子ハイブリッド

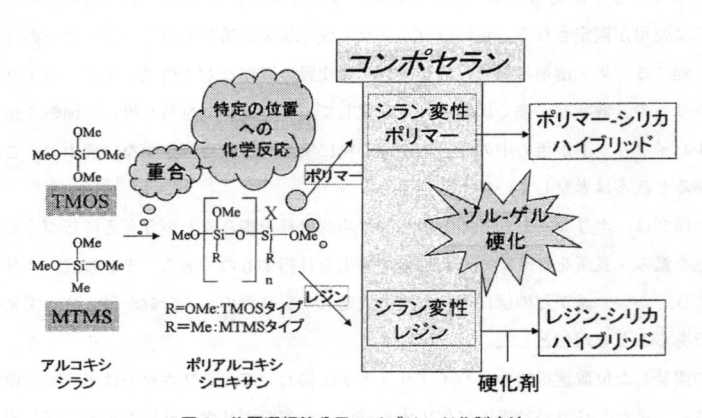

図3 位置選択的分子ハイブリッド作製方法

る。アルコキシシランとポリマーを事前に反応し共有結合で結びつけることで、幅広いポリマー材料にハイブリッド技術を応用することができ、また膜厚や硬化条件などの外的環境変化を受けにくく、安定したシリカ分散が実現する。またポリマーの特定部位に結合したアルコキシシランはその近傍でゾル－ゲル硬化し、特定部位を効率的に改質する一方、他の部位への影響を最小限に抑え、両者の長所を兼ね備えたハイブリッド材料に導く。

荒川化学工業㈱のポリマー－シリカハイブリッド材料「コンポセラン」は上記の位置選択的分

子ハイブリッドを工業的に具現化した商品である。

同社では,

コンポセランE：エポキシ樹脂-シリカハイブリッド[6]
コンポセランP：フェノール樹脂-シリカハイブリッド[7]
コンポセランU：ポリウレタン-シリカハイブリッド[8,9]
コンポセランH：ポリアミドイミド-シリカハイブリッド[10]
ポリイミド-シリカハイブリッド[11]
コンポセランAC：アクリル樹脂-シリカハイブリッド

の他,様々なポリマー材料に対するシリカハイブリッドを開発,様々な分野の顧客に販売している。

3 融けないプラスチック～エポキシ樹脂系ハイブリッド

ポリマー材料はTg（ガラス転移温度）を超えると軟化し,大きく物性を損なう。環境問題でハロゲン化エポキシ樹脂の使用が危ぶまれる現代,電子材料などハイテク業界においては耐熱性,難燃性エポキシ樹脂のニーズは大きい。

エポキシ樹脂系ハイブリッドでは,耐熱性を向上するために,図4のようにエポキシ樹脂の熱に弱い部分にポリアルコキシシロキサンを導入し,硬化物のTg消失（図5）,熱分解温度上昇,熱膨張率低下現象を実現する[6]。

更にシリカの低誘電率,無機基材密着性が更なる付加価値を呼び,様々な用途で素材としての工業的利用が進んでいる。プリント基板周辺の絶縁材料としては耐熱性や絶縁性が評価され,レジストインキ,ビルドアップ基板用層間絶縁樹脂,補強剤として本材料の成分利用が進んでいる。半導体用途では,異方性導電フィルム（ACF）の耐熱性成分としても利用され出した。難密着

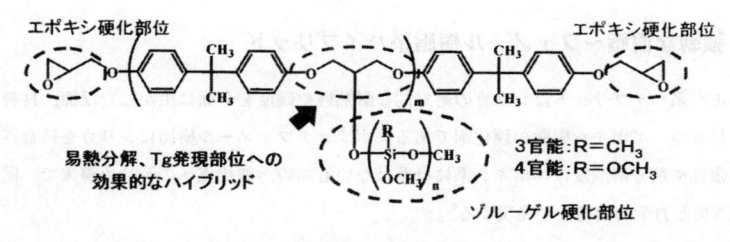

図4 シラン変性エポキシ樹脂（コンポセランE）の化学構造

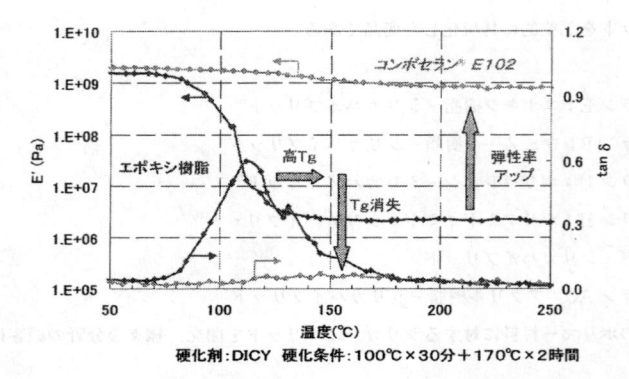

図5 エポキシ樹脂-シリカハイブリッドの耐熱性（DMA）

素材へのコート材としては密着性と耐光黄変性が評価され日本瓦の修復の下塗り塗料，カーポートなどポリカーボネート素材へのハードコート材として利用されている。溶融亜鉛メッキのアンカー剤としての利用は廃液に問題を有するクロメート処理に代わるものであり，環境的貢献は大きい。また最近成長が著しい液晶ディスプレイ関係では，耐熱性とガラス基材密着性が評価され，液晶用シール剤として成分利用が順調に増えつつあり，カラーフィルター保護膜としても工業化が検討されている。

また我々はエポキシ樹脂-シリカハイブリッド相と液状ポリマー相がミクロ相分離する3元ハイブリッドを開発，耐熱性と密着性，柔軟性を兼ね備えるフレキシブルプリント基板用接着剤を工業化するに至っている。

原料のシラン化合物はテトラメトキシ体，アルキルトリメトキシ体を使い分け，吸水率や電気特性，力学強度を調整，エポキシ樹脂もビスフェノールとノボラックを取り揃え，ユーザーの多様なニーズに応えている。

4 強靭な樹脂～フェノール樹脂系ハイブリッド

エポキシ系ハイブリッドはシリカの絶対的な耐熱性や硬度を全面に生かした反面，材料的脆さがやや目立つ。エポキシ樹脂の硬化剤であるノボラックフェノール樹脂にシリカを結合させると低熱膨張性や熱分解温度はエポキシ系には及ばないものの，架橋点へのシリカ導入で，同レベルの Tg 消失と力学的強靭性を発現する[7]。

このようなフェノール系ハイブリッドは耐熱性，難燃性が買われ，スピーカー素材として工業

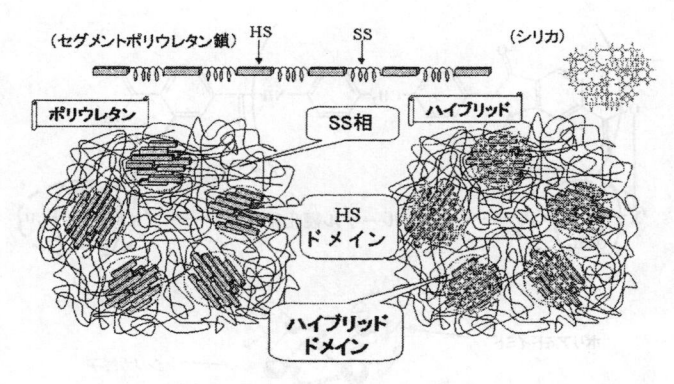

図6 ウレタン-シリカハイブリッドのモデル

的に利用が進んでいる。

5 柔らかいシリカハイブリッド～ウレタン系ハイブリッド

　ウレタンのゴム弾性を活かしてシリカをハイブリッドするには，シリカ位置の限定は不可欠である。ウレタンは典型的なゴム材料であり，液状のソフトセグメント（SS）相に固体のハードセグメント（HS）ドメインが分散した構造を持つ。図6のように，ウレタン－シリカハイブリッドではシリカをHS相にのみ複合化し，ハイブリッドドメインを形成させる様に工夫している。シリカの寄与でHSドメインに耐熱性を付与する一方で，SSはシリカの影響から守り，柔軟性は保持させる。我々はシリカ表面に結合した発色基の発光スペクトルから分子ハイブリッドを証明，更にSALSを利用してドメイン間の相互作用を報告している[8,9]。

　本ハイブリッド材は柔軟性と耐熱性を活かし，フレキシブル基板周辺のコート材料，内視鏡，弾性塗料，封止材料として利用が進んでいる。

6 イミドに代わる安価エンプラ～アミドイミド系ハイブリッド

　アミドイミドは，イミド対比で5分の1以下のモノマーコストであり極めて安価であるにも関わらず，柔軟性不足，高誘電率，高吸水率から，ハイテク電子材料としての使用例は殆どない。シリカ複合で柔軟にすることは出来ないが，図7のように，分子末端にのみポリメトキシシロキサンを導入，シリカ効果を分子末端架橋に限定的にすることで，ポリアミドイミド本来の柔軟性

図7 シラン変性アミドイミドの化学構造

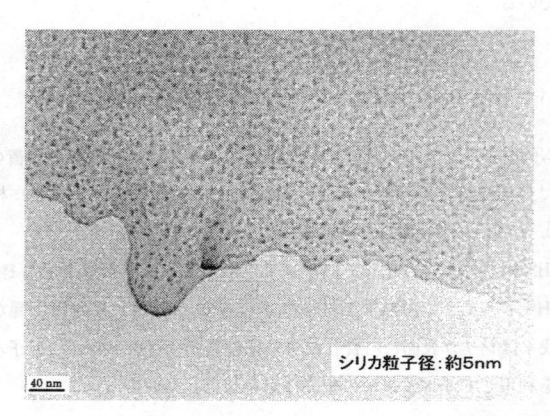

図8 イミド-シリカハイブリッドのTEM画像

を保持したまま，ポリイミド並の吸水率，誘電率を実現することに成功した[10]。

アミドイミド系ハイブリッドは，超高耐熱エナメル線や摺動部品など用途に工業化検討が進んでおり，またイミドに代わるプリンター用ベルト材料，ガスケット素材としては工業的利用が本格化している。

第4章　コンポセラン

コンポセラン®H800

Ni無電解めっき
Cu電解めっき

図9　メッキ後のイミド-シリカハイブリッドフィルム

7　無電解めっき可能なイミド（イミド系ハイブリッド）

　イミドフィルムは耐熱性材料や絶縁材料として様々な分野で用いられているが，一方で導電体（金属）への密着に難儀がある。シラン変性アミック酸を金属箔上でイミドに硬化すると，密着性に優れたプリント基板を得ることが出来，二層フレキシブル基板として実用化段階にある（図8）。

　イミド-シリカハイブリッドはシリカがイミド鎖を架橋するように位置し，薬品耐性が得られることから，簡単な前処理で湿式メッキを行うことが可能になる[11]。この湿式メッキを用いると，フィルム／金属界面の平滑性の優れた積層体が得られ，薄い導電層，平坦な界面は今後ファイン化が進むプリント基板のニーズに適応する技術として期待が大きい（図9）。

文　　献

1) Novak, B. C., *Adv. Mater.*, **5**, (No.6), 422 (1993)
2) Chujo, Y., and Saegusa, T., *Adv. Ploym. Sci.*, **100**, 11 (1992)
3) Wilkes, G. L.and Orler, B. and Haung, H. H., *Polym. Prep.*, **26** (2), 300 (1985)
4) 山崎信介，物質工学工業技術研究所報告 **4**, 41 (1996)
5) 荒川化学工業，WO01-05862, EP1123944, CN1318077T, TW483907, US6506868
6) 合田秀樹，色材協会誌，**77** (2), 69 (2004)
7) 合田秀樹，高分子討論会，**50**, 2688, 2001
8) Goda, H. and Frank, C. W. *Chemistry of Materials*, **13** (7), 2783 (2001)
9) 合田秀樹，高分子論文集，**59**, 596 (2002)
10) 合田秀樹，目崎正和，高分子討論会，**51**, 2245 (2002)
11) 合田秀樹，藤原隆行，未来材料，**3**, 34 (2003)

付　　録

論文リスト

読者のさらなる理解を深めるために，1996年まで遡った過去8年間の約1800件について特に重要な情報を含む論文・報告について整理し，クレイ系ナノコンポジットに関する論文リストを項目別に作成した（18項目，約500件）。しかし，1996年以前の報告で，とりわけ重要なものは省略せずにこのリストに加えてある。同じ論文が重複していることもあるが，これは読者の理解の便をはかったものである。

Contents

1. Recent books and book chapters
2. Market forecasts
3. Vinyl polymers
    3.1. PMMA
    3.2. PMMA-based copolymer
    3.3. Other acrylates
    3.4. Acrylic acid
    3.5. Acrylonitrile
    3.6. PS
    3.7. 4-Vinylpyridine
    3.8. Acrylamide
    3.9. PVA
    3.10. Poly (N-vinyl pyrrolidinone)
    3.11. Poly (vinyl pyrrolidinone)
    3.12. Poly (vinyl pyridine)
    3.13. Poly (ethylene glycol) (PEG)
    3.14. Poly (ethylene vinyl alcohol) (PEVA)
    3.15. Poly (vinylidene fluoride) (PVDF)
    3.16. Tetrafluoro ethylene
    3.17. Poly (p-phenylenevinylene)
    3.18. Polybutadiene
    3.19. Poly (styrene-co-acrylonitrile) (SAN)
    3.20. Ethyl vinyl alcohol copolymer
    3.21. Polystyrene-polyisoprene diblock copolymer and other copolymers
    3.22. Other polymers
4. Condensation polymers and rubbers
    4.1. Nylon 6
    4.2. Several other polyamides
    4.3. Poly (ε-caprolactone) (PCL)
    4.4. Poly (ethylene terephtalate) (PET)
    4.5. Poly(trimethylene terephthalate) (PPT)
    4.6. Poly (butylene terephthalate) (PBT)

4.7. Polycarbonate (PC)
4.8. PEO
4.9. Ethylene oxide copolymers
4.10. Poly (ethylene imine)
4.11. Poly (dimethyl siloxane) (PDMS)
4.12. Liquid crystalline polymer (LCP)
4.13. Polybenzoxazole (PBO)
4.14. Butadiene copolymers
4.15. Epoxidized natural rubber
4.16. Epoxy polymers
4.17. Phenolic resins
4.18. Novolac
4.19. Cyanate ester
4.20. Polyurethanes (PU)
4.21. Polyurethane uera (PUU)
4.22. Polyimides
4.23. Poly (amic acid)
4.24. Polysulphone
4.25. Polyetherimide

5. Polyolefins
   5.1. PP
   5.2. PE
   5.3. Polyethylene oligomers
   5.4. Poly (ethylene-co-vinyl acetate) (EVA)
   5.5. Ethylene propylene diene methylene linkage rubber (EPDM)

6. Specialty polymers
   6.1. Polypyrrole (PPY)
   6.2. Poly (N-vinylcarbazole) (PNVC)
   6.3. Polyaniline (PANI)
   6.4. Poly (p-phenylene vinylene) and related polymers
   6.5. Hyper branch polymers

7. Biodegradable polymers
   7.1. Polylactide (PLA)
   7.2. Poly (butylene succinate) (PBS)
   7.3. PCL
   7.4. Unsaturated polyester
   7.5. Polyhydroxy butyrate (PHB)
   7.6. Aliphatic polyester
   7.7. Cotton
   7.8. Chitosan
   7.9. Biomass
   7.10. Protease

8. Other polymeric matrices
   8.1. Nafion
   8.2. Hydrogel
   8.3. Polymer blends

9. Intercalant
   9.1. Phosphonium cation
   9.2. Intercalation
   9.3. Deintercalation
   9.4. Solid intercalation
   9.5. Polymeric cation

10. Other nano-fillers
    10.1. Attapulgite
    10.2. Layered titanate
    10.3. Mesoporous silica
11. New preparations
    11.1. Slurry preparation
    11.2. sc-CO_2 mediated preparation
    11.3. Master batch
    11.4. Porous ceramic materials
12. New systems
    12.1. Clay-hybrids
13. Mechanical properties
    13.1. Dynamic mechanical analysis
    13.2. Tensile properties
    13.3. Flexural properties
    13.4. Heat Distortion Temperature
    13.5. Thermal stability
    13.6. Fire retardant properties
    13.7. Gas barrier properties
    13.8. Ionic conductivity
    13.9. Optical transparency
    13.10. Biodegradability
14. Other Properties
    14.1. Scratch resistance
    14.2. Dimensional and solvent stability
15. Crystallization
    15.1. Crystallization behavior
    15.2. Crystallization controlled by silicate surfaces
16. Melt rheology
    16.1. Linear viscoelastic properties
    16.2. Steady shear flow
    16.3. Elongational flow
    16.4. Nonlinear viscoelastic
    16.5. Alignment of silicate layers
    16.6. Electrorheology
17. Processing operations
    17.1. Foam processing
    17.2. Shear flow processing
    17.3. Electrospining
18. Characterization
    18.1. Simulation
    18.2. PVT
    18.3. Positron annihilatopn
    18.4. Electron paramagnetic resonance spectroscopy (EPRS)
    18.5. AFM
    18.6. Nanoindentation
    18.7. DSC
    18.8. Dielectric spectroscopy
    18.9. Cryogenic properties

ポリマー系ナノコンポジットの新技術と用途展開

18.10. NMR
18.11. SAXS
18.12. Hoffmann elimination
18.13. Luminescence
18.14. Color formation

18.15. Transport properties
18.16. Nature of clays
18.17. Surface-OH
18.18. Silylation of clays

論文リスト

List

1. Recent books and book chapters

- Okamoto M, "Biodegradable Polymer/Layered Silicate Nanocomposites : A Review" in Handbook of Biodegradable Polymeric Materials and Their Applications, S. K. Mallapragada Eds., American Scientific Publishers, California (2005).
- "Polymer Nanocomposites : Nanoparticles, Nanoclays and Nanotubes", Business Communications Co., Inc., CT USA (2004).
- Okamoto M, "Polymer/Clay Nanocomposites" in Encyclopedia of Nanoscience and Nanotechnology, American Scientific Publishers, California, H. S. Nalwa Ed. vol. 8, pp 791-843 (2004).
- Utracki LA, "Clay-Containing Polymeric Nanocomposites", Rapra Technology Ltd., London, (2004).
- Okamoto M, "Polymer/ Layered Silicate Nanocomposites", Rapra Review Report No.163, Rapra Technology Ltd., London, (2003).
- Fischer H, *Mater. Sci. Eng.*, **C23**, 763 (2003).
- Van Olphen, H. An Introduction to Clay Colloid Chemistry, Wiley, New York (1977).

2. Market forecasts

- Ebenau A, "Wirtschaftliche Perspektiven der Nanotechnologie : Enorme Markte fur kleinste Teilchen" Journalisten und Wissenschaftler im Gesprach, "Nanotechnologie in der Chemie-Experience meets Vision" Mannheim, Oct. 28-29, (2002).

3. Vinyl polymers
3.1. PMMA

- Okamoto M, Morita S, Kim YH, Kotaka T, Tateyama H, *Polymer*, **42**, 1201 (2001).
- Huang X, Brittain WJ, *Macromolecules*, **34**, 3255 (2001).
- Zeng C, Lee LJ, *Macromolecules*, **34**, 4098 (2001).
- Salahuddin N, Shehata M, *Polymer*, **42**, 8379 (2001).
- Okamoto M, Morita S, Taguchi H, Kim YH, Kotaka T, Tateyama H, *Polymer*, **41**, 3887(2000).
- Tabtiang A, Lumlong S, Venables RA, *Eur. Polym. J.*, **36**, 2559 (2000).
- Tabtiang A, Lumlong S, Venables RA, *Polym. Plast. Technol. Eng.*, **39**, 293 (2000).

273

- Bandyopadhyay S, Giallelis EP, *Polym. Mater. Sci. Eng.*, **82**, 208 (2000).
- Chen G, Chen X, Lin Z, Ye W, Yao K, *J. Mater. Sci. Lett.*, **18**, 1761 (1999).
- Chen G, Yao K, Zhao J, *J. Appl. Polym. Sci.*, **73**, 425 (1999).
- Lee DC, Jang LW, *J. Appl. Polym. Sci.*, **61**, 1117 (1996).
- Blumstein A, Malhotra SL, Watterson AC, *J. Polym. Sci. Part A : Polym. Chem.*, **8**, 1599 (1970).

3.2. PMMA-based copolymer
- Okamoto M, Morita S, Kotaka T, *Polymer*, **42**, 2685 (2001).
- Okamoto M, Morita S, Kim YH, Kotaka T, Tateyama H, *Polymer*, **42**, 1201 (2001).
- Dietsche F, Thomann Y, Thomann R, Mulhaupt R, *J. Appl. Polym. Sci.*, **75**, 396 (2000).
- Forte C, Geppi M, Giamberini S, Ruggeri G, Veracini CA, Mendez B, *Polymer*, **39**, 2651(1998).

3.3. Other acrylates
- Chen Z, Huang C, Liu S, Zhang Y, Gong K, *J. Appl. Polym. Sci.*, **75**, 796 (2000).
- Dietsche F, Mulhaupt R, *Polym. Bull.*, **43**, 395 (1999).
- Seckin T, Onal Y, Aksoy I, Yakinci ME, *J. Mater. Sci.*, **31**, 3123 (1996).

3.4. Acrylic acid
- Lin J, Wu J, Yang Z, Pu M, *Macromol. Rapid Commun.*, **22**, 422 (2001).
- Billingham J, Breen C, Yarwood, *J. Virb. Spectrosc.*, **14**, 19 (1997).

3.5. Acrylonitrile
- Choi YS, Wang KH, Xu M, Chung IJ, *Chem. Mater.*, **14**, 2936 (2002).
- Blumstein R, Blumstein A, Parikh KK, *Appl. Polym. Symp.*, **25**, 81 (1994).
- Bergaya F, Kooli F, *Clay Miner.*, **26**, 33 (1991).
- Sugahara Y, satakawa S, Kuroda K, Kato C, *Clays and Clays Miner.*, **36**, 343 (1988).

3.6. PS
- Gelfer MY, Hyun HS, Liu L, Haiao BS, Chu B, Rafailovich M, Si M, Zaitsev V, *J. Polym. Sci.*, **B41**, 44 (2003).
- Zeng QH, Wang DZ, Yu AB, Lu GQ, *Nanotechnology*, **13**, 549 (2002).
- Beyer FL, Tan NCB, Dasgupta A, Galvin ME, *Chem. Mater.*, **14**, 2983 (2002).
- Gilman JW, Awad WH, Davis RD, Shields J, Harris Jr RH, Davis C, Morgan AB, Sutto TE, Callahan J, Trulove PC, DeLong HC, *Chem. Mater.*, **14**, 3776 (2002).
- Wu HD, Tseng CR, Chang FC, *Macromolecules*, **34**, 2992 (2001).
- Xiao P, Xiao M, Gong K, *Polymer*, **42**, 4813 (2001).

論文リスト

- Tseng C-R, Wu J-Y, Lee H-Y, Chang F-C, *Polymer*, **42**, 10063 (2001).
- Zhu J, Morgan AB, Lamelas FJ, Wilkie CA, *Chem. Mater.*, **13**, 3774 (2001).
- Fu X, Qutubuddin S. *Polymer*, **42**, 807 (2001).
- Okamoto M, Morita S, Taguchi H, Kim YH, Kotaka T, Tateyama H, *Polymer*, **41**, 3887(2000).
- Chen G, Liu S, Zhang S, Qi Z, *Macromol. Rapid Commun.*, **21**, 746 (2000).
- Lim YT, Park OO, *Macromol. Rapid Commun.*, **21**, 231 (2000).
- Hoffman B, Dietrich C, Thomann R, Friedrich C, Mulhaupt R, *Macromol Rapid Commun.*, **21**, 57 (2000).
- Zilg C, Thomann R, Baumert M, Finter J, Mulhaupt R, *Macromol. Rapid Commun.*, **21**, 1214 (2000).
- Hasegawa N, Okamoto H, Kawasumi M, Usuki A, *J. Appl. Polym. Sci.*, **74**, 3359 (1999).
- Noh MW, Lee DC, *Polym. Bull.*, **42**, 619 (1999).
- Weimer MW, Chen H, Giannelis EP, Sogah DY, *J. Am. Chem. Soc.*, **121**, 1615 (1999).
- Laus M, Camerani M, Lelli M, Sparnacci K, Sandrolini F, Francescangeli OF, *J. Mater. Sci.*, **33**, 2883 (1998).
- Doh JG, Cho I, *Polym. Bull.*, **41**, 511 (1998).
- Porter TL, Hagerman ME, Reynolds BP, Eastman ME, *J. Polym. Sci. Part B : Polym. Phys.*, **36**, 673 (1998).
- Vaia RA, Jandt KD, Kramer EJ, Giannelis EP, *Chem. Mater.*, **8**, 2628 (1996).
- Krishnamoorti R, Vaia RA, Giannelis EP, *Chem. Mater.*, **8**, 1728 (1996).
- Akelah A, Moet M, *J. Mater. Sci.*, **31**, 3589 (1996).
- Sikka M, Cerini LN, Ghosh SS, Winey KI, *J Polym Sci. Part B : Polym. Phys.*, **34**, 1443(1996).
- Akelah A. In : Prasad PN, Mark JE, Ting FJ, editors. Polymers and other advanced materials. Emerging technologies and business opportunities. New York : Plenum, 625(1995).
- Vaia RA, Ishii H, Giannelis EP, *Chem. Mater.*, **5**, 1694 (1993).
- Kato C, Kuroda K, Takahara H, *Clays and Clay Miner.*, **29**, 294 (1981).

3.7. 4-Vinylpyridine
- Friedlander HZ, Frink CR, *J. Polym. Sci. Part B : Polym. Phys.*, **2**, 457 (1964).

3.8. Acrylamide
- Gao D, Heimann RB, Williams MC, Wardhaugh LT, Muhammad M, *J. Mater. Sci.*, **34**, 1543 (1999).
- Churochkina NA, Starodoubtsev SG, Khokhlov AR, *Polym. Gels Networks*, **6**, 205 (1998).

3.9. PVA
- Strawhwcker KE, Manias E, *Chem. Mater.*, **12**, 2943 (2000).
- Matsuyama H, Young JF, *Chem. Mater.*, **11**, 16 (1999).
- Ogata N, Kawakage S, Ogihara T, *J. Appl. Polym. Sci.*, **66**, 573 (1997).
- Greenland DJ, *J. Colloid Sci.*, **18**, 647 (1963).

3.10. Poly (N-vinyl pyrrolidinone)
- Carrado KA, Xu L, *Chem. Mater.*, **10**, 1440 (1998).
- Francis CW, *Soil Sci.*, **115**, 40 (1973).

3.11. Poly (vinyl pyrrolidinone)
- Koo CM, Ham HT, Choi MH, Kim SO, Chung I, *J. Polymer*, **44**, 681 (2003).
- Nisha A, Rajeswari MK, Dhamodharan R, *J. Appl. Polym. Sci.*, **76**, 1825 (2000).
- Komori Y, Sugahara Y, Kuroda K, *Chem. Mater.*, **11**, 3 (1999).
- Levy R, Francis CW, *J. Colloid Interface Sci.*, **50**, 442 (1975).

3.12. Poly (vinyl pyridine)
- Fournaris KG, Karakassides MA, Petridis D, *Chem. Mater.*, **11**, 2372 (1999).

3.13. Poly (ethylene glycol) (PEG)
- Parfitt RL, Greenland DJ, *Clay Miner.*, **8**, 305 (1970).

3.14. Poly (ethylene vinyl alcohol) (PEVA)
- Zanetti M, Costa L, *Polymer*, **45**, 4367 (2004).
- Zhao X, Urano K, Ogasawara S, *Colloid Polym. Sci.*, **267**, 899 (1989).

3.15. Poly (vinylidene fluoride) (PVDF)
- Shah D, Maiti P, Gunn E, Schmidt DF, Jiang DD, Batt CA, Giannelis EP, *Adv. Mater.*, **16**, 1173 (2004).
- Priya L, Jog JP, *J. Polym. Sci. Part B : Polym. Phys.*, **41**, 31 (2003).
- Priya L, Jog JP, *J. Polym. Sci. Part B : Polym. Phys.*, **40**, 1682 (2002).

3.16. Tetrafluoro ethylene
- Wheeler A. U. S. Patent No.2847391 (1958).

3.17. Poly (p-phenylenevinylene)
- Oriakhi CO, Zhang X, Lerner MM, *Appl. Clay Sci.*, **15**, 109 (1999).

3.18. Polybutadiene
- Nugay N, Kusefoglu S, Erman B, *J Appl. Polym. Sci.*, **66**, 1943 (1997).

3.19. Poly (styrene-co-acrylonitrile) (SAN)
- Kim SW, Jo WH, Lee MS, Ko MB, Jho JY, *Polymer*, **42**, 9837 (2001).

3.20. Ethyl vinyl alcohol copolymer
- Artzi N, Nir Y, Narkris M, Siegmann A, *J. Polym. Sci. Part B : Polym. Phys.*, **40**, 1741 (2002).

3.21. Polystyrene-polyisoprene diblock copolymer and other copolymers
- Zhao H, Farrell BP, Shipp DA, *Polym.* **45**, 4473 (2004).
- Chen H, Schmidt DF, Pitsikalis M, Hadjichristidis N, Zhang Y, Wiesner U, Giannelis EP, *J. Polym. Sci. Part B : Polym. Phys.*, **41**, 3264 (2003).
- Mitchell CA, Krishnamoorti R, *J. Polym. Sci. Part B : Polym. Phys.*, **40**, 1434 (2002).
- Ren J, Silva AS, Krishnamoorti R, *Macromolecules*, **33**, 3739 (2000).

3.22. Other polymers
- Schamp N, Huylebroeck D, *J. Polym. Sci. Polym. Symp.*, **42**, 553 (1973).

4. Condensation polymers and rubbers
4.1. Nylon 6
- Fornes TD, Yoon PJ, Hunter DL, Keskkula H, Paul DR, *Polymer*, **43**, 5915 (2002).
- Wu Q, Liu X, *Polymer*, **43**, 1933 (2002).
- Bureau MN, Denault J, Cole KC, Enright GD, *Polym. Eng. Sci.*, **42**, 1897 (2002).
- Kamal MR, Borse NK, Garcia-Rejon A, *Polym. Eng. Sci.*, **42**, 1883 (2002).
- Wu SH, Wang FY, Ma C-CM, Chang WC, Kuo CT, Kuan HC, Chen W, *Mater. Lett.*, **49**, 327 (2001).
- Fornes TD, Yoon PJ, Keskkula H, Paul D, *Polymer*, **42**, 9929 (2001).
- Dennis, HR, Hunter DL, Chang D, Kim S, White JL, Cho JW, Paul DR, *Polymer*, **42**, 9513 (2001).
- Medellin-Rodriguez FJ, Burger C, Hsiao BS, Chu B, Vaia RA, Phillips S, *Polymer*, **42**, 9015 (2001).
- Shelley JS, Mather PT, DeVries, *Polymer*, **42**, 5849 (2001).
- Lincoln DM, Vaia RA, Wang ZG, Hsiao BS, *Polymer*, **42**, 1621 (2001).
- VanderHart DL, Asano A, Gilman JW, *Chem. Mater.*, **13**, 3781 (2001).
- Pinnavaia TJ and Beall GW, editors : Polymer-Clay Nanocomposites, John Wiley & Sons Ltd., New York, (2000).

- Liu LM, Qi ZN, Zhu XG, *J. Appl. Polym. Sci.*, **71**, 1133 (1999).
- Okada A, Usuki A, *Mater. Sci. Eng.*, **C3**, 109 (1995).
- Kojima Y, Usuki A, Kawasumi M, Okada A, Kurauchi T, Kamigaito O, Kaji K, *J. Polym. Sci. Part B : Polym. Phys.*, **33**, 1039 (1995).
- Usuki A, Koiwai A, Kojima Y, Kawasumi M, Okada A, Kurauchi T, Kamigaito O, *J. Appl. Polym. Sci.*, **55**, 119 (1995).
- Kojima Y, Usuki A, Kawasumi M, Okada A, Kurauchi T, Kamigaito O, Kaji K, *J. Polym. Sci. Part B : Polym. Phys.*, **32**, 625 (1994).
- Kojima Y, Usuki A, Kawasumi M, Okada A, Fukushima Y, Karauchi T, Kamigaito O, *J. Mater. Res.*, **8**, 1185 (1993).
- Usuki A, Kojima Y, Kawasumi M, Okada A, Fukushima Y, Kurauchi T, Kamigaito O, *J. Mater. Res.*, **8**, 1179 (1993).
- Usuki A, Kojima Y, Okada A, Fukushima Y, Kurauchi T, Kamigaito O, *J. Mater. Res.*, **8**, 1174 (1993).
- Kojima Y, Usuki A, Kawasumi M, Okada A, Kurauchi T, Kamigaito O, *J. Polym. Sci. Part A : Polym. Chem.* **31**, 1755 (1993).
- Kojima Y, Usuki A, Kawasumi M, Okada A, Kurauchi T, Kamigaito O, *J. Polym. Sci. Part A : Polym. Chem.* **31**, 983 (1993).
- Kojima Y, Usuki A, Kawasumi M, Okada A, Kurauchi T, Kamigaito O, *J. Appl. Polym. Sci.*, **49**, 1259 (1993).

4.2. Several other polyamides
- Liu T, Lim KP, Tjiu WC, Pramoda KP, Chen ZK, *Polymer*, **44**, 3529 (2003).
- Liu X, Wu Q, Zhang Q, Mo Z, *J. Polym. Sci. Part B : Polym. Phys.*, **41**, 63 (2003).
- Nair SV, Goettler LA, Lysek BA, *Polym. Eng. Sci.*, **42**, 1872 (2002).
- Kim GM, Lee DH, Hoffmann B, Kressler J, Stoppelmann G, *Polymer*, **42**, 1095 (2001).
- Hoffman B, Kressler J, Stoppelmann G, Friedrich C, Kim GM, *Colloid Polym. Sci.*, **278**, 629 (2000).
- Giza E, Ito H, Kikutani T, Okui N, *J. Polym. Eng.*, **20**, 403 (2000).
- Reichert P, Kressler J, Thomann R, Mulhaupt R, Stoppelmann G, *Acta Polym.*, **49**, 116 (1998).
- Ding Y, Jones DJ, Maireles-Torres P, Roziere J, *Chem. Mater.*, **7**, 562 (1995).

4.3. Poly (ε-caprolactone) (PCL)
- Pantoustier N, Lepoittevin B, Alexandre M, Kubies D, Calberg C, Jerome R, Dubois P, *Poly.*

論文リスト

Eng. Sci., **42**, 1928 (2002).
- Lepoittevin B, Pantoustier N, devalckenaere M, Allexandre M, Kubies D, Calderg C, Jerome R, Dubois P, *Macromolecules*, **35**, 8385 (2002).
- Lepoittevin B, Devalckenaere M, Pantoustier N, Alexandre M, Kubies D, Calberg C, Jerome R, Dubois P, *Polymer*, **43**, 4017 (2002).
- Pantoustier N, Alexandre M, Degee P, Calberg C, Jerome R, Henrist C, Cloots R, Rulmont A, Dubois P, *e-Polymer*, **9**, 1 (2001).
- Jimenez G, Ogata N, Kawai H, Ogihara T, *J. Appl. Polym. Sci.*, **64**, 2211 (1997).
- Krishnamoorti R, Giannelis EP, *Macromolecules*, **30**, 4097 (1997).
- Messersmith PB, Giannelis EP, *J. Polym. Sci. Polym. Chem.*, **33**, 1047 (1995).
- Messersmith PB, Giannelis EP, *Chem. Mater.*, **5**, 1064 (1993).

4.4. Poly (ethylene terephtalate) (PET)
- Pegoretti A, Kolarik J, Migliaresi C, *Polymer*, **45**, 2751 (2004).
- Davis CH, Mathias LJ, Gilman JW, Schiraldi DA, Shields JR, Trulove P, Sutto TE, Delong HC, *J Polym. Sci. Part B : Polym. Phys.*, **40**, 2661 (2002).
- Imai Y, Nishimura S, Abe E, Tateyama H, Abiko A, Yamaguchi A, Aoyama T, Taguchi H, *Chem. Mater.*, **14**, 477 (2002).
- Ke Y, Long C, Qi Z, *J. Appl. Polym. Sci.*, **71**, 1139 (1999).
- Sekelik DJ, Stepanov EV, Nazarenko S, Schiraldi D, Hiltner A, Baer E, *J. Polym. Sci. Part B : Polym. Phys.*, **37**, 847 (1999).
- Matayabas JC Jr, Turner SR, Sublett BJ, Connell GW, Barbee RB, PCT Int. Appl. Wo 98/29499 (Eastman Chemical Co.), (1998).
- Okamoto M, Shinoda Y, Okuyama T, Yamaguchi A, Sekura T, *J. Mater. Sci. Lett.*, **15**, 1178 (1996).
- Takekoshi T, Khouri FF, Campbell JR, Jordan TC, Dai KH. U. S. Patent No.5, 530. 052(General Electric Co.), (1996).

4.5. Poly (trimethylene terephthalate) (PPT)
- Chang JH, Kim SJ, Im S, *Polymer*, **45**, 5171 (2004).
- Hu X, Lesser AJ, *J. Polym. Sci. Part B : Polym. Phys.*, **41**, 2275 (2003).

4.6. Poly (butylene terephthalate) (PBT)
- Tripathy AR, Burgaz E, Kukureka SN, Macknight WJ, *Macromolecules*, **36**, 8593 (2003).
- Chisholm BJ, Moore RB, Barber G, Khouri F, Hempstead A, Larsen M, Olson E, Kelley J,

Balch G, Caraher J, *Macromolecules*, **35**, 5508 (2002).

4.7. Polycarbonate (PC)
- Hsieh AJ, Moy P, Beyer FL, Madison P, Napadensky E, *Polym. Eng. Sci.*, **44**, 825 (2004).
- Yoon PJ, Hunter DL, Paul DR, *Polymer*, **44**, 5341 (2003).
- Yoon PJ, Hunter DL, Paul DR, *Polymer*, **44**, 5323 (2003).
- Mitsunaga M, Ito Y, Shiha Ray S, Okamoto M, Hironaka K, *Macromol. Mater. Eng.*, **288**, 543 (2003).
- Mitsunaga M, Hironaka K, Okamoto M, *Polymer Preprints Japan*, **51**, 2645 (2002)
- Huang X, Lewis S, Brittain WJ, Vaia RA, *Macromolecules*, **33**, 2000 (2000).

4.8. PEO
- Chen HW, Chiu CY, Wu HD, Shen IW, Chang FC, *Polymer*, **43**, 5011 (2002).
- Shen Z, Simon GP, Cheng YB, *Polymer*, **43**, 4251 (2002).
- Lim SK, Kim JW, Chin I, Kwon YK, Choi HJ, *Chem. Mater.*, **14**, 1989 (2002).
- Xiao Y, Hu KA, Yu QC, Wu RJ, *J. Appl. Polym. Sci.*, **80**, 2162 (2001).
- Choi HY, Kim SG, Hyun YH, Jhon MS, *Macromol. Rapid Commun.*, **22**, 320 (2001).
- Hyun YH, Lim ST, Choi HY, Jhon MS, *Macromolecules*, **34**, 8084 (2001).
- Liao B, Song M, Liang H, Pang Y, *Polymer*, **42**, 10007 (2001).
- Chen HW, Chang FC, *Polymer*, **42**, 9763 (2001).
- Bujdak J, Hackett E, Giannelis EP, *Chem. Mater.*, **12**, 2168 (2000).
- Schmidt G, Nakatani AI, Butler PD, Karim A, Han CC, *Macromolecules*, **33**, 7219 (2000).
- Harris DJ, Bonagamba TJ, Schmidt-Rhor K, *Macromolecules*, **32**, 6718 (1999).
- Chen W, Xu Q, Yuan RZ, *J. Mater. Sci. Lett.*, **18**, 711 (1999).
- Hatharasinghe HLM, Smalley MV, Swenson J, Willians CD, Heenan RK, King SM, *J. Phys. Chem.*, **B102**, 6804 (1998).
- Hernan L, Morales J, Santos J, *J. Solid State Chem.*, **141**, 327 (1998).
- Vaia RA, Sauer BB, Tse OK, Giannelis EP, *J. Polym. Sci. Part B : Polym. Phys.*, **35**, 59(1997).
- Vaia RA, Vasudevan S, Krawiec W, Scanlon LG, Giannelis EP, *Adv. Mater.*, **7**, 154 (1995).
- Wong S, Vasudevan S, Vaia RA, Giannelis EP, Zax D, *J. Am. Chem. Soc.*, **117**, 7568 (1995).
- Wu J, Lerner MM, *Chem. Mater.*, **5**, 835 (1993).

4.9. Ethylene oxide copolymers
- Fischer HR, Gielgens LH, Koster TPM, *Acta Polym.*, **50**, 122 (1999).

4.10. Poly (ethylene imine)
- Wei L, Rocci-Lane M, Brazis P, Kanneworf CR, Kim YI, Lee W, Choy JH, Kanatzidis MG, *J. Am. Chem. Soc.*, **122**, 6629 (2000).

4.11. Poly (dimethyl siloxane) (PDMS)
- Bokobza L, Nugay N, *J. Appl. Polym. Sci.*, **81**, 215 (2001).
- Osman MA, Atallah A, Muller M, Suter UW, *Polymer*, **42**, 6545 (2001).
- Burnside SD, Giannelis EP, *J. Polym. Sci. Part B : Polym. Phys.*, **38**, 1595 (2000).
- Takeuchi H, Cohen C, *Macromolecules*, **32**, 6792 (1999).
- Wang S, Long C, Wang X, Li Q, Qi Z, *J. Appl. Polym. Sci.*, **69**, 1557 (1998).
- Burnside SD, Giannelis EP, *Chem. Mater.*, **7**, 1597 (1995).

4.12. Liquid crystalline polymer (LCP)
- Chang JH, Seo BS, Hwang DH., *Polymer*, **43**, 2969 (2002).
- Zhou W, Mark JE, Unroe MR, Arnold FE, *J. Macromol. Sci. Pure. Appl. Chem.*, **A38**, 1(2001).
- Vaia RA, Giannelis EP., *Polymer*, **42**, 1281 (2001).
- Kawasumi M, Hasegawa N, Usuki A, Okada A, *Mater. Sci. Eng.*, **C 6**, 135 (1998).
- Lagaly G, *Clay Miner.*, **16**, 1 (1981).

4.13. Polybenzoxazole (PBO)
- Hsu SLC, Chang KC, *Polymer*, **43**, 4097 (2002).

4.14. Butadiene copolymers
- Wang Y, Zhang L, Tang C, Yu D, *J. Appl. Polym. Sci.*, **78**, 1879 (2000).
- Zhang L, Wang Y, Wang Y, Sui Y, Yu D, *J Appl. Polym. Sci.*, **78**, 1873 (2000).
- Akelah A, El-Borai MA, El-Aal MFA, Rehab A, Abou-Zeid MS, *Macromol. Chem. Phys.*, **200**, 955 (1999).

4.15. Epoxidized natural rubber
- Varghese S, Karger-kocsis J, *Polymer*, **44**, 4921 (2003).
- Vu YT, Mark JE, Pham LH, Engelhardt M, *J. Appl. Polym. Sci.*, **82**, 1391 (2001).
- Manna AK, Tripathy DK, De PP, De SK, Chatterjee MK, Pfeiffer DG, *J. Appl. Polym. Sci.*, **72**, 1895 (1999).

4.16. Epoxy polymers
- Ratna D, Becker O, Krishnamurthy R, Simon GP, Varley RJ, *Polymer*, **44**, 7449 (2003).
- Feng W, Ait-Kadi A, Rield B, *Polym. Eng. Sci.*, **42**, 1827 (2002).
- Kornmann X, Thomann R, Mulhaupt R, Finter J, Berglund LA, *Poly. Eng. Sci.*, **42**, 1815

(2002).
- Chen JS, Poliks MD, Ober CK, Zhang Y, Wiesner U, Giannelis EP. *Polymer*, **43**, 4895 (2002).
- Becker O, Varley R, Simon G. *Polymer*, **43**, 4365 (2002).
- Chin IJ, Albrecht TT, Kim HC, Russell TP, Wang J. *Polymer*, **42**, 5947 (2001).
- Kornmann X, Lindberg H, Berglund LA. *Polymer*, **42**, 4493 (2001).
- Kornmann X, Lindberg H, Berglund LA. *Polymer*, **42**, 1303 (2001).
- Zerda AS, Lesser AJ. *J. Polym. Sci. Part B : Polym. Phys.*, **39**, 1137 (2001).
- Jiankun L, Yucai K, Zongneng Q, Xiao-Su Y. *J. Polym. Sci. Part B : Polym. Phys.*, **39**, 115 (2001).
- Zilg C, Mulhaupt R, Finter J. *Macromol. Chem. Phys.*, **200**, 661 (1999).
- Wang Z, Pinnavaia TJ. *Chem. Mater.*, **10**, 1820 (1998).
- Massam J, Pinnavaia TJ. In : Beaucage G, Burns G, Hua D-W, Mark JE, editors. Chemical and Pyrolytic Routes to Nanostructured Powders and Their Industrial Application, vol. 520. Warrendale, PA : Materials Research Society, p. 223 (1998).
- Lee DC, Jang LW. *J. Appl. Polym. Sci.*, **68**, 1997 (1998).
- Wang Z, Lan T, Pinnavaia TJ. *Chem. Mater.*, **8**, 2000 (1996).
- Shi H, Lan T, Pinnavaia TJ. *Chem. Mater.*, **8**, 1584 (1996).
- Pinnavaia TJ, Lan T, Wang Z, Shi H, Kaviratna PD. In : Chow G-M, Gonsalves KE, editors. Nanotechnology. Molecularly designated materials, vol. 622. Washington : American Chemical Society, p. 250 (1996).
- Lan T, Kaviratna PD, Pinnavaia TJ. *Chem. Mater.*, **7**, 2144 (1995).
- Wang MS, Pinnavaia TJ. *Chem. Mater.*, **6**, 468 (1994).
- Messersmith PB, Giannelis EP. *Chem. Mater.*, **6**, 1719 (1994).
- Lan T, Pinnavaia TJ. *Chem. Mater.*, **6**, 2216 (1994).

4.17. Phenolic resins
- Choi MH, Chung IJ, Lee JD. *Chem. Mater.*, **12**, 2977 (2000).

4.18. Novolac
- Wang H, Zhao T, Zhi L, Yan Y, Yu Y. *Macromol. Rapid Commun.*, **23**, 44 (2002).

4.19. Cyanate ester
- Ganguili S, Dean D, Jordan K, Price G, Vaia R. *Polymer*, **44**, 6901 (2003).

4.20. Polyurethanes (PU)
- Yao KJ, Song M, Hourston DJ, Luo DZ. *Polymer*, **43**, 1017 (2002).

- Tien YI, Wei KH, *Polymer*, **42**, 3213 (2001).
- Chen TK, Tien YI, Wei KH, *J. Polym. Sci. Part A : Polym. Chem.*, **37**, 2225 (1999).
- Wang Z, Pinnavaia TJ, *Chem. Mater.*, **10**, 3769 (1998).

4.21. Polyurethane uera (PUU)
- Xu R, Manias E, Snyder AJ, Runt J, *Macromolecules*, **34**, 337 (2001).

4.22. Polyimides
- Leu CM, Wu ZW, Wei KH, *Chem. Mater.*, **14**, 3016 (2002).
- Agag T, Koga T, Takeichi T, *Polymer*, **42**, 3399 (2001).
- Huang JC, Zhu ZK, Yin J, Qian XF, Sun YY, *Polymer*, **42**, 873 (2001).
- Hsiao SH, Liou GS, Chang LM, *J. Appl. Polym. Sci.*, **80**, 2067 (2001).
- Gu A, Kuo SW, Chang FC, *J. Appl. Polym. Sci.*, **79**, 1902 (2001).
- Gu A, Chang FC, *J. Appl. Polym. Sci.*, **79**, 289 (2001).
- Tyan HL, Leu CM, Wei KH, *Chem. Mater.*, **13**, 222 (2001).
- Huang JC, Zhu ZK, Ma XD, Qian XF, Yin J, *J. Mater. Sci.*, **36**, 871 (2001).
- Magaraphan R, Lilayuthalert W, Sirivat, Schwank JW, *Compos. Sci. Techno.*, **61**, 1253 (2001).
- Morgan AB, Gilman JW, Jackson CL, *Macromoleculs*, **34**, 2735 (2001).
- Tyan HL, Wei KH, Hsieh TE, *J. Polym. Sci. Part B : Polym. Phys.*, **38**, 2873 (2000).
- Zhu Z-K, Yang Y, Yin J, Wang XY, Ke YC, Qi ZN, *J. Appl. Polym. Sci.*, **73**, 2063 (1999).
- Yang Y, Zhu ZK, Yin J, Wang XY, Qi ZE, *Polymer*, **40**, 4407 (1999).
- Yano K, Usuki A, Okada A, *J. Polym. Sci. Part A : Polym. Chem.*, **35**, 2289 (1997).
- Lan T, Kaviratna PD, Pinnavaia TJ, *Chem. Mater.*, **6**, 573 (1994).
- Yano K, Usuki A, Okada A, Kurauchi T, Kamigaito O, *J. Polym. Sci. Part A : Polym. Chem.*, **31**, 2493 (1993).

4.23. Poly (amic acid)
- Kim J, Ahmed R, Lee SJ, *J. Appl. Polym. Sci.*, **80**, 592 (2001).
- Chang JH, Park DK, Ihn KJ, *J. Polym. Sci. Part B : Polym. Phys.*, **39**, 471 (2001).
- Tyan HL, Liu YC, Wei KH, *Polymer*, **40**, 4877 (1999).

4.24. Polysulphone
- Sur GS, Sun HL, Lyu SG, Mark JE, *Polymer*, **42**, 9783 (2001).

4.25. Polyetherimide
- Huang JC, Zhu ZK, Qian XF, Sun YY, *Polymer*, **42**, 873 (2001).
- Lee J, Takekkoshi T, Giannelis EP, *Mater. Res. Soc. Symp. Proc.*, **457**, 513 (1997).

5. Polyolefins
5.1. PP

- Zhang Q, Wang Y, Fu Q. *J. Polym. Sci. Part B : Polym. Phys.*, **41**, 1 (2003).
- Sun T, Garces JM. *Adv. Mater.*, **14**, 128 (2002).
- Maiti P, Nam PH, Okamoto M, Kotaka T, Hasegawa N, Usuki A. *Macromolecules*, **35**, 2042 (2002).
- Nam PH, Maiti P, Okamoto M, Kotaka T, Nakayama T, Takada M, Ohshima M, Usuki A, Hasegawa N, Okamoto H. *Polym. Eng. Sci.*, **42**, 1907 (2002).
- Maiti P, Nam PH, Okamoto M, Kotaka T, Hasegawa N, Usuki A. *Polym. Eng. Sci.*, **42**, 1864 (2002).
- Hambir S, Bulakh N, Jog JP. *Polym. Eng. Sci.*, **42**, 1800 (2002).
- Kaempfer D, Thomann R, Mulhaupt R. *Polymer*, **43**, 2909 (2002).
- Lele A, Mackley M, Galgali G, Ramesh C. *J. Rheol.*, **46**, 1091 (2002).
- Solomon MJ, Almusallam AS, Seefeld KF, Somwangthanaroj S, Varadan P. *Macromolecules*, **34**, 1864 (2001).
- Galgali G, Ramesh C, Lele A. *Macromolecules*, **34**, 852 (2001).
- Hambir S, Bulakh N, Kodgire P, Kalgaonkar R, Jog JP. *J. Polym. Sci. Part B : Polym. Phys.*, **39**, 446 (2001).
- Reichert P, Hoffman B, Bock T, Thomann R, Mulhaupt R, Friedrich C. *Macromol. Rapid Commun.*, **22**, 519 (2001).
- Zanetti M, Camino G, reichert P, Mülhaupt. *Macromol. Rapid Commun.*, **22**, 176 (2001).
- Liu X, Wu Q. *Polymer*, **42**, 10013 (2001).
- Nam PH, Maiti P, Okamoto M, Kotaka T, Hasegawa N, Usuki A. *Polymer*, **42**, 9633 (2001).
- Park CI, Park OO, Lim JG, Kim HJ. *Polymer*, **42**, 7465 (2001).
- Gloaguen JM, Lefebvre JM. *Polymer*, **42**, 5841 (2001).
- Garcia-Martinez JM, Laguna O, Areso S, Collar EP. *J. Appl. Polym. Sci.*, **81**, 625 (2001).
- Manias E, Touny A, Strawhecker KE, Lu B, Chung TC. *Chem. Mater.*, **13**, 3516 (2001).
- Manias E. *Mater. Res. Soc. Bull.*, **26**, 862 (2001).
- Okamoto M, Nam PH, Maiti M, Kotaka T, Nakayama T, Takada M, Ohshima M, Usuki A, Hasegawa N, Okamoto H. *Nano Lett.*, **1**, 503 (2001).
- Okamoto M, Nam PH, Maiti P, Kotaka T, Hasegawa N, Usuki A. *Nano Lett.*, **1**, 295 (2001).
- Hasewaga N, Okamoto H, Kato M, Usuki A. *J. Appl. Polym. Sci.*, **78**, 1918 (2000).

論文リスト

- Oya A, Kurokawa Y, Yasuda H, *J. Mater. Sci.*, **35**, 1045 (2000).
- Lee JW, Lim YT, Park OO, *Polym. Bull.*, **45**, 191 (2000).
- Zhang Q, Fu Q, Jiang L, Lei Y, *Polym. Int.*, **49**, 1561 (2000).
- Garces JM, Moll DJ, Bicerano J, Fibiger R, McLeod DG, *Adv. Mater.*, **12**, 1835 (2000).
- Hasegawa N, Okamoto H, Kawasumi M, Kato M, Tsukigase A, Usuki A, *Macromol. Mater. Eng.* **280/281**, 76 (2000).
- Hasegawa N, Kawasumi M, Kato M, Usuki A, Okada A, *J. Appl. Polym. Sci.*, **67**, 87 (1998).
- Kawasumi M, Hasegawa N, Kato M, Usuki A, Okada A, *Macromolecules*, **30**, 6333 (1997).
- Kurokawa Y, Yasuda H, Kashiwagi M, Oya A, *J. Mater. Sci. Lett.*, **16**, 1670 (1997).
- Nyden MR, Gilman JW, *Com. Theor. Polym. Sci.*, **7**, 191 (1997).
- Kato M, Usuki A, Okada A, *J. Appl. Polym. Sci.*, **66**, 1781 (1997).
- Usuki A, Kato M, Okada A, Kurauchi T, *J. Appl. Polym. Sci.*, **63**, 137 (1997).
- Kurokawa Y, Yasuda H, Oya A, *J. Mater. Sci. Lett.*, **15**, 1481 (1996).
- Furuichi N, Kurokawa Y, Fujita K, Oya A, Yasuda H, Kiso M, *J. Mater. Sci.*, **31**, 4307 (1996).
- Tudor J, Willington L, O'Hare D, Royan B, *Chem. Commun.*, **17**, 2031 (1996).

5.2. PE

- Zanetti M, Costa L, *Polymer*, **45**, 4367 (2004).
- Kuo S-W, Huang W-J, Huang S-B, Kao H-C, Chang F-C, *Polymer*, **44**, 7709 (2003).
- Gopakumar TG, Lee JA, Kontopoulou M, Parent JS, *Polymer*, **43**, 5483 (2002).
- Alexandre M, Dubois P, Sun T, Graces JM, Jerome R, *Polymer*, **43**, 2123 (2002).
- Wang KH, Choi MH, Koo CM, Choi YS, Chung IJ, *Polymer*, **42**, 9819 (2001).
- Rong J, Jing J, Li H, sheng M, *Macromol. Rapid Commun.*, **22**, 329 (2001).
- Heinemann J, Reichert P, Thomann R, Mulhaupt R, *Macromol. Rapid Commun.*, **20**, 423 (1999).
- Privalko VP, Calleja FJB, Sukhorukov DI, Privalko EG, Walter R, Friedrich K, *J. Mater. Sci.* **34**, 497 (1999).
- Jeon HG, jung HT, Lee SW, Hudson SD, *Polym. Bull.*, **41**, 107 (1998)

5.3. Polyethylene oligomers

- Osman MA, Seyfang G, Suter UW, *J. Phys. Chem.*, **104**, 4433 (2000).

5.4. Poly (ethylene-co-vinyl acetate) (EVA)

- Zanetti M, Camino G, Thomann R, Mulhaupt R, *Polymer*, **42**, 4501 (2001).

5.5. Ethylene propylene diene methylene linkage rubber (EPDM)

- Wanjale SD, Jog JP, *J. Polym. Sci.*, **B41**, 1014 (2003).

- Kuo SW, Huang WJ, Huang SB, Kao HC, Chang FC, *Polymer*, **44**, 7709 (2003).
- Usuki A, Tukigase A, Kato M, *Polymer*, **43**, 2185 (2002).

6. Specialty polymers
6.1. Polypyrrole (PPY)
- Kim JW, Liu F, Choi HJ, Hong SH, Joo J, *Polymer*, **44**, 289 (2003).
- Kim B-H, Jung J-H, Joo J, Kim J-W, Choi H-J. Nanocomposites 2001 Proc.
- Sinha Ray S, Biswas M, *Mater. Res. Bull.*, **34**, 1187 (1999).
- Wang L, Brazis P, Rocci M, Kannewurf CR, Kanatzidis MG. In : Laine RM, Sanchez C, Brinker JF, Giannelis E, editors. Organic/inorganic hybrid materials, vol. 519. Materials Research Society : Warrendale, PA, p. 257 (1998).
- Sun Y, Ruckenstein E, *Synth. Met.*, **72**, 261 (1995).
- Nazzal AI, Street GB, *J. Chem. Soc. Chem. Commun.*, 375 (1985).

6.2. Poly (N-vinylcarbazole) (PNVC)
- Sinha Ray S, Biswas M, *J. Appl. Polym. Sci.*, **73**, 2971 (1999).
- Biswas M, Sinha Ray S, *Polymer*, **39**, 6423 (1998).

6.3. Polyaniline (PANI)
- Kim BH, Jung JH, Hong SH, Joo J, Epstein AJ, Mizoguchi K, Kim JW, Choi HJ, *Macromolecules*, **35**, 1419 (2002).
- Nascimento Gmdo, Constantino VRL, Temperini MLA, *Macromolecules*, **35**, 7535 (2002).
- Cho MS, Choi HJ, Kim KY, Ahn WS, *Macromol. Rapid Commun.*, **23**, 713 (2002).
- Yeh JM, Liou SJ, Lai CY, Wu PC, Tsai TY, *Chem. Mater.*, **13**, 1131 (2001).
- Feng B, Su Y, Song J, Kong K, *J. Mater. Sci. Lett.*, **20**, 293 (2001).
- Kim JW, Kim SG, Choi HJ, Suh MS, Shin MJ, Jhon MS, *Int. J. Mod. Phys.*, **15**, 657 (2001).
- Kim BH, Jung JH, KIM JW, Choi HJ, Joo J, *Synth. Met.*, **117**, 115 (2001).
- Choi HJ, Kim JW, Joo J, Kim BH, *Synth. Met.*, **121**, 1325 (2001).
- Biswas M, Sinha Ray S, *J. Appl. Polym. Sci.*, **77**, 2948 (2000).
- Dai L, Wang Q, Wan M, *J. Mater. Sci. lett.*, **19**, 1645 (2000).
- Lee D, Lee SH, Char K, Kim J, *Macromol. Rapid Commun.*, **21**, 1136 (2000).
- Wu Q, Xue Z, Qi Z, Wang F, *Polymer*, **41**, 2029 (2000).
- Uemura S, Yoshie M, Kobyashi N, Nakahira T, *Polym. J.*, **32**, 987 (2000).
- Kim BH, Jung JH, Joo J, Kim JW, Choi HJ, *J. Korean Phys. Soc.*, **36**, 366 (2000).

- Kim JW, Kim SG, Choi HJ, Jhon MS, *Macromol. Rapid Commun.*, **20**, 450 (1999).

6.4. Poly (p-phenylene vinylene) and related polymers
- Shao K, Ma Y, Cao YA, Chen Z-H, Ji XH, Yao JN, *Chem Mater.*, **13**, 250 (2001).
- Winkler B, Dai L, Mau AW-H, *J. Mater. Sci. Lett.*, **18**, 1539 (1999).

6.5. Hyper branch polymers
- Plummer CJG, Garamszegi L, Leterrier Y, Rodlert M, Manson J-AE, *Chem. Mater.*, **14**, 486 (2002).

7. Biodegradable polymers
7.1. Polylactide (PLA)
- Hiroi R, Sinha Ray S, Okamoto M, Shiroi T, *Macromol. Rapid Commun.*, **25**, 1359 (2004).
- Sinha Ray S, Yamada K, Okamoto M, Ogami A, Ueda K, *Chem. Mater.*, **15**, 1456 (2003).
- Sinha Ray S, Yamada K, Okamoto M, Ueda K, *Polymer*, **44**, 857 (2003).
- Paul M-A, Alexandre M, Degee P, Henrist C, Rulmont A, Dubois P, *Polymer*, **44**, 443 (2003).
- Chang J-H, Uk-An Y, Sur GS, *J. Polym Sci. Part B : Polym. Phys.*, **41**, 94 (2003).
- Sinha Ray, S, Maiti P, Okamoto M, Yamada K, Ueda K, *Macromolecules*, **35**, 3104 (2002).
- Sinha Ray S, Okamoto K, Yamada K, Okamoto M, *Nano. Lett.*, **2**, 423 (2002).
- Sinha Ray S, Okamoto M, Yamada K, Ueda K, *Nano. Lett.*, **2**, 1093 (2002).
- Sinha Ray S, Okamoto M, Yamada K, Ueda K, Polym. Preprints, Japan 2002, IPg. 155
- Sinha Ray S, Yamda K, Ogami A, Okamoto M, Ueda K, *Macromol. Rapid Commun.*, **23**, 943 (2002).
- Maiti P, Yamada K, Okamoto M, Ueda K, Okamoto K, *Chem. Mater.*, **14**, 4654 (2002).
- Pluta M, Caleski A, Alexandre M, Paul M-A, Dubois P, *J. Appl. Polym. Sci.*, **86**, 1497 (2002).
- Ogata N, Jimenez G, Kawai H, Ogihara T, *J. Polym. Sci. Part B : Polym. Phys.*, **35**, 389(1997).

7.2. Poly (butylene succinate) (PBS)
- Okamoto K, Sinha Ray S, Okamoto M, *J. Polym. Sci. Part B : Polym. Phys.*, **41**, 3160 (2003).
- Sinha Ray S, Okamoto K, Okamoto M, *Macromolecules*, **36**, 2355 (2003).
- Sinha Ray S, Okamoto K, Okamoto M, *J. Nanosci. Nanotech.*, **2**, 171 (2002).
- Sinha Ray S, Okamoto K, Okamoto M, Nanocomposites 2002 Proc., 2002, ECM.

7.3. PCL
- Pantoustier N, Lepoittevin B, Alexandre M, Kubies D, Calberg C, Jerome R, Dubois P, *Poly. Eng. Sci.*, **42**, 1928 (2002).

- Lepoittevin B, Pantoustier N, devalckenaere M, Allexandre M, Kubies D, Calderg C, Jerome R, Dubois P, *Macromolecules*, **35**, 8385 (2002).
- Lepoittevin B, Devalckenaere M, Pantoustier N, Alexandre M, Kubies D, Calberg C, Jerome R, Dubois P, *Polymer*, **43**, 4017 (2002).
- Pantoustier N, Alexandre M, Degee P, Calberg C, Jerome R, Henrist C, Cloots R, Rulmont A, Dubois P, *e-Polymer*, **9**, 1 (2001).
- Jimenez G, Ogata N, Kawai H, Ogihara T, *J. Appl. Polym. Sci.*, **64**, 2211 (1997).
- Krishnamoorti R, Giannelis EP, *Macromolecules*, **30**, 4097 (1997).
- Messersmith P, Giannelis E, *J. Polym. Sci. Polym. Chem.*, **33**, 1047 (1995).
- Messersmith PB, Giannelis EP, *Chem. Mater.*, **5**, 1064 (1993).

7.4. Unsaturated polyester
- Kornmann X, Berglund LA, Sterete J Giannelis EP, *Polym. Eng. Sci.*, **38**, 1351 (1998).

7.5. Polyhydroxy butyrate (PHB)
- Maiti P, Batt CA, Giannelis EP, *Polm. Mater. Sci. Eng.*, **88**, 58 (2003).
- Choi HJ, Kim JH, Kim J, *Macromol. Symp.*, **119**, 149 (1997).

7.6. Aliphatic polyester
- Bharadwaj RK, Mehrabi AR, Hamilton C, Trujillo C, Murga M Fan, Chavira A, Thompson AK, *Polymer*, **43**, 3699 (2002).
- Lee SR, Park HM, Lim HL, Kang T, Li X, Cho WJ, Ha CS, *Polymer*, **43**, 2495 (2002).
- Lim ST, Hyun YH, Choi HJ, *Chem. Mater.*, **14**, 1839 (2002).
- Park SH, Choi HJ, Lim ST, Shin TK, Jhon MS, *Polymer*, **42**, 5737 (2001).
- Kornmann X, Berglund LA, Sterete J, Giannelis EP, *Polym. Eng. Sci.*, **38**, 1351 (1998).

7.7. Cotton
- White LA, *J. Appl. Polym. Sci.*, **92**, 2125 (2004).

7.8. Chitosan
- Wang SF, Shen L, Tong YJ, Chen L, Phang IY, Lim PQ , Liu TX, *Biomaclomolecules*, **5**, in press (2004).
- Darder M, Colilla M, Ruiz-Hitzky E, *Chem. Mater.*, **15**, 3774 (2003).

7.9. Biomass
- Lu J, Hong K, Wool RP, *J. Polym. Sci. Part B : Polym. Phys.*, **42**, 1441 (2004).
- Uyama H, Kuwabara M, Tsujimoto T, Nakono M, Usuki A, Kobayashi S, *Chem. Mater.*, **15**, 2492 (2003).

7.10. Protease

- Kelleher BP, Oppenheimer SF, Han FX, Willeford KO, Simpson MJ, Simpson AJ, Kingery WL, *Langmuir*, **19**, 9411 (2003).

8. Other polymeric matrices
8.1. Nafion

- Jung DH, Cho SY, Peck DH, Shin DR, Kim JS, *J. Power Sources*, **118**, 205 (2003).
- Zen JM, Lin HY, Yang HH, *Electroanalysis*, **13**, 505 (2001).

8.2. Hydrogel

- Haraguchi K, Farnworth R, Ohbayashi A, Takehisa T, *Macromolecules*, **36**, 5732 (2003).
- Jacob MME, Hackett E, Giannelis EP, *J. Mater. Chem.*, **13**, 1 (2003).

8.3. Polymer blends

- Li Y, Shimizu H, *Polymer*, **45**, 7381 (2004).
- Yurekli K, Karim A, Amis EJ, Krishnamoorti R, *Macromolecules*, **37**, 507 (2004).
- Khatua BB, Lee DJ, Kim HY, Kim JK, *Macromolecules*, **37**, 2454 (2004).
- Gelfer MY, Song HH, Liu L, Hsiao BS, Chu B, Rafailovich MY, Si M, Zaitsev V, *J. Polym. Sci. Poym. Phys.*, **41**, 44 (2003).
- Wang Y, Zhang Q, Fu Q, *Macromol. Rapid Commun.*, **24**, 231 (2003).
- Yurekli K, Karim A, Amis EJ, Krishnamoorti R, *Macromolecules*, **36**, 7256 (2003).
- Moussaif N, Groeninckx G, *Polymer*, **44**, 7899 (2003).

9. Intercalant
9.1. Phosphonium cation

- Chang JH, Kim SJ, Im S, *Polymer*, **45**, 5171 (2004).
- Maiti P, Yamada K, Okamoto M, Ueda K, Okamoto K, *Chem. Mater.*, **14**, 4654 (2002).

9.2. Intercalation

- Gelfer M, Burger C, Fadeeev A, Sics I, Chu B, Hsiao BS, Heintz A, Kojo K, Hsu S-L, Si M, Rafailovich M, *Langmuir*, **20**, 3746 (2004).
- Acosta EJ, Deng Y, White GN, Dixon JB, McInnes KJ, Senseman SA, Frantzen AS, Simanek EE, *Chem. Mater.*, **15**, 2903 (2003).
- Chen JS, Poliks MD, Ober CK, Zhang Y, Wiesner U, Giannelis EP, *Polymer*, **43**, 4895 (2002).
- Vaia RA, Jandat KD, Kramer EJ, Giannelis EP, *Macromolecules*, **28**, 8080 (1995).

9.3. Deintercalation
- Vohra VR, Schmidt DF, Ober CK, Giannelis EP, *J. Polym. Sci : Part B : Polym. Phys.*, **41**, 3151 (2003).

9.4. Solid intercalation
- Yoshimoto S, Ohashi F, Nonami T, *Chem. Commun.*, **17**, 1924 (2004).

9.5. Polymeric cation
- Su SP, Jiang DD, Wilkie CA, *Polymer Degradation and Stability*, **83**, 333 (2004).
- Su SP, Jiang DD, Wilkie CA, *Polymer Degradation and Stability*, **83**, 321 (2004).
- Vuillaume PY, Glinel K, Jonas AM, Laschewsky A, *Chem. Mater.*, **15**, 3625 (2003).
- Acosta EJ, Deng Y, White GN, Dixon JB, McInnes KJ, Senseman SA, Frantzen AS, Simanek EE, *Chem. Mater.*, **15**, 2903 (2003).

10. Other nano-fillers
10.1. Attapulgite
- Wang L, Sheng J, *J. Macromol. Sci. Part A, Pure*, **A40**, 1135 (2003).
- Xu WB, He PS, *Polym. Eng. Sci.*, **41**, 1903 (2001).
- Qipeng G, Liang X, Jinyu H, Tianlu C, Kuiren W, *Eur. Polym. J.*, **26**, 355 (1990).

10.2. Layered titanate
- Hiroi R, Sinha Ray S, Okamoto M, Shiroi T, *Macromol. Rapid. Commun.*, **25**, 1359 (2004).

10.3. Mesoporous silica
- Nakajima H, Yamada K, Iseki Y, Hosoda S, Hanai A, Oumi Y, Teranishi T, Sano T, *J. Polym. Sci : Part B : Polym. Phys.*, **41**, 3324 (2003).

11. New preparations
11.1. Slurry preparation
- Hasegawa N, Okamoto H, Kato M, Usuki A, Sato N, *Polymer*, **44**, 2933 (2003).
- Kato M, Matsushita M, Fukumori K, "Development of a new production method for a polypropylene-clay nanocomposite" in Polymer Nanocomposites 2003 October 6-8, Quebec/Canada (2003).

11.2. sc-CO_2 mediated preparation
- Zhao Q, Samulski ET, *Macromolecules*, **36**, 6967 (2003).

11.3. Master batch
- Shah RK, Paul DR, *Polymer*, **45**, 2991 (2004).
- Lepoittevin B, Pantoustier N, Devalckenaere M, Alexandre M, Calberg C, Jerome R, Henrist C, Rulmont A, Dubbois P, *Polymer*, **44**, 2033 (2003).

11.4. Porous ceramic materials
- Sinha Ray S, Okamoto K, Yamada K, Okamoto M, *Nano. Lett.*, **2**, 423 (2002).
- Brown JM, Curliss DB, Vaia RA, Proc. of PMSE, Spring Meeting, San Francisco, California, p278 (2000).

12. New systems
12.1. Clay-hybrids
- Bourlinos AB, Jiang DD, Giannelis EP, *Chem. Mater.*, **16**, 2404 (2004).
- Nemeth J, Dekany I, Suvegh K, Marek T, Klencsar Z, Vertes A, Fendler JH, *Langmuir*, **19**, 3762 (2003).

13. Mechanical properties
13.1. Dynamic mechanical analysis
- Okamoto K, Sinha Ray S, Okamoto M, *Macromolecules*, **36**, 2355 (2003).
- Okamoto K, Sinha Ray S, Okamoto M, *J Polym. Sci. Part B : Polym. Phys.*, **41**, 3160 (2003).
- Nam PH, Maiti P, Okamoto M, Kotaka T, Hasegawa N, Usuki A, *Polymer*, **42**, 9633 (2001).
- Okamoto M, Morita S, Kotaka T, *Polymer*, **42**, 2685 (2001).
- Okamoto M, Morita S, Kim YH, Kotaka T, Tateyama H, *Polymer*, **42**, 1201 (2001).

13.2. Tensile properties
- Fornes TD, Yoon PJ, Hunter DL, Keskkula H, Paul DR, *Polymer*, **43**, 5915 (2002).
- Lee SR, Park HM, Lim HL, Kang T, Li X, Cho WJ, Ha CS, *Polymer*, **43**, 2495 (2002).
- Fornes TD, Yoon PJ, Keskkula H, Paul DR, *Polymer*, **42**, 9929 (2001).
- Manias E, Touny A, Strawhecker KE, Lu B, Chung TC, *Chem. Mater.*, **13**, 3516 (2001).
- Zilg C, Mulhaupt R, Finter J, *Macromol. Chem. Phys.*, **200**, 661 (1999).
- Reichert P, Nitz H, Klinke S, Brandsch R, Thomann R, Mulhaupt R, *Macromol. Mater. Eng.*, **275**, 8 (2000).
- Liu LM, Qi ZN, Zhu XG, *J. Appl. Polym. Sci.*, **71**, 1133 (1999).

13.3. Flexural properties
- Sinha Ray S, Yamada K, Okamoto M, Ueda K, *Polymer*, **44**, 857 (2003).

13.4. Heat Distortion Temperature
- Sinha Ray S, Yamada K, Okamoto M, Ueda K, *Polymer*, **44**, 857 (2003).
- Manias E, Touny A, Strawhecker KE, Lu B, Chung TC, *Chem. Mater.*, **13**, 3516 (2001).
- Kojima Y, Usuki A, Kawasumi M, Okada A, Fukushima Y, Karauchi T, Kamigaito O, *J. Mater. Res.*, **8**, 1185 (1993).
- Kojima Y, Usuki A, Kawasumi M, Okada A, Kurauchi T, Kamigaito O, *J. Polym. Sci. Part A : Polym. Chem.*, **31**, 983 (1993).

13.5. Thermal stability
- Lepoittevin B, Devalckenaere M, Pantoustier N, Alexandre M, Kubies D, Calberg C, Jerome R, Dubois P, *Polymer*, **43**, 4017 (2002).
- Lim ST, Hyun YH, Choi HJ, *Chem. Mater.*, **14**, 1839 (2002).
- Zanetti M, Camino G, Thomann R, Mulhaupt R, *Polymer*, **42**, 4501 (2001).
- Yoon JT, Jo WH, Lee MS, Ko MB, *Polymer*, **42**, 329 (2001).
- Camino G, Sgobbi R, Colombier S, Scelza C, *Fire Mater.*, **24**, 85 (2000).
- Gilman JW, Ksahiwagi T, Giannelis EP, Manias E, Lomakin S, Lichtenhan JD, Jones P. in : Al-Malaika S, Golovoy A, Wilkie CA, editors. Chemistry and Technology of Polymer Additives. Oxford : Blackwell Science, Chap 14 (1999).
- Blumstein A, Malhotra SL, Watterson AC, *J. Polym. Sci. Part A : Polym. Chem.*, **8**, 1599 (1970).

13.6. Fire retardant properties
- Zanetti M, Costa L, *Polymer*, **45**, 4367 (2004).
- Qin H, Su Q, Zhang S, Zhao B, Yang M, *Polymer*, **44** 7533 (2003).
- Zanetti M, Kashiwagi T, Falquil L, Camino G, *Chem. Mater.*, **14**, 881 (2002).
- Zanetti M, Camino G, Mulhaupt R, *Polymer Degrad. Stab.*, **74**, 414 (2001).
- Zanetti M, Camino G, Reichert P, Mulhaupt R, *Polymer*, **42**, 4501 (2001).
- Zanetti M, Camino G, Reichert P, Mulhaupt R, *Macromol. Rapid Commun.*, **22**, 176 (2001).
- Gilman JW, Jackson CL, Morgan AB, Harris Jr R, Manias E, Giannelis EP, Wuthenow M, Hilton D, Phillips SH, *Chem. Mater.*, **12**, 1866 (2000).
- Gilman JW, *Appl. Clay Sci.*, **15**, 31 (1999).

13.7. Gas barrier properties
- Sinha Ray S, Yamada K, Okamoto M, Ogami A, Ueda K, *Chem. Mater.*, **15**, 1456 (2003).
- Xu R, Manias E, Snyder AJ, Runt J, *Macromolecules*, **34**, 337 (2001).
- Yano K, Usuki A, Okada A, *J. Polym. Sci. Part A : Polym. Chem.*, **35**, 2289 (1997).
- Yano K, Usuki A, Okada A, Kurauchi T, Kamigaito O, *J Polym. Sci. Part A : Polym. Chem.*, **31**, 2493 (1993).

13.8. Ionic conductivity
- Aranda P, Mosqueda Y, Perez-Cappe E, Ruiz-Hipzky E, *J. Polym. Sci : Part B : Polym. Phys.*, **41**, 3249 (2003).
- Okamoto M, Morita S, Kotaka T, *Polymer*, **42**, 2685 (2001).
- Hutchison JC, Bissessur R, Shiver DF, *Chem. Mater.*, **8**, 1597 (1996).
- Vaia RA, Vasudevan S, Krawiec W, Scanlon LG, Giannelis EP, Adv. Mater., **7**, 154 (1995).

13.9. Optical transparency
- Manias E, Touny A, Strawhecker KE, Lu B, Chung TC, *Chem. Mater.*, **13**, 3516 (2001).
- Strawhwcker KE, Manias E, *Chem. Mater.*, **12**, 2943 (2000).

13.10. Biodegradability
- Sinha Ray S, Yamada K, Okamoto M, Ueda K., *Polymer*, **44**, 857 (2003).
- Sinha Ray S, Yamada K, Okamoto M, Ueda K, *Macromol. Mater. Eng.*, **288**, 936 (2003).
- Maiti P, Batt CA, Giannelis EP, *Polm. Mater. Sci. Eng.*, **88**, 58 (2003).
- Lee SR, Park HM, Lim HL, Kang T, Li X, Cho WJ, Ha CS, *Polymer*, **43**, 2495 (2002).
- Sinha Ray S, Yamda K, Ogami A, Okamoto M, Ueda K, *Macromol. Rapid Commun.*, **23**, 943 (2002).
- Sinha Ray S, Okamoto M, Yamada K, Ueda K, *Nano.Lett.*, **2**, 1093 (2002).

14. Other Properties
14.1. Scratch resistance
- Manias E, Touny A, Strawhecker KE, Lu B, Chung TC, *Chem. Mater.*, **13**, 3516 (2001).

14.2. Dimensional and solvent stability
- Massam J, Wang Z, Pinniavaia TJ, Lan T, Beall G, *Polym. Mater. Sci. Eng.*, **78**, 274 (1998).

15. Crystallization
15.1. Crystallization behavior
- Maiti P, Nam PH, Okamoto M, Kotaka T, Hasegawa N, Usuki A, *Macromolecules*, **35**, 2042 (2002).
- Maiti P, Nam PH, Okamoto M, Kotaka T, Hasegawa N, Usuki A, *Polym. Eng. Sci.*, **42**, 1864 (2002).
- Nam PH, Maiti P, Okamoto M, Kotaka T, Hasegawa N, Usuki A, *Polymer*, **42**, 9633 (2001).

15.2. Crystallization controlled by silicate surfaces
- Lincoln DM, Vaia RA, *Macromolecules*, **37**, 4554 (2004).
- Maiti P, Okamoto M, *Macromole. Mater. Eng.*, **288**, 440 (2003).
- Maiti P, Nam PH, Okamoto M, Kotaka T, Hasegawa N, Usuki A, *Polym. Eng. Sci.*, **42**, 1864 (2002).
- Medellin-Rodriguez FJ, Burger C, Hsiao BS, Chu B, Vaia RA, Phillips S, *Polymer*, **42**, 9015 (2001).
- Lincoln DM, Vaia RA, Wang ZG, Hsiao BS, *Polymer*, **42**, 1621 (2001).

16. Melt rheology
16.1. Linear viscoelastic properties
- Lee KM, Han CD, *Macromolecules*, **36**, 7165 (2003).
- Sinha Ray S, Yamada K, Okamoto M, Ueda K, *Polymer*, **44**, 857 (2003).
- Okamoto K, Sinha Ray S, Okamoto M, *J. Polym. Sci. Part B : Polym. Phys.*, **41**, 3160 (2003).
- Sinha Ray S, Okamoto K, Okamoto M, *Macromolecules*, **36**, 2355 (2003).
- Mitchell CA, Krishnamoorti R, *J. Polym. Sci. Part B : Polym. Phys.*, **40**, 1434 (2002).
- Lepoittevin B, Devalckenaere M, Pantoustier N, Alexandre M, Kubies D, Calberg C, Jerome R, Dubois P, *Polymer*, **43**, 4017 (2002).
- Lele A, Mackley M, Galgali G, Ramesh C, *J. Rheol.*, **46**, 1091 (2002).
- Sinha Ray S, Maiti P, Okamoto M, Yamada K, Ueda K, *Macromolecules*, **35**, 3104 (2002).
- Sinha Ray S, Okamoto K, Okamoto M, Nanocomposites 2002 Proc., 2002, ECM.
- Fornes TD, Yoon PJ, Keskkula H, Paul DR, *Polymer*, **42**, 9929 (2001).
- Krishnamoorti R, Giannelis EP, *Langmuir*, **17**, 1448 (2001).
- Krishnamoorti R, Ren J, Silva AS, *J. Chem. Phys.*, **114**, 4968 (2001).
- Krishnamoorti R, Yurekli K, *Current opinion in Colloid Interface Sci.*, **6**, 464 (2001).

論文リスト

- Solomon MJ, Almusallam AS, Seefeld KF, Somwangthanaroj S, Varadan P, *Macromolecules*, **34**, 1864 (2001).
- Galgali G, Ramesh C, Lele A, *Macromolecules*, **34**, 852 (2001).
- Hoffman B, Dietrich C, Thomann R, Friedrich C, Mulhaupt R, *Macromol. Rapid Commun.*, **21**, 57 (2000).
- Ren J, Silva AS, Krishnamoorti R, *Macromolecules*, **33**, 3739 (2000).
- Kornmann X, Berglund LA, Sterete J Giannelis EP, *Polym. Eng. Sci.*, **38**, 1351 (1998).
- Krishnamoorti R, Giannelis EP, *Macromolecules*, **30**, 4097 (1997).

16.2. Steady shear flow

- Okamoto K, Sinha Ray S, Okamoto M, *Macromolecules*, **36**, 2355 (2003).
- Sinha Ray S, Yamada K, Okamoto M, Ueda K, *Polymer*, **44**, 857 (2003).

16.3. Elongational flow

- Tanoue S, Utracki L A, Garcia-Rejon A, Sammut P, Ton-That MT, Pesneau I, Kamal MR, Jorgensen JL, *Polym. Eng. Sci.*, **44**, 1061 (2004).
- Sinha Ray S, Okamoto M, *Macromol. Mater. Eng.*, **288**, 936 (2003).
- Okamoto M, "Polymer/ Layered Silicate Nanocomposites", Rapra Review Report No.163, Rapra Technology Ltd., London, (2003).
- Okamoto M, Nam PH, Maiti P, Kotaka T, Hasegawa N, Usuki A, *Nano Lett.*, **1**, 295 (2001).
- Nam PH, Master Thesis, Toyota Technological Institute (2001).

16.4. Nonlinear viscoelastic

- Ren J, Krishnamoorti R, *Macromolecules*, **36**, 4443 (2003).

16.5. Alignment of silicate layers

- Yalcin B, Cakmak M, *Polymer*, **45**, 2691 (2004).
- Loo LS, Gleason KK, *Polymer*, **45**, 5933 (2004).
- Kim JH, Koo CM, Choi YS, Wang KH, Chung IJ, *Polymer*, **45**, 7719 (2004).
- Okamoto M, "Polymer/ Layered Silicate Nanocomposites", Rapra Review Report No 163, Rapra Technology Ltd., London, (2003)
- Koo CM, Kim SO, Chung IJ, *Macromolecules*, **36**, 2748 (2003).
- Bafna A, Beaucage G, Mirabella F, Mehta S, *Polymer*, **44**, 1103 (2003).
- Ren J, Casanueva BF, Mitchell CA, Krishnamoorti R, *Macromolecules*, **36**, 4188 (2003).
- Yalcin B, Valladares D, Cakmak M, *Polymer*, **44**, 6913 (2003).
- Kojima Y, Usuki A, Kawasumi M, Okada A, Kurauchi T, Kamigaito O, Kaji K, *J. Polym. Sci.*

Part B : Polym. Phys., **33**, 1039 (2003).
- Lele A, Mackley M, Galgali G, Ramesh C, *J. Rheol.*, **46**, 1091 (2002).
- Medellin-Rodriguez FJ, Burger C, Hsiao BS, Chu B, Vaia RA, Phillips S, *Polymer*, **42**, 9015 (2001).
- Okamoto M, Nam PH, Maiti P, Kotaka T, Hasegawa N, Usuki A, *Nano Lett.*, **1**, 295 (2001).
- Okamoto M, Taguchi H, Sato H, Kotaka T, Tatayama H, *Langmuir*, **16**, 4055 (2000).
- Okamoto M, Sato H, Taguchi H, Kotaka T, *Nippon Rheology Gakkaishi*, **28**, 201 (2000).
- Malwitz MM, Lin-Gibson S, Hobbie EK, Butler PD, Schmidt G, *J Polym. Sci. Part B : Polym. Phys.*, **41**, 3237 (1995).

16.6. Electrorheology
- Lim YT, Park JH, Park OO, *J. Colloid Interface Sci.*, **245**, 198 (2002).
- Park JH, Lim YT, Park OO, *Macromol. Rapid Commun.*, **22**, 616 (2001).
- Kim JW, Noh MH, Choi HJ, Lee DC, Jhon MS, *Polymer*, **41**, 1229 (2000).
- Kim JW, Kim SG, Choi HJ, Jhon MS, *Macromol. Rapid Commun.*, **20**, 450 (1999).

17. Processing operations
17.1. Foam processing
- Chandra A, Gong S, Turng LS, Gramann P, Cordes H, *Polym. Eng. Sci.*, in press (2005).
- Taki K, Yanagimoto T, Funami E, Okamoto M, Ohshima M, *Polym. Eng. Sci.*, **44**, 1004 (2004).
- Strauss W, D' Souza NA, *J. Cellular Plastics*, **40**, 229 (2004).
- Mitsunaga M, Ito Y, Okamoto M, Sinha Ray S, Hironaka K, *Macromol. Mater. Eng.*, **288**, 543 (2003).
- Fujimoto Y, Sinha S. Ray, Okamoto M, Ogami A, Ueda K, *Macromol. Rapid Commun.*, **24**, 457 (2003).
- Nam PH, Okamoto M, Maiti P, Kotaka T, Nakayama T, Takada M, Ohshima M, Hasegawa N, Usuki A, *Polym. Eng. Sci.*, **42** (9), 1907 (2002).
- Okamoto M, Nam PH, Maiti M, Kotaka T, Nakayama T, Takada M, Ohshima M, Usuki A, Hasegawa N, Okamoto H, *Nano Lett.*, **1**, 503 (2001).

17.2. Shear flow processing
- Okamoto M, "Polymer/ Layered Silicate Nanocomposites", Rapra Review Report No.163,

論文リスト

Rapra Technology Ltd., London (2003).

17.3. Electrospining
- Fong H, Liu W, Wang CS, Vaia RA, *Polymer*, **43**, 775 (2002).

18. Characterization
18.1. Simulation
- Totha R, Coslanicha A, Ferronea M, Fermeglia M, Pricl S, Miertus S, Chiellini E, *Polymer*, **45**, 8075 (2004).
- Sheng N, Boyce MC, Parks DM, Rutledge GC, Abes JI, Cohen RE, *Polymer*, **45**, 487 (2004).
- Zeng QH, Yu AB, Lu GQ, Standish RK, *Chem. Mater.*, **15**, 4732 (2003).
- Sinsawat A, Anderson KL, Vaia RA, Farmer BL, *J. Polym. Sci. Part B : Polym. Phys.*, **41**, 3272 (2003).
- Kuppa V, Menakanit S, Krishnamoorti R, Manias E, *J. Polym. Sci. Part B : Polym. Phys.*, **41**, 3285 (2003).
- Sato H, Yamagishi A, Kawamura K, *J. Phys. Chem.*, **B 105**, 7990 (2001).
- Ginzburg VV, Gendelman OV, Manevitch LI, *Phys. Rev. Lett.*, **86**, 5073 (2001).
- Ginzburg VV, Balazs AC, *Adv. Mater.*, **12**, 1805 (2000).
- Ginzburg VV, Balazs AC, *Macromolecules*, **32**, 5681 (1999).
- Ginzburg VV, Singh C, Balazs AC, *Macromolecules*, **33**, 1089 (1999).

18.2. PVT
- Tanoue S, Utracki LA, Garcia-Rejon A, Tatibouet J, Cole KC, Kamal MR, *Polym. Eng. Sci.*, **44**, 1046 (2004).
- Simha R, Utracki LA, Garcia-Rejon A, *Composite Interfaces*, **8**, 345 (2001).

18.3. Positron annihilatopn
- Wang Y, Wu Y, zhang H, Zhang L, Wang B, Wang Z, *Macromol. Rapid Commun.*, **25**, in press (2004).

18.4. Electron paramagnetic resonance spectroscopy (EPRS)
- Jeschke G, Panek G, Schleidt S, Jonas U, *Polym. Eng. Sci.*, **44**, 1112 (2004).

18.5. AFM
- Piner RD, Xu TT, Fischer FT, Qiao Y, Ruoff RS, *Langmuir* **19**, 7995 (2003).

18.6. Nanoindentation
- Shen L, Phang IY, Liu TX, Zeng KY, *Polymer*, **45**, 3341 (2004).

・Shen L, Phang IY, Chen L, Liu TX, Zeng KY, *Polymer*, **45**, 8221 (2004).

18.7. DSC
・Lu H, Nutt S, *Macromolecules*, **36**, 4010 (2003).

18.8. Dielectric spectroscopy
・Davis RD, Bur AJ, McBrearty M, Lee Y-H, Gilman JW, Start PR, *Polymer*, **45**, 6487 (2004).

18.9. Cryogenic properties
・Zhang YH, Wu JT, Fu SY, Yang SY, Li Y, Fan L, Li RK-Y, Li LF, Yan Q, *Polymer*, **45**, 7579 (2004).

18.10. NMR
・Bourbigot S, Vanderhart DL, Gilman JW, Bellayer S, Stretz H, Paul DR, *Polymer*, **45**, 7627 (2004).
・Bourbigot S, Vanderhart DL, Gilman JW, Awad WH, Davis RD, Morgan AB, Wilkie CA, *J. Polym. Sci. Part B : Polym. Phys.*, **41**, 3188 (2003).
・VanderHart DL, Asano A, Gilman JW, *Chem Mater*, **13**, 3796 (2001).
・VanderHart DL, Asano A, Gilman JW, *Macromolecules*, **34**, 3819 (2001).

18.11. SAXS
・Vaia RA, Liu W, Koerner H, *J. Polym. Sci. Part B : Polym. Phys.*, **41**, 3214 (2003).

18.12. Hoffmann elimination
・Wooster TJ, Abrol S, MacFarlane DR, *Polymer*, **45**, 7845 (2004).
・Su S, Wilkie CA, *Polym. Degradation and Stability*, **83**, 347 (2004).

18.13. Luminescence
・Sasai R, Iyi N, Fujita T, Arbeloa FL, Martinez VM, Takagi K, Itoh H, *Langmuir*, **20**, 4715 (2004).

18.14. Color formation
・Fornes TD, Yoon PJ, Paul DR, *Polymer*, **44**, 7545 (2003).

18.15. Transport properties
・Gorrasi G, Tortora M, Vittoria V, Kaempfer D, Mulhaupt R, *Polymer*, **44**, 3679 (2003).

18.16. Nature of clays
・Carrado KA, in Handbook of Layered Materials, Auerbach SM, Carrado KA, Dutta PK, Eds., Marcel-Dekker : NY, pp. 1-38 (2004).
・Van Olphen, H. An Introduction to Clay Colloid Chemistry, Wiley, New York (1977).

18.17. Surface-OH
- Celis R, Hermosin MC, Cornejo J, *Environ. Sci. Technol.*, **34**, 4593 (2000).
- Hermosin MC, Cornejo J, *Clays Clay Miner.*, **34**, 591 (1986).

18.18. Silylation of clays
- Herrera NN, Letoffe JM, Reymond JP, Lami EB, *J. Mater. Chem.*, in press (2005).

《CMCテクニカルライブラリー》発行にあたって

弊社は、1961年創立以来、多くの技術レポートを発行してまいりました。これらの多くは、その時代の最先端情報を企業や研究機関などの法人に提供することを目的としたもので、価格も一般の理工書に比べて遙かに高価なものでした。

一方、ある時代に最先端であった技術も、実用化され、応用展開されるにあたって普及期、成熟期を迎えていきます。ところが、最先端の時代に一流の研究者によって書かれたレポートの内容は、時代を経ても当該技術を学ぶ技術書、理工書としていささかも遜色のないことを、多くの方々から指摘されています。

弊社では過去に発行した技術レポートを個人向けの廉価な普及版《CMCテクニカルライブラリー》として発行することとしました。このシリーズが、21世紀の科学技術の発展にいささかでも貢献できれば幸いです。

2000年12月

株式会社　シーエムシー出版

ポリマー系ナノコンポジットの技術と用途　(B0918)

2004年12月31日　初　版　第1刷発行
2010年 4月22日　普及版　第1刷発行

監　修　岡本　正巳　　　　　　　　　　　Printed in Japan
発行者　辻　　賢司
発行所　株式会社　シーエムシー出版
　　　　東京都千代田区内神田1-13-1　豊島屋ビル
　　　　電話 03 (3293) 2061
　　　　http://www.cmcbooks.co.jp

〔印刷　倉敷印刷株式会社〕　　　　　　　　© M. Okamoto, 2010

定価はカバーに表示してあります。
落丁・乱丁本はお取替えいたします。

ISBN978-4-7813-0192-1 C3043 ¥4200E

本書の内容の一部あるいは全部を無断で複写（コピー）することは、法律で認められた場合を除き、著作者および出版社の権利の侵害になります。

CMCテクニカルライブラリー のご案内

液晶ポリマーの開発技術
―高性能・高機能化―
監修／小出直之
ISBN978-4-7813-0157-0　　　B902
A5判・286頁　本体4,000円+税（〒380円）
初版2004年7月　普及版2009年12月

構成および内容：【発展】【高性能材料としての液晶ポリマー】樹脂成形材料／繊維／成形品【高機能性材料としての液晶ポリマー】電気・電子機能（フィルム／高熱伝導性材料）／光学素子（棒状高分子液晶／ハイブリッドフィルム）／光記録材料【トピックス】液晶エラストマー／液晶性有機半導体での電荷輸送／液晶性共役系高分子　他
執筆者：三原隆志／井上俊英／真壁芳樹　他15名

CO₂固定化・削減と有効利用
監修／湯川英明
ISBN978-4-7813-0156-3　　　B901
A5判・233頁　本体3,400円+税（〒380円）
初版2004年8月　普及版2009年12月

構成および内容：【直接的技術】CO_2隔離・固定化技術（地中貯留／海洋隔離／大規模緑化／地下微生物利用）／CO_2分離・分解技術／CO_2有効利用【CO_2排出削減関連技術】太陽光利用（宇宙空間利用発電／化学的水素製造／生物的水素製造）／バイオマス利用（超臨界流体利用技術／燃焼技術／エタノール生産／化学品・エネルギー生産　他
執筆者：大隅多加志／村井重夫／富澤健一　他22名

フィールドエミッションディスプレイ
監修／齋藤弥八
ISBN978-4-7813-0155-6　　　B900
A5判・218頁　本体3,000円+税（〒380円）
初版2004年6月　普及版2009年12月

構成および内容：【FED 研究開発の流れ】歴史／構造と動作　他【FED 用冷陰極】金属マイクロエミッタ／カーボンナノチューブエミッタ／横型薄膜エミッタ／ナノ結晶シリコンエミッタ BSD／MIM エミッタ／転写モールド法によるエミッタアレイの作製【FED 用蛍光体】電子線励起用蛍光体【イメージセンサ】高感度撮像デバイス／赤外線センサ
執筆者：金丸正剛／伊藤茂生／田中　満　他16名

バイオチップの技術と応用
監修／松永　是
ISBN978-4-7813-0154-9　　　B899
A5判・255頁　本体3,800円+税（〒380円）
初版2004年6月　普及版2009年12月

構成および内容：【総論】【要素技術】アレイ・チップ材料の開発（磁性ビーズを利用したバイオチップ／表面処理技術　他）／検出技術開発／バイオチップの情報処理技術【応用・開発】DNA チップ／プロテインチップ／細胞チップ（発光微生物を用いた環境モニタリング／免疫診断用マイクロウェルアレイ細胞チップ　他）／ラボオンチップ
執筆者：岡村好子／田中　剛／久本秀明　他52名

水溶性高分子の基礎と応用技術
監修／野田公彦
ISBN978-4-7813-0153-2　　　B898
A5判・241頁　本体3,400円+税（〒380円）
初版2004年5月　普及版2009年11月

構成および内容：【総論】概説【応用】化粧品・トイレタリー／繊維・染色加工／塗料・インキ／エレクトロニクス工業／土木・建築／用廃水処理【応用技術】ドラッグデリバリーシステム／水溶性フラーレン／クラスターデキストリン／極細繊維製造への応用／ポリマー電池・バッテリーへの高分子電解質の応用／海洋環境再生のための応用　他
執筆者：金田　勇／川副智行／堀江誠司　他21名

機能性不織布
―原料開発から産業利用まで―
監修／日向　明
ISBN978-4-7813-0140-2　　　B896
A5判・228頁　本体3,200円+税（〒380円）
初版2004年5月　普及版2009年11月

構成および内容：【総論】原料の開発（繊維の太さ・形状・構造／ナノファイバー／耐熱性繊維　他）／製法（スチームジェット技術／エレクトロスピニング法　他）／製造機器の進展【応用】空調エアフィルタ／自動車関連／医療・衛生材料（貼付剤／マスク）／電気材料／新用途展開（光触媒空気清浄機／生分解性不織布）他
執筆者：松尾達樹／谷岡明彦／夏原豊和　他30名

RF タグの開発技術 II
監修／寺浦信之
ISBN978-4-7813-0139-6　　　B895
A5判・275頁　本体4,000円+税（〒380円）
初版2004年5月　普及版2009年11月

構成および内容：【総論】市場展望／リサイクル／EDI と RF タグ／物流【標準化，法規制の現状と今後の展望】ISO の進展状況　他【政府の今後の対応方針】ユビキタスネットワーク　他【各事業分野での実証試験及び適用検討】出版業界／食品流通／空港手荷物／医療分野　他【諸団体の活動】郵便事業への活用　他【チップ・実装】微細 RFID　他
執筆者：藤浪　啓／藤本　淳／若泉和彦　他21名

有機電解合成の基礎と可能性
監修／淵上寿雄
ISBN978-4-7813-0138-9　　　B894
A5判・295頁　本体4,200円+税（〒380円）
初版2004年4月　普及版2009年11月

構成および内容：【基礎】研究手法／有機電極反応論　他【工業的利用の可能性】生理活性天然物の電解合成／有機電解法による不斉合成／選択的電解フッ素化／金属錯体を用いる有機電解合成／電解重合／超臨界 CO_2 を用いる有機電解合成／イオン性液体中での有機電解反応／電極触媒を利用する有機電解合成／超音波照射下での有機電解反応
執筆者：跡部真人／田嶋稔樹／木瀬直樹　他22名

※ 書籍をご購入の際は、最寄りの書店にご注文いただくか、㈱シーエムシー出版のホームページ(http://www.cmcbooks.co.jp/)にてお申し込み下さい。

CMCテクニカルライブラリー のご案内

高分子ゲルの動向
―つくる・つかう・みる―
監修／柴山充弘／梶原莞爾
ISBN978-4-7813-0129-7　　　　　　B892
A5判・342頁　本体4,800円＋税（〒380円）
初版2004年4月　普及版2009年10月

構成および内容：【第1編 つくる・つかう】環境応答（微粒子合成／キラルゲル 他）／力学・摩擦（ゲルダンピング材 他）／医用（生体分子応答性ゲル／DDS 応用 他）／産業（高吸水性樹脂／食品・日用品（化粧品 他）他／【第2編 みる・つかう】小角X線散乱によるゲル構造解析／中性子散乱／液晶ゲル／熱測定・食品ゲル／NMR 他
執筆者：青島貞人／金岡鍾局／杉原伸治 他31名

静電気除電の装置と技術
監修／村田雄司
ISBN978-4-7813-0128-0　　　　　　B891
A5判・210頁　本体3,000円＋税（〒380円）
初版2004年4月　普及版2009年10月

構成および内容：【基礎】自己放電式除電器／ブロワー式除電装置／光照射除電装置／大気圧グロー放電を用いた除電／除電効果の測定機器 他／【応用】プラスチック・粉体の除電と問題点／軟X線除電装置の安全性と適用法／液晶パネル製造工程における除電技術／湿度環境改善による静電気障害の予防 他【付録】除電装置製品例一覧
執筆者：久本 光／水谷 豊／菅野 功 他13名

フードプロテオミクス
―食品酵素の応用利用技術―
監修／井上國世
ISBN978-4-7813-0127-3　　　　　　B890
A5判・243頁　本体3,400円＋税（〒380円）
初版2004年3月　普及版2009年10月

構成および内容：食品酵素化学への期待／糖質関連酵素（麹菌グルコアミラーゼ／トレハロース生成酵素 他）／タンパク質・アミノ酸関連酵素（サーモライシン／システイン・ペプチダーゼ 他）／脂質関連酵素／酸化還元酵素（スーパーオキシドジスムターゼ／クルクミン還元酵素 他）／食品分析と食品加工（ポリフェノールバイオセンサー 他）
執筆者：新田康則／三宅英雄／秦 洋二 他29名

美容食品の効用と展望
監修／猪居 武
ISBN978-4-7813-0125-9　　　　　　B888
A5判・279頁　本体4,000円＋税（〒380円）
初版2004年3月　普及版2009年9月

構成および内容：総論（市場 他）／美容要因とそのメカニズム（美白／美肌／ダイエット／抗ストレス／皮膚の老化／男性型脱毛）／効用と作用物質／ビタミン／アミノ酸・ペプチド・タンパク質／脂質／カロテノイド色素／植物性成分／微生物成分（乳酸菌、ビフィズス菌）／キノコ成分／無機成分／特許から見た企業別技術開発の動向／展望
執筆者：星野 拓／宮本 達／佐藤友里恵 他24名

土壌・地下水汚染
―原位置浄化技術の開発と実用化―
監修／平田健正／前川統一郎
ISBN978-4-7813-0124-2　　　　　　B887
A5判・359頁　本体5,000円＋税（〒380円）
初版2004年4月　普及版2009年9月

構成および内容：【総論】原位置浄化技術について／原位置浄化の進め方【基礎編-原理，適用事例，注意点-】原位置抽出法／原位置分解法【応用編】浄化技術（土壌ガス・汚染地下水の処理技術／重金属等の原位置浄化技術／バイオベンティング・バイオスラーピング工法 他）／実際事例（ダイオキシン類汚染土壌の現地無害化処理 他）
執筆者：村田正敏／手塚裕樹／奥村興平 他48名

傾斜機能材料の技術展開
編集／上村誠一／野田泰稔／篠原嘉一／渡辺義見
ISBN978-4-7813-0123-5　　　　　　B886
A5判・361頁　本体5,000円＋税（〒380円）
初版2003年10月　普及版2009年9月

構成および内容：傾斜機能材料の概観／エネルギー分野（ソーラーセル 他）／生体機能分野（傾斜機能型人工歯根 他）／高分子分野／オプトデバイス分野／電気・電子デバイス分野（半導体レーザ／誘電率傾斜基板 他）／接合・表面処理分野（傾斜機能CVDコーティング切削工具 他）／熱応力緩和機能分野（宇宙往還機の熱防護システム 他）
執筆者：鎛田正雄／野口博徳／武内浩一 他41名

ナノバイオテクノロジー
―新しいマテリアル，プロセスとデバイス―
監修／植田充美
ISBN978-4-7813-0111-2　　　　　　B885
A5判・429頁　本体6,200円＋税（〒380円）
初版2003年10月　普及版2009年8月

構成および内容：マテリアル（ナノ構造の構築／ナノ有機・高分子マテリアル／ナノ無機マテリアル 他）／インフォマティクス／プロセスとデバイス（バイオチップ・センサー開発／抗体マイクロアレイ／マイクロ質量分析システム 他）／応用展開（ナノメディシン／遺伝子導入法／再生医療／蛍光分子イメージング 他）他
執筆者：渡邉英一／阿尻雅文／細川和生 他68名

コンポスト化技術による資源循環の実現
監修／木村俊範
ISBN978-4-7813-0110-5　　　　　　B884
A5判・272頁　本体3,800円＋税（〒380円）
初版2003年10月　普及版2009年8月

構成および内容：【基礎】コンポスト化の基礎と要件／脱臭／コンポストの評価 他【応用技術】農業・畜産廃棄物のコンポスト化／生ごみ・食品残さのコンポスト化／技術開発と応用事例（バイオ式家庭用生ごみ処理機／余剰汚泥のコンポスト化）【総括】循環型社会にコンポスト化技術を根付かせるために（技術的課題）／政策的課題）他
執筆者：藤本 潔／西尾道徳／井上一雄 他16名

※ 書籍をご購入の際は、最寄りの書店にご注文いただくか、㈱シーエムシー出版のホームページ（http://www.cmcbooks.co.jp/）にてお申し込み下さい。

CMCテクニカルライブラリーのご案内

ゴム・エラストマーの界面と応用技術
監修／西 敏夫
ISBN978-4-7813-0109-9　　　　　B883
A5判・306頁　本体4,200円＋税（〒380円）
初版2003年9月　普及版2009年8月

構成および内容：【総論】【ナノスケールで見た界面】高分子三次元ナノ計測／分子力学物性 他【ミクロで見た界面と機能】走査型プローブ顕微鏡による解析／リアクティブプロセシング／オレフィン系ポリマーアロイ／ナノマトリックス分散天然ゴム 他【界面制御と機能化】ゴム再生プロセス／水添NBR系ナノコンポジット／免震ゴム 他
執筆者：村瀬平八／森田裕史／高原 淳 他16名

医療材料・医療機器
―その安全性と生体適合性への取り組み―
編集／土屋利江
ISBN978-4-7813-0102-0　　　　　B882
A5判・258頁　本体3,600円＋税（〒380円）
初版2003年11月　普及版2009年7月

構成および内容：生物学的試験（マウス感作性／抗原性／遺伝毒性）／力学的試験（人工関節用ポリエチレンの磨耗／整形インプラントの耐久性）／生体適合性（人工血管／骨セメント）／細胞組織医療機器の品質評価（バイオ皮膚）／プラスチック製医療用具からのフタル酸エステル類の溶出特性とリスク評価／埋植医療機器の不具合報告 他
執筆者：五十嵐良明／矢上 健／松岡厚子 他41名

ポリマーバッテリーⅡ
監修／金村聖志
ISBN978-4-7813-0101-3　　　　　B881
A5判・238頁　本体3,600円＋税（〒380円）
初版2003年9月　普及版2009年7月

構成および内容：負極材料（炭素材料／ポリアセン・PAHs系材料）／正極材料（導電性高分子／有機硫黄系化合物／無機材料・導電性高分子コンポジット）／電解質（ポリエーテル系固体電解質／高分子ゲル電解質／支持塩 他）／セパレーター／リチウムイオン電池用ポリマーバインダー／キャパシタ用の水系／ポリマー電池の用途と開発 他
執筆者：高見則雄／矢田静邦／天池正登 他18名

細胞死制御工学
～美肌・皮膚防護バイオ素材の開発～
編著／三羽信比古
ISBN978-4-7813-0100-6　　　　　B880
A5判・403頁　本体5,200円＋税（〒380円）
初版2003年8月　普及版2009年7月

構成および内容：【次世代バイオ化粧品・美肌健康食品】皮脂改善／セルライト抑制／毛穴引き締め【美肌バイオプロダクト】可食植物成分配合製品／キトサン応用抗酸化製品／バイオ化粧品とハイテク美容機器／エンダモロジー【ナノ・バイオテクと遺伝子治療】活性酸素消去／サンスクリーン剤【効能評価】【分子設計】他
執筆者：澄田道博／永井彩子／鈴木清香 他106名

ゴム材料ナノコンポジット化と配合技術
編集／鞠谷信三／西 敏夫／山口幸一／秋葉光雄
ISBN978-4-7813-0087-0　　　　　B879
A5判・323頁　本体4,600円＋税（〒380円）
初版2003年7月　普及版2009年6月

構成および内容：【配合設計】HNBR／加硫系薬剤／シランカップリング剤／白色フィラー／不溶性硫黄／カーボンブラック／シリカ・カーボン複合フィラー／難燃剤（EVA 他）／相溶化剤／加工助剤 他【ゴム系ナノコンポジットの材料】ゾル-ゲル法／動的架橋型熱可塑性エラストマー／医療材料／耐熱性／配合と金型設計／接着／TPE 他
執筆者：妹尾政宣／竹村泰彦／細谷 潔 他19名

有機エレクトロニクス・フォトニクス材料・デバイス
―21世紀の情報産業を支える技術―
監修／長村利彦
ISBN978-4-7813-0086-3　　　　　B878
A5判・371頁　本体5,200円＋税（〒380円）
初版2003年9月　普及版2009年6月

構成および内容：【材料】光学材料（含フッ素ポリイミド 他）／電子材料（アモルファス分子材料／カーボンナノチューブ 他）【プロセス・評価】配向・配列制御／微細加工【機能・基盤】変換／伝送／記録／変調・演算／蓄積・貯蔵（リチウム系二次電池）【新デバイス】pn接合有機太陽電池／燃料電池／有機ELディスプレイ用発光材料
執筆者：城田靖彦／和田善玄／安藤慎治 他35名

タッチパネル―開発技術の進展―
監修／三谷雄二
ISBN978-4-7813-0085-6　　　　　B877
A5判・181頁　本体2,600円＋税（〒380円）
初版2004年12月　普及版2009年6月

構成および内容：光学式／赤外線イメージセンサー方式／超音波表面弾性波方式／SAW方式／静電容量式／電磁誘導方式デジタイザ／抵抗膜式／スピーカー一体型／携帯端末向けフィルム／タッチパネル用印刷インキ／抵抗膜式タッチパネルの評価方法と装置／凹凸テクスチャ感を表現する静電触感ディスプレイ／画面特性とキーボードレイアウト
執筆者：伊勢有一／大久保隆廣／齊藤典生 他17名

高分子の架橋・分解技術
―グリーンケミストリーへの取組み―
監修／角岡正弘／白井正充
ISBN978-4-7813-0084-9　　　　　B876
A5判・299頁　本体4,200円＋税（〒380円）
初版2004年6月　普及版2009年5月

構成および内容：【基礎と応用】架橋剤と架橋反応（フェノール樹脂 他）／架橋構造の解析（紫外線硬化樹脂／フォトレジスト用感光剤）／機能性高分子の合成（可逆的架橋／光架橋・熱分解系）【機能性材料開発の最近の動向】熱を利用した架橋反応／UV硬化システム／電子線・放射線利用／リサイクルおよび機能性材料合成のための分解反応 他
執筆者：松本 昭／石倉慎一／合屋文明 他28名

※ 書籍をご購入の際は、最寄りの書店にご注文いただくか、（株）シーエムシー出版のホームページ（http://www.cmcbooks.co.jp/）にてお申し込み下さい。

CMCテクニカルライブラリー のご案内

バイオプロセスシステム
-効率よく利用するための基礎と応用-
編集／清水 浩
ISBN978-4-7813-0083-2　B875
A5判・309頁　本体4,400円＋税（〒380円）
初版2002年11月　普及版2009年5月

構成および内容：現状と展開（ファジィ推論／遺伝アルゴリズム 他）／バイオプロセス操作と培養装置（酸素移動現象と微生物反応の関わり）／計測技術（プロセス変数／物質濃度 他）／モデル化・最適化（遺伝子ネットワークモデリング）／培養プロセス制御（流加培養 他）／代謝工学（代謝フラックス解析 他）／応用（嗜好食品品質評価／医用工学） 他
執筆者：吉田敏臣／滝口 昇／岡本正宏 他22名

導電性高分子の応用展開
監修／小林征男
ISBN978-4-7813-0082-5　B874
A5判・334頁　本体4,600円＋税（〒380円）
初版2004年4月　普及版2009年5月

構成および内容：【開発】電気伝導／パターン形成法／有機ELデバイス【応用】線路形素子／二次電池／湿式太陽電池／有機半導体／熱電変換機能／アクチュエータ／防食被覆／調光ガラス／帯電防止材料／ポリマー薄膜トランジスタ 他【特許】出願動向【欧米における開発動向】ポリマー薄膜フィルムトランジスタ／新世代太陽電池 他
執筆者：中川善嗣／大森 裕／深海 隆 他18名

バイオエネルギーの技術と応用
監修／柳下立夫
ISBN978-4-7813-0079-5　B873
A5判・285頁　本体4,000円＋税（〒380円）
初版2003年10月　普及版2009年4月

構成および内容：【熱化学的変換技術】ガス化技術／バイオディーゼル【生物化学的変換技術】メタン発酵／エタノール発酵【応用】石炭・木質バイオマス混焼技術／廃材を使った熱電供給の発電所／コージェネレーションシステム／木質バイオマスペレット製造／焼酎副産物リサイクル設備／自動車用燃料製造装置／バイオマス発電の海外展開
執筆者：田中忠良／松村幸彦／美濃輪智朗 他35名

キチン・キトサン開発技術
監修／平野茂博
ISBN978-4-7813-0065-8　B872
A5判・284頁　本体4,200円＋税（〒380円）
初版2004年3月　普及版2009年4月

構成および内容：分子構造（βキチンの成層化合物形成）／溶媒／分解／化学修飾（キトサナーゼ／アロサミジン）／遺伝子（海洋細菌のキチン分解機構）／バイオ農林業（人工樹皮：キチンによる樹木皮組織の創傷治癒）／医薬・医療／食（ガン細胞障害活性テスト）／化粧品／工業（無電解めっき用前処理剤／生分解性高分子複合材料） 他
執筆者：金成正和／奥山健二／斎藤幸恵 他36名

次世代光記録材料
監修／奥田昌宏
ISBN978-4-7813-0064-1　B871
A5判・277頁　本体3,800円＋税（〒380円）
初版2004年1月　普及版2009年4月

構成および内容：【相変化記録とブルーレーザー光ディスク】相変化電子メモリー／相変化チャンネルトランジスタ／Blu-ray Disc技術／青紫色半導体レーザ／ブルーレーザー対応酸化物系追記型光記録膜 他【超高密度光記録技術と材料】近接場光記録／3次元多層光メモリ／ホログラム光記録と材料／フォトンモード分子光メモリと材料
執筆者：寺尾元康／影山善之／柚須圭一郎 他23名

機能性ナノガラス技術と応用
監修／平尾一之／田中修平／西井準治
ISBN978-4-7813-0063-4　B870
A5判・214頁　本体3,400円＋税（〒380円）
初版2003年12月　普及版2009年3月

構成および内容：【ナノ粒子分散・析出技術】アサーマル・ナノガラス【ナノ構造形成技術】高次構造化／有機-無機ハイブリッド（気孔配向層／ゾルゲル法）【光回路用技術】三次元ナノガラス光回路【光メモリ用技術】集光機能（光ディスクの市場／コバルト酸化物薄膜）／光メモリヘッド用ナノガラス（埋め込み回折格子） 他
執筆者：永金知浩／中澤達洋／山下 勝 他15名

ユビキタスネットワークとエレクトロニクス材料
監修／宮代文夫／若林信一
ISBN978-4-7813-0062-7　B869
A5判・315頁　本体4,400円＋税（〒380円）
初版2003年12月　普及版2009年3月

構成および内容：【テクノロジードライバ】携帯電話／ウェアラブル機器／RFIDタグチップ／マイクロコンピュータ／センシング・システム【高分子エレクトロニクス材料】エポキシ樹脂の高性能化／ポリイミドフィルム／有機発光デバイス用材料【新技術・新材料】超高速ディジタル信号伝送／MEMS技術／ポータブル燃料電池／電子ペーパー 他
執筆者：福岡義孝／八甫谷明彦／朝桐 智 他23名

アイオノマー・イオン性高分子材料の開発
監修／矢野紳一／平沢栄作
ISBN978-4-7813-0048-1　B866
A5判・352頁　本体5,000円＋税（〒380円）
初版2003年9月　普及版2009年2月

構成および内容：定義, 分類と化学構造／イオン会合体（形成と構造／転移）／物性・機能（スチレンアイオノマー／ESR分光法／多重共鳴法／イオンホッピング／溶液物性／圧力センサー機能／永久帯電）／応用（エチレン系アイオノマー／ポリマー改質剤／燃料電池用高分子電解質膜／スルホン化EPDM／歯科材料（アイオノマーセメント） 他
執筆者：池田裕子／杏水祥一／舘野 均 他18名

※ 書籍をご購入の際は、最寄りの書店にご注文いただくか、㈱シーエムシー出版のホームページ（http://www.cmcbooks.co.jp/）にてお申し込み下さい。

CMCテクニカルライブラリー のご案内

マイクロ/ナノ系カプセル・微粒子の応用展開
監修／小石眞純
ISBN978-4-7813-0047-4　　　　B865
A5判・332頁　本体4,600円＋税（〒380円）
初版2003年8月　普及版2009年2月

構成および内容：【基礎と設計】ナノ医療：ナノロボット 他【応用】記録・表示材料（重合法トナー 他）／ナノパーティクルによる薬物送達／化粧品・香料／食品（ビール酵母／バイオカプセル 他）／農薬／土木・建築（球状セメント 他）【微粒子技術】コアーシェル構造球状シリカ系粒子／金・半導体ナノ粒子／Pbフリーはんだボール 他
執筆者：山下 俊／三島健司／松山 清 他39名

感光性樹脂の応用技術
監修／赤松 清
ISBN978-4-7813-0046-7　　　　B864
A5判・248頁　本体3,400円＋税（〒380円）
初版2003年8月　普及版2009年1月

構成および内容：医療用（歯科領域／生体接着・創傷被覆剤／光硬化性キトサンゲル）／光硬化、熱硬化併用樹脂（接着剤のシート化）／印刷（フレキソ印刷／スクリーン印刷）／エレクトロニクス（層間絶縁膜材料／可視光硬化型シール剤／半導体ウェハ加工用粘・接着テープ／塗料、インキ（無機・有機ハイブリッド塗料／デュアルキュア塗料）他
執筆者：小出 武／石原雅之／岸本芳男 他16名

電子ペーパーの開発技術
監修／面谷 信
ISBN978-4-7813-0045-0　　　　B863
A5判・212頁　本体3,000円＋税（〒380円）
初版2001年11月　普及版2009年1月

構成および内容：【各種方式（要素技術）】非水系電気泳動型電子ペーパー／サーマルリライタブル／カイラルネマチック液晶／フォトンモードでのフルカラー書き換え記録方式／エレクトロクロミック方式／消去再生可能な乾式トナー作像方式 他【応用開発技術】理想的のヒューマンインターフェース条件／ブックオンデマンド／電子黒板 他
執筆者：堀田吉彦／関根啓子／植田秀昭 他11名

ナノカーボンの材料開発と応用
監修／篠原久典
ISBN978-4-7813-0036-8　　　　B862
A5判・300頁　本体4,200円＋税（〒380円）
初版2003年8月　普及版2008年12月

構成および内容：【現状と展望】カーボンナノチューブ 他【基礎科学】ピーポッド 他【合成技術】アーク放電法によるナノカーボン／金属内包フラーレンの量産技術／2層ナノチューブ【実際技術】燃料電池／フラーレン誘導体を用いた有機太陽電池／水素吸着現象／LSI配線ビア／単一電子トランジスター／電気二重層キャパシター／導電性樹脂
執筆者：宍戸 寛／加藤 誠／加藤立久 他29名

プラスチックハードコート応用技術
監修／井手文雄
ISBN978-4-7813-0035-1　　　　B861
A5判・177頁　本体2,600円＋税（〒380円）
初版2004年3月　普及版2008年12月

構成および内容：【材料と特性】有機系（アクリレート系／シリコーン系 他）／無機系／ハイブリッド系（光カチオン硬化型 他）【応用技術】自動車用部品／携帯電話向けUV硬化型ハードコート剤／眼鏡レンズ（ハイインパクト加工／建築化粧シート（建材化粧シート／環境問題／光ディスク【市場動向】PVC床コーティング／樹脂ハードコート 他
執筆者：栢木 實／佐々木裕／山谷正明 他8名

ナノメタルの応用開発
編集／井上明久
ISBN978-4-7813-0033-7　　　　B860
A5判・300頁　本体4,200円＋税（〒380円）
初版2003年8月　普及版2008年11月

構成および内容：機能材料（ナノ結晶軟磁性合金／バルク合金／水素吸蔵 他）／構造用材料（高強度軽合金／原子力材料／蒸着ナノAI合金 他）／分析・解析技術（高分解能電子顕微鏡／放射光回折・分光法 他）／製造技術（粉末固化成形／放電焼結法／微細精密加工／電解析出法 他）／応用（時効析出アルミニウム合金／ピーニング用高硬度投射材 他）
執筆者：牧野彰宏／沈 宝龍／福永博俊 他49名

ディスプレイ用光学フィルムの開発動向
監修／井手文雄
ISBN978-4-7813-0032-0　　　　B859
A5判・217頁　本体3,200円＋税（〒380円）
初版2004年2月　普及版2008年11月

構成および内容：【光学高分子フィルム】設計／製膜技術 他【偏光フィルム】高機能性／染料系 他【位相差フィルム】λ/4波長板 他【輝度向上フィルム】集光フィルム・プリズムシート 他【バックライト用】導光板／反射シート 他【プラスチックLCD用フィルム基板】ポリカーボネート／プラスチックTFT 他【反射防止】ウェットコート 他
執筆者：網島邦二／斎藤 拓／善如寺芳弘 他19名

ナノファイバーテクノロジー －新産業発掘戦略と応用－
監修／本宮達也
ISBN978-4-7813-0031-3　　　　B858
A5判・457頁　本体6,400円＋税（〒380円）
初版2004年2月　普及版2008年10月

構成および内容：【総論】現状と展望（ファイバーにみるナノサイエンス 他）／海外の現状【基礎】ナノ紡糸（カーボンナノチューブ 他）／ナノ加工（ポリマークレイナノコンポジット／ナノボイド 他）／ナノ計測（走査プローブ顕微鏡 他）【応用】ナノバイオニクス産業（バイオチップ 他）／環境調和エネルギー産業（バッテリーセパレータ 他）他
執筆者：梶 慶輔／梶原莞爾／赤池敏宏 他60名

※ 書籍をご購入の際は、最寄りの書店にご注文いただくか、
㈱シーエムシー出版のホームページ（http://www.cmcbooks.co.jp/）にてお申し込み下さい。

CMCテクニカルライブラリー のご案内

有機半導体の展開
監修／谷口彬雄
ISBN978-4-7813-0030-6　　　B857
A5判・283頁　本体4,000円＋税　（〒380円）
初版2003年10月　普及版2008年10月

構成および内容：【有機半導体素子】有機トランジスタ／電子写真用感光体／有機LED（リン光材料 他）／色素増感太陽電池／二次電池／コンデンサ／圧電・焦電／インテリジェント材料（カーボンナノチューブ／薄膜から単一分子デバイスへ 他）【プロセス】分子配列・配向制御／有機エピタキシャル成長／超薄膜作製／インクジェット製膜【索引】
執筆者：小林俊介／堀田 収／柳 久雄 他23名

イオン液体の開発と展望
監修／大野弘幸
ISBN978-4-7813-0023-8　　　B856
A5判・255頁　本体3,600円＋税　（〒380円）
初版2003年2月　普及版2008年9月

構成および内容：合成（アニオン交換法／酸エステル法 他）／物理化学（極性評価／イオン拡散係数 他）／機能（反応場への適用／分離・抽出溶媒／光化学反応 他）／機能設計（イオン伝導／液晶型／非ハロゲン系 他）／高分子化（イオンゲル／両性電解質型／DNA 他）／イオニクスデバイス（リチウムイオン電池／太陽電池／キャパシタ 他）
執筆者：荻原理加／宇恵 誠／菅 孝剛 他25名

マイクロリアクターの開発と応用
監修／吉田潤一
ISBN978-4-7813-0022-1　　　B855
A5判・233頁　本体3,200円＋税　（〒380円）
初版2003年1月　普及版2008年9月

構成および内容：【マイクロリアクターとは】特長／構造体・製作技術／流体の制御と計測技術他【世界の最先端の研究動向】化学合成・エネルギー変換・バイオプロセス／化学工業のための新生技術【マイクロ合成化学】有機合成反応／触媒反応と重合反応【マイクロ化学工学】マイクロ単位操作研究／マイクロ化学プラントの設計と制御
執筆者：菅原 徹／細川和生／藤井輝夫 他22名

帯電防止材料の応用と評価技術
監修／村田雄司
ISBN978-4-7813-0015-3　　　B854
A5判・211頁　本体3,000円＋税　（〒380円）
初版2003年7月　普及版2008年8月

構成および内容：処理剤（界面活性剤系／シリコン系／有機ホウ素系 他）／ポリマー材料（金属薄膜形成帯電防止フィルム 他）／繊維（導電材料混入型／金属化合物型 他）／用途別（静電気対策包装材料／グラスライニング／衣料 他）／評価技術（エレクトロメータ／電荷減衰測定／空間電荷分布の計測 他）／評価基準（床，作業表面，保管棚 他）
執筆者：村田雄司／後藤伸也／細川泰徳 他19名

強誘電体材料の応用技術
監修／塩嵜 忠
ISBN978-4-7813-0014-6　　　B853
A5判・286頁　本体4,000円＋税　（〒380円）
初版2001年12月　普及版2008年8月

構成および内容：【材料の製法，特性および評価】酸化物単結晶／強誘電体セラミックス／高分子材料／薄膜（化学溶液堆積法 他）／強誘電性液晶／コンポジット【応用とデバイス】誘電（キャパシタ 他）／圧電（弾性表面波デバイス／フィルタ／アクチュエータ 他）／焦電・光学／記憶・記録・表示デバイス【新しい現象および評価法】材料，製法
執筆者：小松隆一／竹中 正／田實佳郎 他17名

自動車用大容量二次電池の開発
監修／佐藤 登／境 哲男
ISBN978-4-7813-0009-2　　　B852
A5判・275頁　本体3,800円＋税　（〒380円）
初版2003年12月　普及版2008年7月

構成および内容：【総論】電動車両システム／市場展望【ニッケル水素電池】材料技術／ライフサイクルデザイン【リチウムイオン電池】電解液と電極の最適化による長寿命化／劣化機構の解析【鉛電池】42V システムの展望【キャパシタ】ハイブリッドトラック・バス【電気自動車とその周辺技術】電動コミュータ／急速充電器 他
執筆者：堀江英明／竹下秀夫／押谷政彦 他19名

ゾル-ゲル法応用の展開
監修／作花済夫
ISBN978-4-7813-0007-8　　　B850
A5判・208頁　本体3,000円＋税　（〒380円）
初版2000年5月　普及版2008年7月

構成および内容：【総論】ゾル-ゲル法の概要【プロセス】ゾルの調製／ゲル化と無機バルク体の形成／有機・無機ナノコンポジット／セラミックス繊維／乾燥／焼結【応用】ゾル-ゲル法バルク材料の応用／薄膜材料／粒子・粉末材料／ゾル-ゲル法応用の新展開（微細パターニング／太陽電池／蛍光体／高活性触媒／木材改質／その他の応用 他
執筆者：平野眞一／余藤利信／坂本 渉 他28名

白色LED照明システム技術と応用
監修／田口常正
ISBN978-4-7813-0008-5　　　B851
A5判・262頁　本体3,600円＋税　（〒380円）
初版2003年6月　普及版2008年6月

構成および内容：白色LED研究開発の状況：歴史的背景／光源の基礎特性／発光メカニズム／青色LED，近紫外LEDの作製（結晶成長／デバイス作製 他）／高効率近紫外LEDと白色LED（ZnSe系白色LED 他）／蛍光化技術（蛍光体とパッケージング 他）／応用と実用化（一般照明装置の製品化 他）／海外の動向，研究開発予測および市場性 他
執筆者：内田裕士／森 哲／山田陽一 他24名

※ 書籍をご購入の際は，最寄りの書店にご注文いただくか，
㈱シーエムシー出版のホームページ（http://www.cmcbooks.co.jp/）にてお申し込み下さい。

CMCテクニカルライブラリー のご案内

炭素繊維の応用と市場
編著／前田 豊
ISBN978-4-7813-0006-1　B849
A5判・226頁　本体3,000円＋税（〒380円）
初版2000年11月　普及版2008年6月

構成および内容：炭素繊維の特性（分類／形態／市販炭素繊維製品／性質／周辺繊維 他）／複合材料の設計・成形・後加工・試験検査／最新応用技術／炭素繊維・複合材料の用途分野別の最新動向（航空宇宙分野／スポーツ・レジャー分野／産業・工業分野 他）／メーカー・加工業者の現状と動向（炭素繊維メーカー／特許からみたCFメーカー／FRP成形加工業者／CFRPを取り扱う大手ユーザー 他）他

超小型燃料電池の開発動向
編著／神谷信行／梅田 実
ISBN978-4-88231-994-8　B848
A5判・235頁　本体3,400円＋税（〒380円）
初版2003年6月　普及版2008年5月

構成および内容：直接形メタノール燃料電池／マイクロ燃料電池・マイクロ改質器／二次電池との比較／固体高分子電解質膜／電極材料／MEA（膜電極接合体）／平面積層方式／燃料の多様化（アルコール，アセタール系）／ジメチルエーテル／水素化ホウ素燃料／アスコルビン酸／グルコース他）／計測評価法（セルインピーダンス／パルス負荷 他）
執筆者：内田 勇／田中秀治／畑中達也 他10名

エレクトロニクス薄膜技術
監修／白木靖寛
ISBN978-4-88231-993-1　B847
A5判・253頁　本体3,600円＋税（〒380円）
初版2003年5月　普及版2008年5月

構成および内容：計算化学による結晶成長制御手法／常圧プラズマCVD技術／ラダー電極を用いたVHFプラズマ応用薄膜形成技術／触媒化学気相堆積法／コンビナトリアルテクノロジー／パルスパワー技術／半導体薄膜の作製（高誘電体ゲート絶縁膜 他）／ナノ構造磁性薄膜の作製とスピントロニクスへの応用（強磁性トンネル接合（MTJ）他）他
執筆者：久保百司／高見誠一／宮本 明 他23名

高分子添加剤と環境対策
監修／大勝靖一
ISBN978-4-88231-975-7　B846
A5判・370頁　本体5,400円＋税（〒380円）
初版2003年5月　普及版2008年4月

構成および内容：総論（劣化の本質と防止／添加剤の相乗・拮抗性他）／機能維持剤（紫外線吸収剤／アミン系／イオウ系・リン系／金属捕捉剤 他）／機能付与剤（加工性・光化学性／電気性／表面性／バルク性 他）／添加剤の分析と環境対策（高温ガスクロによる分析／変色トラブルの解析例／内分泌かく乱化学物質／添加剤と法規制 他）
執筆者：飛田悦男／児島史利／石井玉樹 他30名

農薬開発の動向 -生物制御科学への展開-
監修／山本 出
ISBN978-4-88231-974-0　B845
A5判・337頁　本体5,200円＋税（〒380円）
初版2003年5月　普及版2008年4月

構成および内容：殺菌剤（細胞膜機能の阻害剤 他）／殺虫剤（ネオニコチノイド系剤 他）／殺ダニ剤（神経作用性 他）／除草剤／植物成長調節剤（カロチノイド生合成阻害剤 他）／製剤／生物農薬（ウイルス剤 他）／天然物／遺伝子組換え作物／昆虫ゲノム研究の害虫防除への展開／創薬研究へのコンピュータ利用／世界の農薬市場／米国の農薬規制
執筆者：三浦一郎／上原正浩／織田雅次 他17名

耐熱性高分子電子材料の展開
監修／柿本雅明／江坂 明
ISBN978-4-88231-973-3　B844
A5判・231頁　本体3,200円＋税（〒380円）
初版2003年5月　普及版2008年3月

構成および内容：【基礎】耐熱性高分子の分子設計／耐熱性高分子の物性／低誘電率材料の分子設計／光反応性耐熱性材料の分子設計／【応用】耐熱性注型材料／ポリイミドフィルム／アラミド繊維紙／アラミドフィルム／耐熱性粘着テープ／半導体封止用成形材料／その他注目材料（ベンゾシクロブテン樹脂／液晶ポリマー／BTレジン 他）
執筆者：今井淑夫／竹市 力／後藤幸平 他16名

二次電池材料の開発
監修／吉野 彰
ISBN978-4-88231-972-6　B843
A5判・266頁　本体3,800円＋税（〒380円）
初版2003年5月　普及版2008年3月

構成および内容：【総論】リチウム系二次電池の技術と材料・原理と基本材料構成【リチウム系二次電池材料】コバルト系・ニッケル系・マンガン系・有機系正極材料／炭素系・合金系・その他非炭素系負極材料／イオン電池用電極液／ポリマー・無機固体電解質 他【新しい蓄電素子とその材料編】プロトン・ラジカル電池／海外の状況】
執筆者：山﨑信幸／荒井 創／櫻井庸司 他27名

水分解光触媒技術 -太陽光と水で水素を造る-
監修／荒川裕則
ISBN978-4-88231-963-4　B842
A5判・260頁　本体3,600円＋税（〒380円）
初版2003年4月　普及版2008年2月

構成および内容：酸化チタン電極による水の光分解の発見／紫外光応答性一段光触媒による水分解の達成（炭酸塩添加法／Ta系酸化物へのドーパント効果 他）／紫外光応答性二段光触媒による水の分解／可視光応答性光触媒による水の分解の達成（レドックス媒体／色素増感光触媒 他）／太陽電池材料を利用した水の光電気化学的分解／海外での取り組み
執筆者：藤嶋 昭／佐藤真理／山下弘巳 他20名

※ 書籍をご購入の際は、最寄りの書店にご注文いただくか、
㈱シーエムシー出版のホームページ（http://www.cmcbooks.co.jp/）にてお申し込み下さい。